做自己的心理医生

做自己的心理医生

左筱静 ♥ 编

中国华侨出版社
北京

图书在版编目（CIP）数据

做自己的心理医生 / 左筱静编. —北京：中国华侨出版社，2013.8 （2022.4 重印）
ISBN 978-7-5113-3947-8

Ⅰ.①做… Ⅱ.①左… Ⅲ.①心理保健—通俗读物 Ⅳ.① R161.1-49

中国版本图书馆 CIP 数据核字（2013）第 196036 号

做自己的心理医生

编　　者：左筱静
责任编辑：滕森
封面设计：阳春白雪
文字编辑：白海波
美术编辑：宇　枫
经　　销：新华书店
开　　本：720mm×1020mm　　1/16　　印张：24　　字数：352 千字
印　　刷：北京德富泰印务有限公司
版　　次：2013 年 11 月第 1 版　2022 年 4 月第 5 次印刷
书　　号：ISBN 978-7-5113-3947-8
定　　价：68.00 元

中国华侨出版社　北京市朝阳区西坝河东里 77 号楼底商 5 号　邮编：100028
发 行 部：（010）88866779　　　　传　　真：（010）88877396

如发现印装质量问题，影响阅读，请与印刷厂联系调换。

前言
PREFACE

什么是健康？大部分人都会说健康就是身体强壮不生病。其实这样的观点是片面的。健康的定义，已经不仅包括传统的身体健康，更增加了心理健康的含义。世界卫生组织提出：健康是身体上、精神上和社会适应上的完好状态，而不仅仅是没有疾病和虚弱。目前，心理健康已成为现代健康概念中一个不可缺少的部分。

健康的心理对一个人的人生有着至关重要的影响。心理学教授乔治·斯格密指出："如果说人生的成功是珍藏在宝塔顶端的桂冠，那么，健康的心理就是握在我们手中的一柄利剑。只有磨砺好这柄利剑，才能一路披荆斩棘，最终夺取成功的桂冠。"健康的心理，是人们事业成功的基础、家庭幸福的根基、人际关系和谐的保证，更是人生美满的护身符。但目前，大部分人的心理状况让人堪忧：有资料显示，全世界至少1/3的人有心理问题，有75%的人由于心理问题而处于亚健康状态。这不禁让我们想起了一位心理学家曾经的预言："随着社会向商业化的变革，人们面临的心理问题对自身生存的威胁，将远远大于一直困扰于人们的生理疾病……"我们不得不佩服这位心理学家的远见卓识。的确，曾经的预言如今成了不争的事实。

我们承认，人们之所以出现这些心理问题，与我们生活的社会大环境是分不开的。我们生活在一个复杂且不断变化的时代，现实的压力总是迫使我们不停地前行，以至于让我们没有时间停下来好好审视自己的心灵。而随着人们生活节奏的加快、竞争的日趋激烈、人际关系的愈加复杂，这一系列问题也常常使人们的心理处于失衡状态，人群中充满了焦虑、烦躁、愤怒、失落、紧张和恐惧，以至于有人说："人类进入了心理负重年代。"

不健康的心理就像一枚定时炸弹，如果不及时排除掉，便时时威胁着人们的身心健康。现代医学表明：不良的心理状态是造成身体各种疾病的一个重要原因。如忧郁、紧张等都有可能使人体的心血管系统、呼吸系统、消化系统等发生一系列的病变，从而直接影响人的健康和寿命，而不良的心理状态还是正常细胞向癌细胞转化的催化剂。有资料显示：在当今社会，引起各种疾病的原因中，有70%~80%与心理因素有关。如果不能及时有效地处理，心理问题还会导致伤害自己或伤害他人的悲剧出现，严重者甚至危害社会。

正所谓"解铃还须系铃人""心病还需心药医"。所以，对于个人来说，很有必要掌握一些心理学知识，自己为自己"把脉"，自己做自己的心理医生，以便能及时发现自身存在的心理问题和缺陷，"对症下药"，积极调适，把心理问题的危害消除在萌芽状态，避免给自己和他人带来不必要的伤害，为美好的人生打下坚实的基础。

为此，我们编订了《做自己的心理医生》一书。它是一本为面临种种社会压力、处于心理危机、心理困境中的现代人提供解决方案及心理服务的心理解压书。本书将深奥的心理学理论深入浅出地进行分析，同时针对目前人们的心理现状，剖析了常见不良心态、人格障碍等各种异常心理产生的根源，并根据人生各阶段出现的不同的心理危机，结合身边发生的典型心理案例，提出了管理情绪、应对压力、常见心理疾病的自我诊断与治疗等各种简单易行、卓有实效的具体解决方法，将各种常见心理问题"一网打尽"。我们还精心挑选了一些自我心理测试题，以让读者能有针对性地了解自己的心理，解读心灵的迷茫，科学调适身心，保持心理健康。

拥有本书，你就能化解心中的困惑，能清楚准确地自我诊断存在的心理问题，纠正不良心理倾向，化解心理危机，从而保持心理平衡，并以健康的心态迎接人生的挑战，享受安宁、快乐的幸福生活。

愿本书能成为驱散你心中阴云的和风，成为你走向美好人生的法宝。

第一篇　常见不良心态、人格障碍的心理自疗

第一章　常见不良心态的心理自疗

第一节　走出自卑的泥潭 ············ 2
- 自卑是心灵的钉子 ············ 2
- 自卑是悲剧的根源 ············ 4
- 告诉自己"我能行" ············ 6

第二节　去掉猜疑的枷锁 ············ 9
- 猜疑会让人心性大乱 ············ 9
- 猜疑是破坏性极强的毒素 ············ 11
- 戒除猜疑的毛病 ············ 12

第三节　打开嫉妒的桎梏 ············ 14
- 嫉妒是焚毁你的毒火 ············ 15
- 嫉妒使你自毁前程 ············ 16
- 去除嫉妒的毒瘤 ············ 18

第四节　告别悲观的阴云 ············ 19
- 人生不是梦，俯仰勿悲悸 ············ 20
- 告别悲观，潇洒上路 ············ 23

乐观向上，笑对生活 ·· 25

第五节 铲除浮躁的种子 ···27

浮躁葬送美好人生 ·· 27

急于求成的恶果 ·· 29

倾听内心宁静的声音 ·· 31

第六节 远离贪婪的黑洞 ···34

贪婪滋生祸端 ·· 34

不要被贪念打败 ·· 36

心灵载不动太多的沉重 ·· 38

知足常乐，不做欲望的仆人 ···································· 39

第二章 窥视现代人人格上的漏洞

第一节 常见的人格障碍 ···42

依赖型人格障碍 ·· 42

回避型人格障碍 ·· 45

自恋型人格障碍 ·· 48

反社会型人格障碍 ·· 50

强迫型人格障碍 ·· 53

分裂样人格障碍 ·· 56

攻击型人格障碍 ·· 60

第二节 不再自私，快乐与人共享 ···································63

自私就是自毁 ·· 63

学会付出，学会与人分享 ······································ 66

付出爱心，你就种下希望 ······································ 68

第三节 握别自负，不学夜郎自大 ·· 71
  自负能夺走生命 ·· 71
  盲目自负让你失去更多 ·· 73
  谦虚永远有益 ··· 75

第四节 改掉吝啬，掌握得失平衡 ·· 77
  吝啬的代价 ·· 77
  打破吝啬的樊篱 ·· 79
  世上有些东西比金钱更重要 ······································ 81

第五节 化解邪恶，拥抱善良 ·· 83
  恶念须常止 ·· 84
  善心，散发恒久的芬芳 ·· 87

第二篇 情绪管理、压力应对

第一章 掌握情绪的转换器

第一节 平和让你浇灭心中的愤怒 ······································ 92
  "气"是杀人不见血的刀 ··· 92
  愤怒使你落入别人挖设的陷阱 ··································· 94
  不为小事愤怒 ·· 97
  怒气这样消解 ·· 98

第二节 放松消融你的紧张 ··· 99
  紧张情绪面面观 ··· 100
  消除紧张，掌握人生的平衡 ···································· 102
  学会放松 ·· 104

第三节 拒绝抱怨，化解不满 ·· 106
不要让抱怨成为一种习惯 ·· 106
抱怨的包袱有多重 ·· 108
抛开人生无谓的负担 ·· 110

第四节 摆脱抑郁的束缚 ·· 112
抑郁是让你与世隔绝的墙 ·· 112
摆脱抑郁的困扰 ·· 114

第五节 化解恐惧的密码 ·· 116
恐惧是人生的敌人 ·· 116
恐惧是无知的影子 ·· 118
勇气帮你跨越恐惧的障碍 ·· 120

第二章　压力揭秘

第一节 压力揭秘 ·· 123
什么是压力 ·· 123
当生活改变时：急性压力 ·· 125
当生活成为过山车的时候：阶段性压力 ···························· 126
当生活变质时：慢性压力 ·· 128
人类压力的根源 ·· 129
人人都有压力 ·· 130
你何时感到压力 ·· 131

第二节 个人压力剖析图 ·· 132
压力面面观 ·· 132
抗压临界点 ·· 134

压力触发、弱势因素和反应倾向 …………………… 135
　　个人压力测试 …………………………………………… 136

第三节 压力应对的主要战略 …………………………… 156
　　睡眠解压 ………………………………………………… 156
　　压力应对战略一：睡眠 ………………………………… 159
　　压力应对战略二：水合作用 …………………………… 161
　　控制坏习惯 ……………………………………………… 163
　　压力应对战略三：改造坏习惯 ………………………… 170
　　补充营养物质 …………………………………………… 171
　　压力与轻松的平衡 ……………………………………… 173

第四节 其他压力应对方法 ………………………………… 175
　　调整态度 ………………………………………………… 176
　　自发训练 ………………………………………………… 177
　　创造疗法 ………………………………………………… 179
　　朋友疗法 ………………………………………………… 181
　　催眠：刺激还是缓解 …………………………………… 182
　　乐观主义疗法 …………………………………………… 186

第三篇　人生各阶段的心理危机与应对之道

第一章　不同人群的心理点金术

第一节 关注儿童的心理健康 …………………………… 190
　　儿童心理健康的测试 …………………………………… 190
　　多动儿童的表现与调适 ………………………………… 191
　　孤独儿童的表现与调适 ………………………………… 194

儿童恐惧症 ………………………………………… 196
　　儿童焦虑症 ………………………………………… 199
　　儿童攻击性行为 …………………………………… 202
　　儿童学习能力障碍 ………………………………… 205

第二节　以健康心理迎接青春期的朝阳 …………… 208

　　青少年心理健康有标准 …………………………… 208
　　青少年心理健康的误区 …………………………… 209
　　青春期的心理综合调适 …………………………… 212
　　恋爱心理 …………………………………………… 213
　　逆反心理 …………………………………………… 217
　　青春期焦虑症 ……………………………………… 220
　　自杀心理 …………………………………………… 222

第三节　以积极心理面向中年的蓝天 ……………… 226

　　中年人心理发展的特征 …………………………… 226
　　心理疲劳 …………………………………………… 228
　　更年期神经症 ……………………………………… 232
　　观念固执 …………………………………………… 235
　　婚姻适应不良 ……………………………………… 237
　　职业适应问题 ……………………………………… 240

第四节　以乐观心理面对老年的无奈 ……………… 243

　　老年退休综合征的自我调适 ……………………… 243
　　老年焦虑症 ………………………………………… 244
　　"空巢"孤独感 …………………………………… 246
　　人老话多 …………………………………………… 248
　　记忆障碍 …………………………………………… 250

睡眠障碍 ·· 252

第二章　交际、职场中的心理调适

第一节　人际交往中的心理学 ·························· 255

人际关系的形成与发展 ······························ 255
影响人际交往的因素 ································ 259
人际交往中常见的不良心理 ·························· 262
人际交往中的一些技巧 ······························ 269
人际交往中的自我调节 ······························ 273

第二节　应对职场心理问题 ····························· 275

初涉职场的心理准备和角色转换 ······················ 275
初入职场走好第一步 ································ 276
大学生与上班恐惧症 ································ 278
办公室心理换位的应用 ······························ 280
当心办公室心理污染 ································ 282
谨防成功后的抑郁症 ································ 283
提防"精英综合征" ·································· 286

第四篇　心理疾病的自我诊断与治疗

第一章　掌握基本的心理健康知识

第一节　心理健康知识 ·································· 290

心理健康的标准 ···································· 290
心理健康与身体健康息息相关 ························ 294
心理健康测验 ······································ 295

第二节 认识心理治疗 ………………………………… 303
什么是心理治疗 …………………………………… 303
心理治疗的原则 …………………………………… 306
心理治疗的对象 …………………………………… 310
心理治疗的目标 …………………………………… 311
行为疗法 …………………………………………… 312
认知疗法 …………………………………………… 319
精神分析疗法 ……………………………………… 323
森田疗法 …………………………………………… 326
音乐疗法 …………………………………………… 331

第二章 保持心理健康，享受快乐人生

第一节 认识你自己 …………………………………… 335
正确认识自我 ……………………………………… 335
相信自己，并且喜欢自己 ………………………… 336
唤醒心灵的巨人 …………………………………… 339

第二节 健康从"心"开始 …………………………… 340
简简单单才是真 …………………………………… 340
享受每一个年龄 …………………………………… 343
学会选择，懂得放弃 ……………………………… 345

第三节 做自己的心理医生 …………………………… 348
做情绪的主人 ……………………………………… 348
放下烦恼，拥有快乐 ……………………………… 351
宽容—原谅他人，解放自己 ……………………… 353
学会放弃 …………………………………………… 355

保持良好的心态 …………………………………… 357

缓解压力，舒适生存 …………………………………… 360

珍惜拥有 …………………………………………… 363

别带烦恼回家 …………………………………… 365

学会遗忘 …………………………………………… 367

第一篇
常见不良心态、人格障碍的心理自疗

第一章
常见不良心态的心理自疗

每个人在不同程度上都有一定的心理问题。由于社会的不断变革，人们的情感、思维方式、知识结构、人际关系也在发生变化，所以引发心理问题的因素也是多种多样的，这也决定了心理问题的多样性。理论上讲，一般的心理问题都可以自我调节，每个人都可以用各种形式自我放松，面对"心病"，去认识它，以正确的心态面对它。只有这样，你才能学会心理自我调节，在某些阶段成为自己的"心理医生"。

第一节 走出自卑的泥潭

自卑是一种压抑，一种对自我潜能的人为压抑，更是一种恐惧，一种损害自尊和荣誉的恐惧，所以在生活中，只有比别人更相信并且珍爱自己，我们才能发挥自己最大的潜力，创造出属于自己的天地。当我们遭到冷遇时，当我们受到侮辱时，一定要自尊自爱，把羞辱作为奋发的动力，激励自己去战胜一个个难关。

自卑是心灵的钉子

世上大部分不能走出生存困境的人都是因为对自己信心不足，他们就像一棵脆弱的小草一样，毫无信心去经历风雨，这就是一种可怕的自卑心理。所谓自卑，就是轻视自己，自己看不起自己。自卑心理严重的人，并不一定是其本身具有某些缺陷或短处，而是不能悦纳自己，自惭形秽，常把自己放在一个低人一等、不被自我喜欢，进而演绎成别人也看不起自己的位置，并由此陷入不能自拔的痛苦境地，心灵笼罩着永不消散的愁云。

自卑的人，情绪低沉，郁郁寡欢，常因害怕别人看不起自己而不愿与人来往，只想与人疏远，缺少朋友，顾影自怜，甚至自疚、自责、自罪；自卑的人，缺乏自信，优柔寡断，毫无竞争意识，抓不住稍纵即逝的各种机会，享受不到成功的乐趣；自卑的人，常感疲倦，心灰意懒，注意力不集中，工作没有效率，缺少生活情趣。

如果一个人总是沉迷在自卑的阴影中，那无异于给自己套上了无形的枷锁。但是如果你认清了自己，懂得换个角度看待周围的世界和自己的困境，那么许多问题就会迎刃而解了。

一位父亲带着儿子去参观梵·高故居，在看过那张小木床及裂了口的皮鞋之后，儿子问父亲："梵·高不是位百万富翁吗？"父亲答："梵·高是位连妻子都没娶上的穷人。"

第二年，这位父亲带儿子去丹麦，在安徒生的故居前，儿子又困惑地问："爸爸，安徒生不是生活在皇宫里吗？"父亲答："安徒生是位鞋匠的儿子，他就生活在这栋阁楼里。"

这位父亲是一个水手，他每年往来于大西洋各个港口；这位儿子叫伊东·布拉格，是美国历史上第一位获普利策奖的黑人记者。20年后，在回忆童年时，他说："那时我们家很穷，父母都靠卖苦力为生。有很长一段时间，我一直认为像我们这样地位卑微的黑人是不可能有什么出息的。好在父亲让我认识了梵·高和安徒生，这两个人告诉我，上帝没有轻看卑微。"

富有者并不一定伟大；贫穷者也并不一定卑微。上帝是公平的，他把机会放到了每个人面前。自卑的人也有相同的机会。

每一个事物、每一个人都有其优势，都有其存在的价值。自卑是一种没有必要的自我埋没，一个人如果陷入了自卑的泥潭，他能找到一万个理由说自己如何如何不如别人，比如："我个矮""我长得黑""我眼睛小""我不苗条""我嘴大""我有口音""我汗毛太多""我父母没地位""我学历太低""我职务不高""我受过处分""我有病",乃至"我不会吃西餐",等等,可以找到无数种理由让自己自卑。由于自卑而焦虑,于是注意力分散了,从而破坏了自己的成功,导致失败。即失败——自卑——焦虑——分散注意力——失败,这就是自卑者制造的恶性循环。一个人如果陷入了自卑,在人际交往中除了封闭自己以外,就有可能会奴颜婢膝、低三下四。

一个人如果自卑,他不仅不敢有远大的目标,同时他将永远不会出类拔萃;一个民族和国家,如果自卑,只能当别国的殖民地,站不起来,也不敢站起来,只能跟在别国后边当附庸。

自卑是麻痹药,自卑是落后丹,自卑是自杀的剧毒品!

驱赶自卑的良药是接受自信心训练,建立自信。

自卑是悲剧的根源

对自身的蔑视和残忍可以有不同的表现方式,自卑感便是最常见的对自我的憎恨。在生活中,很多人缺少某种能力,却认为他人都拥有那种能力,这是经常发生的事。我们当中很多人因此会感到自卑,与自己过不去,轻视自己,这是许多悲剧的根源所在。我们希望像他人那样去生活,买相同的衣服、相同的家具,像他们一样地说话、做事。我们将自我置于别人的人格之下,鞭打自己的灵魂,批判自己,我们无限夸大别人的能力,这种夸大又反衬出自己的渺小,这是伤害自我的致命武器。我们会觉得自己的人格极不完善,有各种各样的缺点和不足,而别人却完美无瑕,显得沉着自信。这种感觉是极其荒谬的。我们应该明白,别人的内心世界也同样残留着过去失败所留下的伤疤。懂得了这一点,我们就不会再把自己破裂的伤口看得那么严重。

李白在《将进酒》中吟道:"天生我材必有用!"这是何等豪迈的气势!心理学家读到此句的时候,肯定还会再加上一句:这是何等的自信!现代人周围充满竞争,眼前常有机遇,尝试成了现代人相当时髦的人生信条。每当人们走向新的挑战之前，总是向挑战者或竞争者显示：天生我材必有用，这次胜利非我莫属！但是，在人生舞台上，有些人却低低哀叹：天生我材……没用。这种自卑的"自白"与自信者产生了强烈的反差：自信者相信自己的力量，竭力去做人生舞台上的主角；自卑者认为自己没有能力，只适合当观众。自卑是个人由于某些生理缺陷或心理缺陷及其他原因而产生轻视自己、认为自己在某个方面或其他各方面不如他人的情绪体验，表现在交往活动中就是缺乏自信，想象失败的体验多。自卑是影响交往的严重的心理障碍，它直接阻碍了一个人走向群体，去与其他人交往。

湖南有一位大学生，毕业后被分配在一个偏远闭塞的小镇任教。昔日的同窗有的分配到大城市，有的分配到大企业，有的投身商海，他充满梦想的象牙塔坍塌了，好似从天堂掉进了地狱，于是自卑和不平衡油然而生，从此不愿与同学或朋友见面，不参加公开的社交活动，为了改变自己的现实处境，他寄希望于报考研究生，并将此看作唯一的出路。但是，强烈的自卑与自尊交织的心理让他无法平静，在路上或商店偶然遇到一个同学，都会好几天无法安心，他痛苦极了。为了考试，为了将来，他每每拿起书本，却又因极度的厌倦而毫无成效。据他自己说："一看到书就头疼。一个英语单词记不住两分钟；读完一篇文章，头脑仍是一片空白。最后连一些学过的常识也记不住了。我的智力已经不行了，这可恶的环境让我无法安心，我恨我自己，我恨每一个人。"几次失败以后他停止努力，荒废了学业，当年的同学再遇到他，他已因过度酗酒而让人认不出了。他彻底崩溃了，短短的几年却成了他一生的终结。

我们应该把和这位大学生一样的人群称作"人牛"，因为他们不仅十分自愿地甘心于命运的支配，而且还要以自己颇有震撼力的嘲笑作为武器来保证这种秩序的继续存在。他们的生命中已经充满了被奴役的"牛性"，被一根无形的绳子牢牢拴住，不敢也可能没有想过要去做别的尝试，只是理所当然地认为：你开门我就去，你不来开门我就等着。我们常常抱怨命运把通向成功的大门锁住了，却从来没有想过通过的方法有很多种，你尽可以绕行、爬墙甚至是撬开那把锁，但没有什么比接受命运摆布更糟糕的。

"不是牧者，就是羊群。"你不去选择命运，命运才选择了你。做个自信的人，依据自己的判断进行自己的选择，才能免遭成为羊群的厄运。

告诉自己"我能行"

有人说：自卑像一把潮湿的火柴，再也燃不起兴奋的火花。长期被自卑笼罩的人，不仅斗志易被腐蚀，心理失去平衡，而且生理也会出现失调和病变的现象。

自卑的人，总哀叹事事不如意，老拿自己的弱点比别人的强处，越比越气馁，甚至比到自己无立足之地。有的人在旁人面前就脸红耳赤，说不出话；有的人遇上重要的会面就口吃结巴；有的人认为大家都欺负自己因而厌恶他人。因此，若对自卑感处置不妥，无法解脱，将会使人消沉，坠入黑暗的深渊，或走上自毁的道路。

那么到底自卑是怎样形成的呢？有关心理专家总结了以下几点成因：

1. 没有形成成熟的自我概念

学龄前儿童不知道什么叫自卑，因为他还未产生自我意识，还不知道评价"自我"。到了青春期，自我意识迅速形成，然而他还不能一下子成熟。不成熟的表现就是过高或过低地要求"自我"，过低要求自我的人，得过且过，也不知道自卑。问题出在过高要求自我的人的身上，他们要求自己必须十全十美，必须时时处处超过别人。可现实中的自我谁也达不到这个标准，所以，就自卑起来。据研究，自卑的人的智力水平和身材水平大都是中等或中上。可见，自卑的人之所以瞧不起自己，是主观评价标准太高的缘故。

2. 生活中的挫折

通常，自卑感强的人往往是有过某一特别严酷的经历，有过心理创伤。如有个学生，在整个小学期间的成绩都很差，但四年级前完全无忧无虑，然而后来发生的一件事，却使他难以忘却。那天他与同学们正兴致勃勃地踢足球，此时有位成绩优良的同班同学故意捣蛋，他对此提出抗议，并据理驳倒了对方。可对方竟大吵大骂起来。这时有位任课老师正经过此地，将他们劝解开了，但老师一味训他，反倒安慰那个同学，并冲着他说："不好好读书，只知道玩！"过去，他不怎么介意学习不好的问题，这时他意识到问题的严重性，并由此产生自卑感。但是，同样的心理创伤，并非所有的人都会产生自卑感，因为心理创伤并不是完全起因于外部的刺激，而还有其主观原因——性格。自卑感较强的人一般具有以下几种性格特征：小心、内向、孤独和偏见、完美主义。更需指出的是，现代社会是个充满竞争的社会，很多人都希望自己能出类拔萃，这也是造成某些人自卑感的重要原因，自卑感往往就在类似入学考试、录用面试、体育比赛等比试优劣的场合产生。

有的人，原本是豪情万丈，一旦遇到困难挫折，便一下子泄了气，觉得自己太无能，因此瞧不起自己。哲学家斯塞说："由于痛苦而将自己看得太低就是自卑。"

3. 身体上的缺陷

相貌、体型、体力、身体功能方面的缺陷常常使一些人感到见不得人，低人一等，因而陷于自卑的泥潭中难以自拔，但是自卑的主要原因依然是心理原因。

有自卑心理的人，并不一定条件很差。也有的是由于生理缺陷或职业原因或有过某些过失而产生的。自卑心理易使个人孤立、离群，不愿在公开场合露面，不愿与异性交往。遇到理想异性时因担心对方看不起自己，不敢大胆追求而失去时机。有这种心态的人要振作精神，树立自信、自强的心理。

无论自卑是怎么形成的，我们都要想办法克服，那么如何克服自卑呢？结合专家的建议我们总结了如下几点：

（1）大哭一场。专家都说伤心一阵子很有作用。这并不可耻，流眼泪不仅是伤心的表现，而且是悲哀或感情的发泄。

即使悲痛在伤心事发生后一段时间才显露出来，也没有关系，只要终究能发泄就行。

（2）参加辅导团体。一旦决定"要好好过日子"，就要找个倾诉对象，跟过来人谈谈也许最有帮助。

（3）阅读。初期的震荡过后，应重新集中心神开始阅读。阅读书刊——尤其是教你自助自疗的书籍——能给你启发，使你放松。

（4）写日记。许多人把遭逢不幸之后的平复过程逐一记载下来，从中获得抚慰。此法甚至可以产生自疗作用。

（5）安排活动。要想到人生中还有你所期盼的事，这样想可以加强你勇往直前再创造前途的态度。不妨现在就决定你拖延已久的旅行日期。

（6）学习新技能。到社区学院去选一门新课，找个新嗜好，可以学打球。你可以有个异于往昔的人生，可以借新技能加以充实。

（7）奖励自己。在极端痛苦的时刻，哪怕是最简单的日常事务——起床、洗澡、做点东西吃——都似乎很难。应把完成每一项工作（不论多么微不足道）都视为成就，奖励自己。

（8）运动。体力活动的疗效特别显著。有个中年女性在21岁的儿子自杀后便心神紊乱，无心做事。她听朋友之劝参加了爵士乐运动班。后来，她说："那只是跟着音乐伸展，身子舒服些，心情也好多了。"

运动能使你抛开心事，抛开烦恼，让你脚踏实地感受自己在做什么。

（9）莫再沉溺。有许多人挨过了创痛期之后，最终会感到必须有所为，也许是创设有关组织，或写书，或是参与促请公众关注的活动。在这个过程中去发现、帮助他人是很有效的自疗方法。

人人都想克服危机，每一个人都想获得一些最美好的事物。没有人会喜欢巴结别人，过平庸的生活，也没有人喜欢自己被迫进入某种情况。

不要总以为别人看不起你而离群索居。你自己瞧得起自己，别人也不会轻易小看你。能不能从良好的人际关系中得到激励，关键还在自己。要有意识地在与周围人的交往中学习别人的长处，发挥自己的优点，多从群体活动中培养自己的能力，这样可预防因孤陋寡闻而产生的畏缩躲闪的自卑感。这样，自卑就被逐步克服了。

鼓起自信的风帆，划动奋斗的双桨，你一定会发现一个生气勃勃的你，一个潇洒自如的你，一个成功的你！

第二节 去掉猜疑的枷锁

猜疑心理是一种狭隘的、片面的、缺乏根据的盲目想象。陷入猜疑误区的人活得很累的。如果猜疑发生在朋友之间，会破坏纯真的友谊；发生在恋人之间，会妨碍感情的发展；发生在同事之间，会影响正常的工作。

猜疑别人也是在怀疑自己。猜疑是一种矛盾心理的体现。

过分的猜疑极容易转换为精神病态；猜疑会产生许多痛苦的细胞，使我们长夜难眠，因此，化解那些不必要的猜疑最好的方法就是相信自己。

正常的人是无法摆脱猜疑的。良好心态的猜疑使我们保持高贵的理智；而狭隘的猜疑却使我们丧失信心和斗志。

把猜疑的心窗打开，让黎明的阳光满照进来，这才是猜疑释放后产生出来的真正力量。

猜疑会让人心性大乱

猜疑是在没有确切根据的情况下主观臆断地做出他人不利于自己的判断。当人希望了解事实真相而又无恰当的依据时，往往会猜测、怀疑，有时还会在猜测、怀疑的基础上产生对他人的偏见。在同事、朋友的交往中，在恋人、夫妻的关系中，猜疑心理十分常见。猜疑会使志同道合的合作者分道扬镳，使朋友隔阂，使夫妻反目，是生活中常见的一种心理误区。猜疑的人也因其猜疑影响人际交往，影响生活幸福。

赵君是一家公司的业务经理，年轻而英俊潇洒，搞公关很有办法，办事能力强，公司经常派他出差。这却使其妻颇费心机，生怕帅气的老公在外被别的女人勾引了去。于是，妻子对他采取了以下防范"措施"：一方面，每当赵君要出差时，出差前总是主动示爱，其意一是表达真切的爱意，用情束缚赵君；二是想在出门前把赵君"喂饱"，以防他万一心血来潮行为出轨。另一方面，每当赵君出差返回时，更是热情伺候，常常迫不及待地与赵君及时情意绵绵一番，其意一是小别胜新婚，"性趣"使然；二是可以"查验"丈夫在外是否有负于她，尽管这办法并不科学，而只是自己的一种感觉。如果赵君归来表现不好，她的心里就直犯嘀咕：丈夫在外是不是有了外遇？

一次，因误了车次，赵君归来已经半夜时分，连日的旅途奔波实在太累了，简单洗漱后就想休息。可妻子还要履行她的"查验"程序，赵君不想扫了妻子的兴致，便强打精神勉强缠绵，显然精力不济，导致最终失败。赵妻不悦，长期隐匿在心头的猜疑顿时变成妒火，喷薄而发。赵君见妻子一点也不体贴人，竟怀疑自己有外遇，想到自己辛辛苦苦地在外奔波还不是为了这个家，顿时也火冒三丈。片刻间，二人你来我往，唇枪舌剑，大吵一番。

事后，二人陷入了冷战，长时间冷眼相对，家庭的温馨荡然无存。赵君的差还是要出的，只是一切都变了，婚姻大厦眼看岌岌可危。

作为妻子，应该信任自己的丈夫，相信丈夫的道德。这也是自信心的具体体现。如果对丈夫的行为无端猜疑，那只会对其产生无端刺激和伤害，从而造成夫妻之间的隔阂。可见，无端的"疑神疑鬼"是有极大害处的。

猜疑的实质是缺乏对他人的基本信任，猜疑者不从他人的行为表现中得出判断，而是认为他人表里不一，有所隐蔽，对自己可能有所欺骗，因而对他人反复考查，希望证实自己的疑心。但在现实中很多事情都是难于查证的，于是猜疑者就更有理由去怀疑。

猜疑对人的心理效应，是给人一种消极的心理暗示，即让人觉得他人是不可靠、有问题的。

猜疑是破坏性极强的毒素

有这样一个寓言：

从前一个人丢失了斧头，怀疑是邻居的儿子偷的。从这个假想目标出发，他观察邻居儿子的言谈举止、神色仪态，无一不是偷斧的样子，思索的结果进一步巩固和强化了原先的假想目标，他断定贼非邻子莫属了。可是，不久在山谷里找到了斧头，再看那个邻居的儿子，竟然一点也不像偷斧者。

丢斧子的人一开始就把自己引进了猜疑的死胡同。由此看来，猜疑一般总是从某一假想目标开始，最后又回到假想目标，就像一个圆圈一样，越画越粗，越画越圆。现实生活中猜疑心理的产生和发展，几乎都同这种作茧自缚的封闭思路主宰了正常思维密切相关。

古人云："长相知，不相疑。"反之，不相知，必定长相疑。不过，"他信"的缺乏，往往又同"自信"的不足相联系。疑神疑鬼的人，看似疑别人，实际上也是对自己有怀疑，至少是信心不足。那些不自信的人总以为别人在背后议论自己，看不起自己，甚至算计自己。这些莫须有的想法让他们陷入了猜疑的泥潭而无法自拔。

有些人以前由于轻信别人，在交往中受过骗，蒙受了巨大的精神损失和感情挫折，结果万念俱灰，不再相信任何人。一个人自信越足，越容易信任别人，越不易产生猜疑心理。这种对环境、对他人、对自己缺乏信任的思想，对交往挫折的自我防卫，又何尝不是在作茧自缚呢？

"疑人偷斧"讽刺了那种疑心重重，戴着有色眼镜看人，甚至毫无根据地猜疑他人的人。在猜疑心的作用下，被猜疑的人的一言一行往往都被罩上可疑的色彩，即所谓"疑心生暗鬼"。有些人疑心病较重，乃至形成惯性思维，导致心理变态。一个人如果心胸过于狭窄，对同事、朋友乃至家人无端猜疑，不但会影响工作、影响人际关系、影响家庭和睦，还会影响自己的心理健康。

猜疑是建立在猜测基础之上的，这种猜测往往缺乏事实根据，只是根据自己的主观臆断毫无逻辑地去推测、怀疑别人的言行。猜疑的人往往对别人的一言一行很敏感，喜欢分析深藏的动机和目的，如看到别的同学悄悄议论就疑心在说自己的坏话，见别人学习过于用功就疑心他有不良企图。好猜疑的人最终会陷入作茧自缚、自寻烦恼的困境中，结果还导致自己的人际关系紧张，失去他人的信任，挫伤他人和自己的感情，对心理健康有极大的危害。为此英国思想家培根曾说过："猜疑之心如蝙蝠，它总是在黄昏中起飞。这种心情是迷陷人的，又是乱人心智的。它能使你陷入迷惘，混淆敌友，从而破坏人的事业。"

《三国演义》中曹操刺杀董卓败露后，与陈宫一起逃至吕伯奢家。曹吕两家是世交。吕伯奢一见到曹操到来，本想杀一头猪款待他，可是曹操因听到磨刀之声，又听说要"缚而杀之"，便大起疑心，以为要杀自己，于是不问青红皂白，拔剑误杀无辜。

这是由猜疑心理导致的悲剧。猜疑是人性的弱点之一，是害人害己的祸根。一个人一旦掉进猜疑的陷阱，必定处处神经过敏，对他人对自己心生疑窦，损害正常的人际关系。

戒除猜疑的毛病

美国西部电力公司芝加哥分公司的会计部每月都得做非常细密、复杂的职员薪金计算，会计部有一名老职员，这位老职员根据自己的多年经验，想到了一套非常简化的薪金计算法。

但是，他不将自己所发明的方法教给其他同事。他的真实目的是，想让自己长久地成为会计部不可缺少和不可替代的人。

涅路达·基路德从学校一毕业，便不顾父母的反对，进入这个电力公司当新职员。他当时想，既然那位老职员能够想出来简易计算方法，那么，大学毕业的自己当然也能想出来。

此后几个星期中，基路德利用了夜晚的全部时间，来研究简易计算法的发明。结果，他终于也想出了这种方法。

不过，基路德并没有像那位老职员一样，把这一方法保密起来，而是自愿地教给了同事们。由此，他成了可以替代的人，反倒有了可以调升更高职位的机会。

当芝加哥分公司的经理职位要换新人时，最高管理层没有把职位移交给那位老职员，而是任命了年轻的基路德。

这是他出人头地的第一步，随后便继续步步高升，40岁时就出任了美国电报电话公司的董事长。

基路德的成功，除了能力卓越这一点外，还因为他并不无端猜忌和防范其他同事，而是与他们坦诚相见，彼此信任，能训练和团结他人为自己工作。

人群中，生性多疑、经常对人抱有防范之心的人，为数实在不少。他们认为，一旦别人盗取了自己的思想并加以评判，那就会和自己对抗或在工作中加害自己。也就是说，他们对别人总是抱着戒备、恐惧的心理。所以，他们从不敢相信别人，也不愿与他人分享某些积极的成果，更不敢委任别人担当重任，凡事都要自己控制，这样他们才会放心。

其实，这种人是心地简单、头脑僵化的孤独者。无端猜疑和防范别人的结果，必将使自己也失去了支持和帮助，这就等于自己阻碍住了自己前进的道路。

那么，在人际交往中应如何消除猜疑心理呢？

第一，优化个人的心理素质。拓宽胸怀，来增大对别人的信任度和排除不良心理。

第二，摆脱错误思维方法的束缚。猜疑一般总是从某一假想目标开始，最后又回到假想目标。只有摆脱错误思维的束缚，走出先入为主的死胡同，才能促使猜疑之心在得不到自我证实和不能自圆其说的情况下自行消失。

第三，敞开心扉，增加心灵的透明度。猜疑往往是心灵闭锁者人为设置的心理屏障。只有敞开心扉，将心灵深处的猜测和疑虑公之于众，增加心灵的透明度，才能求得彼此之间的了解沟通，增加相互信任，消除隔阂，获得最大限度的谅解。

第四，无视"长舌人"传播的流言。猜疑之火往往在"长舌人"的煽动下才越烧越旺，致使人失去理智、酿成恶果。因此，当听到流言时，千万要冷静，谨防上当受骗。

第五，当我们开始猜疑某个人时，最好能先综合分析一下他平时的为人、经历以及与自己多年共事交往的表现，这样有助于将错误的猜疑消灭在萌芽状态。

产生了猜疑心，你可以有所警惕，但不要表露于外。这样，当猜疑有道理时，你因为做好了准备而免受其害；而当这种猜疑毫无道理时，就可以避免误会好人。

猜疑似一条无形的绳索，会捆绑我们的思路，使我们远离朋友。如果猜疑心过重的话，那么就会因一些可能根本没有或不会发生的事而忧愁烦恼、郁郁寡欢；猜疑者常常嫉妒心重，比较狭隘，因而不能更好地与同学、朋友交流，其结果可能是无法结交到朋友，变得孤独寂寞，对身心健康都有危害。

希望朋友们能拨开心头的疑云，摘下有色眼镜，将爱和信任传递给别人，这样才能拥有朋友，获得快乐，幸福地生活。

第三节 打开嫉妒的桎梏

嫉妒是来自地狱的一块嘶嘶作响的灼煤。它像一条蛆虫，蛀蚀和毁害着他人和自己。

但芸芸众生中，总有那么一些人技不如人，却对别人的成绩嗤之以鼻，"妒人之能，幸人之失"，从而上演了一场场丑陋的嫉妒闹剧。在现实生活中，因为别人评上了比自己高的职称而指桑骂槐、因为某人得到领导的厚爱而愤愤不平、因为别人的生活条件比自己好而郁郁寡欢的也大有人在，给本已不太平静的生活平添了几多烦恼和些许纷扰。

每个凡人难免不嫉妒，但是杰出的人往往能用理性去抑制嫉妒，在难免产生嫉妒的地方，用它去刺激自己的努力，而不是阻挠对方的努力，但是那些被嫉妒之火燃烧而迷乱理智的人，往往会被内心这种疯狂的激情点燃，使他人和自己两败俱伤。

嫉妒是焚毁你的毒火

《三国演义》中，有位英才盖世、文武双全的大英雄叫周瑜。这位当时很了不起的风度翩翩的美男子，年纪轻轻就执掌江东（吴国）的统兵大都督要职。尤其他在赤壁大战中，更显出叱咤风云、谋略高人、指挥得当的政治军事奇才。他居然以少量东吴和刘备之师，取得大破曹操八十三万大军的辉煌胜利，在历史上留下千古绝唱的赫赫声名。据说，此人不仅披挂上马，能征善战，运筹帷幄、决胜千里，文韬武略亦堪称上乘，是位难得的英俊奇才。而且，周瑜还熟谙音律。有传闻说他听音乐演奏时，若谁奏错一个音符，他便即刻能耳辨明详。为此，有"曲有误，周郎顾"之说。当后人对周瑜其人的褒奖盛赞之际，人们也同时看到了这位英才早逝者的两大致命弱点，那就是他的量窄和嫉才。

周瑜一生肚量太窄，人人皆知。比如，在取得火烧赤壁大战成功后，竟容不下与他共同抗曹的诸葛亮的存在，并密令部将丁奉、徐盛击杀诸葛亮。不料孔明早有准备，密杀不成。为此，周瑜万分气愤。如此不能容人的周瑜，密除同盟，过河拆桥，实在让人心寒并为之深感可悲。

周瑜为什么容不下诸葛亮？原来，足智多谋的诸葛亮处处高周瑜一着，尤其在关键时刻，事事想在周瑜之前，且能将周瑜内心活动看得入骨三分。正因如此，才使得量窄、嫉才的周瑜妒忌得寝食难安，并随时想除掉才智高于自己的诸葛亮。而孔明总先于周瑜谋害前就有了防备，这更使量窄、嫉才的周瑜一次比一次气憋于心。嫉才、欲加害孔明的结果是反把周瑜自己给活活"气死"。

有道是:"人之将死,其言也善。"可周瑜在临死之前,非但未能悔悟自己的致命弱点,反而含恨仰天长叹,曰:"既生瑜,何生亮?"连叫数声而亡。

一代英雄就这样自掘坟墓,害人而最终害己。莎士比亚曾经说过:"像空气一样轻的小事,对于一个嫉妒的人,也会变成天书一样的确证;也许这就可以引起一场是非。"一旦你被嫉妒的毒蛇所缠上,那么生活中就会有太多的事引起你的不平和愤恨。别人衣着比你的光鲜,你会愤愤不平;别人比你多和上司说了一句话,你会郁闷一整天;别人的男朋友比你的帅,你会恼怒不止……日常生活中每一件事都有可能成为你心情烦躁的源泉,你会终日饱受嫉妒的折磨,最后被它灼伤。

嫉妒使你自毁前程

嫉妒往往来源于和他人的比较中,一旦认为他人在某方面比自己强,便会时刻想着如何打击、诋毁他人,这样的人不可能埋头专注于自己的事业,而是把所有的精力都放在关注他人的一举一动上,那个被他所嫉妒的对象就像一个长在他心头的刺,这个刺成了他生活的中心,他因此而意乱神迷,无法掌控自己的人生方向。

王松是某大学社会学专业大三的学生,他是以优异的成绩考入这所名牌大学的。刚上大学时,他与班上同学的关系非常融洽,这当然与他的热情大方、乐于助人的性格分不开。同学们都喜欢朴素、热情的他。

可慢慢地,他产生了严重的不平衡心理。只要别的同学哪方面比他强,他就眼红;只要老师在同学面前表扬别的同学,他心里就酸溜溜的;他看见别的同学家境很好,不用勤工俭学就能过上很宽裕的生活,他心里就特别不平衡,他时常怨恨自己没有生在一个富裕的家庭;他看见别的同学得了奖学金或被评为"三好学生",他就嫉妒得夜里辗转反侧,暗暗埋怨上天的不公。

王松尤其看不惯与他来自同一所高中的一位老乡同学。原来两个人在高中时各方面都不差上下，上大学后，老乡的成绩越来越好，而且被选为班干部，他就更加妒火中烧了。于是他的注意力不在读书学习上，而是时刻注视着老乡的一举一动，妄图从中抓住把柄。他开始到处给那位老乡散布流言蜚语、造谣中伤，大家都开始讨厌他。他为了争口气，把老乡比下去，在竞选班干部时竟然在下面做小动作、拉选票，结果他的阴谋被同学们识破，唱票时只有他自己投了自己一票，搞得十分狼狈。一计不成他又生一计，在期末考试中，他知道凭自己的水平是拿不了高分的，于是，他就采用夹带纸条的方式作弊。在最先的两门考试中，他的计谋得逞了。正当他自鸣得意、觉得胜利在望时，在第三门考试中被监考老师抓个正着。老师说："我早就注意你了，以为你会有所收敛，没想到你一而再、再而三地作弊。我再也不能容忍你的作弊行为了。"王松当下便痛哭流涕地求监考老师手下留情，可是学校的制度是无情的，王松的名字上了作弊的名单。当天，学校教务处就做出了开除其学籍的处分决定。

王松没想到自己的大学生活会是以被开除告终。他觉得无颜面对自己的父母。于是，他一个人背着简单的行囊去了另外一个陌生的城市，开始了流浪生涯。

法国作家拉罗什富科曾说："生来就具有某些伟大品质的人的最可靠标志是生来就没有嫉妒。"

每一个埋头专注于自己事业的人，是没有工夫去嫉妒别人的，而凡是好嫉妒的人常常不能把精力集中到自己的生活中，而是投入到一些与自己的生活、工作无关紧要的小事中：比如这个人的生活作风啦，这个人的学识啦，这个人的穿衣戴帽啦，甚至这个人脸上的几颗雀斑、头上的一根白发，一旦被这些人发现了，他们也会为此而兴奋不已，并且会大惊小怪地议论纷纷：哈哈，原来他也不过如此呀！原来他……嫉妒的人是在不断地对别人的打击中寻找乐趣，以求内心平衡，而他们自己的生活却因此而搞得一团糟。正如古希腊哲学家德谟克利特所说："嫉妒的人常自寻烦恼，这是他自己的敌人。"与其说是别人的成功妨碍了他，倒不如说是他自己的关注点发生了偏离，自愿从生活轨道上滑落而自毁前程。

去除嫉妒的毒瘤

罗素在谈到嫉妒时曾说："嫉妒尽管是一种罪恶，它的作用尽管可怕，但并非完全是一个恶魔。它的一部分是一种英雄式的痛苦的表现；人们在黑夜里盲目地摸索，也许走向一个更好的归宿，也许只是走向死亡与毁灭。要摆脱这种绝望，寻找康庄大道，文明人必须像他已经扩展了他的大脑一样扩展他的心胸。他必须学会超越自我，在超越自我的过程中，学得像宇宙万物那样逍遥自在。"化解嫉妒心理，去除这颗毒瘤的良方是：

1. 自我认知，客观评价自己和他人

要正确地认识自我，评价别人。"金无足赤，人无完人。"一个人限于主客观的条件，不可能万事皆通，样样比别人好，时时走在别人前面。要接纳自己，认识自己的优点与长处，也要正确地评价、理解和欣赏别人。在因为嫉妒心理而给自己的精神带来一些烦恼与不安时，不妨冷静地分析一下嫉妒的不良作用，同时正确地评价一下自己，从而找出一定的差距，做到有"自知之明"。只有正确地认识了自己，才能正确地认识别人，嫉妒的锋芒就会在正确的认识中钝化。

2. 开阔心胸，宽厚待人

19世纪初，肖邦从波兰流亡到巴黎。当时匈牙利钢琴家李斯特已蜚声乐坛，而肖邦还是一个默默无闻的小人物。然而李斯特对肖邦的才华却深为赞赏。怎样才能使肖邦在观众面前赢得声誉呢？李斯特想了个妙法：那时候在演奏钢琴时，往往要把剧场的灯熄灭，一片黑暗，以便使观众能够聚精会神地听演奏。李斯特坐在钢琴面前，当灯一灭，就悄悄地让肖邦过来代替自己演奏。观众被美妙的钢琴演奏征服了。演奏完毕，灯亮了。人们既为出现一位钢琴演奏的新星而高兴，又对李斯特推荐新秀深表钦佩。

3. 学会正确的比较方法

一般说来，嫉妒心理较多地产生于原来水平大致相同、彼此又有许多联系的人之间。特别是看到那些自认为原先不如自己的人都冒了尖，于是嫉妒心油然而生。因此，要想消除嫉妒心理，就必须学会运用正确的比较方法，辩证地看待自己和别人。要善于发现和学习对方的长处，纠正和克服自己的短处。而不是以自己之长比别人之短。这样，嫉妒心也就不那么强烈了。

4. 充实自己的生活，寻找新的自我价值，使原先不能满足的欲望得到补偿

当别人超过自己而处于优越地位时，你若是聪明者就应当扬长避短，寻找和开拓有利于充分发挥自身潜能的新领域，以便能"失之东隅，收之桑榆"。这会在一定程度上补偿先前没满足的欲望，缩小与嫉妒对象的差距，从而达到减弱以至消除嫉妒心理的目的。例如，某人虽无真才实学，却善于钻营，官运亨通，成为你的上司。对此，你大可不必猝发妒情，而应发挥自己的专长，在业务上刻苦钻研，精益求精，同样可以令别人刮目相看。

5. 升华嫉妒，化嫉妒为动力

不管是在学校还是在工作单位，每个人都要在具有竞争的环境中客观地对待自己。不要把比自己优秀的同学或同事当成与自己有竞争关系的对手，要当成自己前进的动力。学会赞美别人，把别人的成就看作是对社会的贡献，而不是对自己权利的剥夺或地位的威胁，将别人的成功当成一道美丽的风景来欣赏，你在各方面将会达到一个更高的境界。

总之，如同钢铁被铁锈腐蚀一样，人很容易被嫉妒折磨得遍体鳞伤，我们要时刻提防它对我们心灵的腐蚀，远离它，从而获得内心的自由与超脱。

第四节 告别悲观的阴云

悲观是人对自己言行自觉产生不满的一种情绪。人群中，我们经常可以

看到有些人面容沮丧、精神萎靡，眼神中总有那么一种抹不去的凄凉，这就是悲观人群的统一表象。在悲观者的心中，现实或多或少地被丑化了，他们对过去、对未来，都持有迷茫的心理。悲观的人还容易产生沮丧、困惑、气愤和挫折心理。解决这种状况的唯一办法，是要保持乐观健康的情绪，以积极的态度看待人生的每一次起伏，要相信自己完全有能力设计一条属于自我的幸福之路，只有这样，悲观的人才能渐渐走出悲观的阴云，拥抱生活中灿烂的阳光。

人生不是梦，俯仰勿悲悸

爱默生说："一个人就是他整天所想的那些。"

卡耐基说："我们内心的平静和我们由生活所得到的快乐，并不在于我们在哪里、我们有什么，或者我们是什么人，而只在于我们的心境如何。"

我国古代哲人也说"境由心造"。的确，如果我们想的都是快乐，我们就能快乐；如果我们想的都是悲伤的事情，我们就会悲伤；如果我们在做事情之前想着一定能够成功，那么我们就会充满信心；如果我们满脑子的失败情形，我们就会失败；如果我们沉浸在自怜里，大伙都会有意躲开我们……

这里要说明的就是一种最常见的特殊心理现象：暗示。

巴甫洛夫认为：暗示是人类最简化、最典型的条件反射。

暗示是指自己用某种观念影响自己，对自己的心理施加某种影响，使情绪与意志发生作用。例如，有的人早晨在上班前或出去办事前照照镜子、整整衣服、理理头发。有的人从镜子里看到自己脸色不太好看，并且觉得上眼睑浮肿，恰巧昨晚睡眠又不好，这时马上有不快的感觉，顿疑自己是否得了肾病，继而觉得自己全身无力、腰痛，于是觉得自己不能上班了，甚至到医院就医。这就是对健康不利的消极自我暗示作用。而有的人则不是这样。当在镜子里看到自己脸色不好，由于睡眠不好而精神有些不振、眼圈发黑时，马上用理智控制自己的紧张情绪，并且暗示自己：到户外活动活动，做做操，练练太极拳，呼吸一下新鲜空气就会好的，于是精神振作起来，高高兴兴去工作了。这种积极的自我暗示有利于身心健康。

暗示对人的作用是很大的。它有时也给人体带来不良的影响。例如"假孕"，它是指有的女性结婚后很想怀孕，由于焦虑而十分害怕月经按时来潮，使怀孕失败。由于这种迫切心情，所以当自己月经过期未来，就觉得自己怀孕了。很快又觉得自己开始厌食、恶心、呕吐，喜吃带刺激性的食物，于是到医院就诊。但经医生检查和化验后，发现并不是怀孕。这是因为想怀孕的强烈愿望及焦虑的心理因素，破坏了人体内分泌功能的正常进行，尤其是影响下丘脑垂体对卵巢功能的调节，使体内的孕激素增高和排卵受到抑制，从而出现暂时闭经的结果。

当然，这里并不是说暗示对于我们的生活有绝对的控制权。因为生命不是这么单纯，所以我们在遇到困难时应该选择积极的态度，用心去找出问题的起源，然后果断地采取各种措施加以解决，而不至于发疯似的在小圈子里打转，像一艘在大海中迷失方向的小船。卡耐基说："一个人，如果能够在面对困难的时候，在衣襟上插着花，昂首阔步地向前走，那么他就永远不会成为失败者。"

300年前，弥尔顿在双目失明后，也发现了同样的真理："思想的运用和思想本身，就能把地狱变成天堂，把天堂变成地狱。"

蒙坦，这位伟大的法国哲学家也说，一个人因发生的事情所受到的伤害，不及他对发生的事情所持的心境来得深。

因为我们对事情的态度，完全要看我们自己怎样来决定。

正如蒙坦所言，詹姆斯·纳斯美瑟少校正是通过不停止地思考，度过了他战俘营里九死一生的艰难岁月，并使自己的高尔夫球技达到了一个新水平。

詹姆斯·纳斯美瑟梦想着在高尔夫球技上突飞猛进，所以他发明了一种独特的方式以达到目标。然而在他被关进战俘营的7年中他并没有机会碰高尔夫球杆，并且在设定目标时他的水平也只是在中下游，但是在他复出后第一次踏上高尔夫球场时，他就打出了叫人惊讶的74杆！虽然比自己以前打的平均杆数还多20杆，可他已7年未上场！真是难以置信。不只如此，他的身体状况也比7年前好。

纳斯美瑟少校的秘密何在？就在于"心像"。

纳斯美瑟少校是在越南的战俘营度过他人生的7年的。7年间，他被关在一个只有4尺半高、5尺长的笼子里。

这7年中绝大部分的时间他看不到任何人，没有机会说话，也没有任何体能活动。刚开始的几个月他灰心至极，只祈求着赶快脱身。后来他了解他必须发现某种方式，使之占据心灵，否则他会发疯至死，于是他学习建立"心像"。

他选择了他最喜欢的高尔夫球，并在想象中开始打起高尔夫球。每天，他在梦想中的高尔夫乡村俱乐部打18洞。他体验了一切，包括细节。他看见自己穿着高尔夫球装，闻到绿树的芬芳和草的香气。他体验了不同的天气状况——阳光和煦的春天、昏暗的冬天和阳光普照的夏日早晨。在他的想象中，球台、绿草、碧树、啼叫的鸟、跳来跳去的松鼠、球场的地形……都历历在目了。

他感觉自己手握着球杆，练习各种推杆与挥杆的技巧。他看到球落在修整过的草坪上，跳了几下，滚到他所选择的特定点上，一切都在他心中发生。

在真正的世界中，他无处可去。所以他步步向着他心中的小白球走，好像他的身体真的在打高尔夫球一样。在他心中打完18洞的时间和现实中一样。一个细节也不能省略，他一次也没有错过挥杆左曲球、右曲球和推杆的机会。

一周7天，一天24个小时，18个洞，7年，看起来他什么都没有做，但在心理上，他却完完整整地打了7年的高尔夫球，这才使他只多了20杆，打出74杆的好成绩。

这就是思想的威力，这就是积极暗示的作用。

在这似梦非梦的人生中，只有做到不以物喜，不以己悲，才能洒脱过活。处于困厄之中，只有为自己寻找一种方式，走出悲观的禁锢，漫步在快乐的林阴大道，你就会发现心情突然变了，怒气和沮丧也消失了，心中充满了宁静，自然的色彩给人带来阵阵的快意。所以，为自己的情绪和心境安个转换器吧，让自己在人生中俯仰均无悲悸。

告别悲观，潇洒上路

人的一生很像是在雾中行走，远远望去，只是迷茫一片，辨不出方向和吉凶。可是，当你鼓起勇气，放下悲伤和沮丧，一步一步向前走去的时候，你就会发现，每走一步，你都能把下一步路看得清楚一点。"放下悲观往前走，别站在远远的地方观望！"你就可以潇洒上路，最终找到你的方向。

很久以前，为了开辟新的街道，伦敦拆除了许多陈旧的楼房。然而新路却久久没能开工，旧楼房的废墟晾在那里，任凭日晒雨淋。

有一天，一群自然科学家来到这里，他们发现，在这一片多年未见天日的旧地基上，这些日子里因为接触了春天的阳光雨露，竟长出了一片野花野草。

奇怪的是，其中有一些花草却是在英国从来没有见过的，它们通常只生长在地中海沿岸国家。这些被拆除的楼房，大多都是在古罗马人沿着泰晤士河进攻英国的时候建造的。

这些花草的种子多半就是那个时候被带到了这里，它们被压在沉重的石头砖瓦之下，一年又一年，几乎已经完全丧失了生存的机会。但令人感到意外的是，一旦它们见到阳光，就立刻恢复了勃勃生机，绽开了一朵朵美丽的鲜花。

其实，人生也是如此。一个人，不管他经受了多少苦难，一旦爱的阳光照耀在他的身上，他便能治愈创伤，便能获得希望，哪怕是在荒凉恶劣的环境里，也依然能够放射出自己的光和热。

本田公司创始人本田宗一郎的事迹，就有力地证明了这一点。

1938年本田先生还是一名学生时，就变卖了所有家当，全心投入研究心目中所认为理想的汽车活塞环。他夜以继日地工作，与油污为伍。累了，倒头就睡在工厂里。他一心一意期望早日把产品制造出来，以卖给丰田汽车公司。为了继续这项工作，他甚至变卖妻子的首饰。最后产品终于出来了，送到丰田去，但是却被认为品质不合格而打了回来。为了求取更多的知识，他重回学校苦修两年。这期间，他经常因为自己的设计而被老师或同学嘲笑，被认为不切实际。

他无视于这一切痛苦，仍然咬紧牙关朝目标前进，终于在两年之后取得了丰田公司的购买合约，完成了他长久以来的心愿。此后一切并不就一帆风顺，他又碰上了新问题。当时因为第二次世界大战，一切物资吃紧，政府禁卖水泥给他建造工厂。他是否就此放手了呢？没有。他是否怨天尤人了呢？他是否认为美梦破碎了呢？一点都没有！相反地，他决定另谋它途，而和工作伙伴研究出新的水泥制造方法，建好了他们的工厂。战争期间，这座工厂遭到美国空军两次轰炸，毁掉了大部分的制造设备，本田先生是怎么做的呢？他立即召集了一些工人，去捡拾美军飞机所丢弃的汽油桶，作为本田工厂制造用的材料。在此之后，他们又碰上了地震，整个工厂被夷平。这时，本田先生不得不把制造活塞环的技术卖给丰田公司。

本田宗一郎实在是个了不起的人，他清楚地知道迈向成功该怎么走，除了要有好的制造技术，还得对所做的事深具信心与毅力，不断尝试并多次调整方向，虽然目标还不见踪影，但他始终不屈不挠。

本田宗一郎的事迹告诉我们：人生最大的挑战就是挑战自己，生命中其他敌人都容易战胜，唯独自己是最难战胜的。有位哲人说："自己把自己说服了，是一种理智的胜利；自己被自己感动了，是一种心灵的升华，自己把自己征服了，是一种人生的成熟。大凡说服了、感动了、征服了自己的人，就有力量征服一切挫折、痛苦和不幸。"

不错，当我们面对困境时，不要小视自己的力量，调整好自己的心态，告别悲观。当前景不太光明的时候，试着向上看——阳光总是那么灿烂，这样你一定会获得成功的。

乐观向上，笑对生活

英国作家萨克雷说："生活是一面镜子，你对它笑，它就对你笑，你对它哭，它也对你哭。"

的确，如果我们心情豁达、乐观，我们就能够看到生活中光明的一面，即使在漆黑的夜晚，我们也知道星星仍在闪烁。一个心理健康的人，思想高洁，行为正派，能自觉而坚决地摒弃病态的想法。我们既可以坚持错误、执迷不悟，也可能痛改前非、改过自新，这都取决于我们自己。这个世界是大家创造的，因此，它属于我们每一个人，而真正拥有这个世界的人，是那些热爱生活、乐观向上的人。也就是说，那些真正拥有快乐的人才会真正拥有这个世界。

但是快乐也是有成本的。要得到快乐，必须先磨炼自己的耐性，先付出艰苦和等待。我们必须先播下种子，然后用不求收获的、理智的心情去等待快乐的果实。

因为人的心理活动没有一刻的平静，间或兴奋、欢乐，间或沮丧、消极。快乐的人也有不幸与烦恼。有的人大部分的生活被消极情绪占领，或哀叹不已、灰心丧气，或牢骚满腹、怨天尤人，不善于解脱排遣。

开朗人的特点是把眼光盯在未来的希望上，把烦恼抛在脑后。培养乐观、豁达的性格，将会对你终生有益。

遇到情绪扭不过来的时候，不妨暂时回避一下，打破静态体验，用动态活动转换情绪。只要一曲音乐，就能将你带到梦想的世界。如果你能跟随欢乐的歌曲哼起来、手脚拍打起来，无疑，你的心灵会与音乐融化在纯净之中。同样，看场电影、散散步、和孩子玩玩都能把你带到另一个情绪世界。

具有乐观、豁达性格的人，无论在什么时候，他们都感到光明、美丽和快乐的生活就在身边。他们眼睛里流露出来的光彩使整个世界都溢彩流光。在这种光彩之下，寒冷会变成温暖；痛苦会变成舒适。这种性格使智慧更加熠熠生辉，使美丽更加迷人灿烂。那种生性忧郁、悲观的人，永远看不到生活中的七彩阳光，春日的鲜花在他们的眼里也顿时失去了娇艳，黎明的鸟鸣变成了令人烦躁的噪声，无限美好的蓝天、五彩纷呈的大地都像灰色的布幔。在他们眼里，创造仅仅是令人厌倦的、没有生命和没有灵魂的苍茫空白。

乐观像一股永不枯竭的清泉，乐观像一首没有歌词的永无止境的欢歌。它使人的灵魂得以宁静，使人的精力得以恢复，使美德更加芬芳。人的精神、灵魂、美德都从这种愉悦的心情中得到滋润，尽管烦恼和不安总在时时吞噬着这种美好的心情，各种挫折和磨难会一点一滴地消耗它，但这如清泉甘露般的美丽心情永远不会枯竭，而是历久弥坚以至永远。

所以要保持乐观的心态，微笑着面对生活，还必须注意以下几条原则：

1. 要朝好的方向想

有时，人们变得焦躁不安是由于碰到自己所无法控制的局面。此时，你应承认现实，然后设法创造条件，使之向着有利的方向转化。此外，还可以把思路转到别的什么事上，诸如回忆一段令人愉快的往事。

2. 不要过于挑剔

大凡乐观的人往往是"憨厚"的人，而愁容满面的人，又总是那些不够宽容的人。他们看不惯社会上的一切，希望人世间的一切都符合自己的理想模式，这才感到顺心。

挑剔的人常给自己戴上是非分明的桂冠，其实是在消极地干涉他人。怨恨、挑剔、干涉是心理软弱、"老化"的表现。

3. 偶尔也要屈服

当你遇到重创时，往往变得浮躁、悲观。但是，浮躁、悲观是无济于事的。你不如冷静地承认发生的一切，放弃生活中已成为你负担的东西，终止不能实现的希望,并重新设计新的生活。大丈夫能屈能伸,只要不是原则问题,不必过分固执。

4. 要意识到自己是幸福的

有些想不开的人,在烦恼袭来时,总觉得自己是天底下最不幸的人,谁都比自己强。其实,事情并不完全是这样,也许你在某方面是不幸的,在其他方面依然是很幸运的。如上帝把某人塑造成矮子,却给他一个十分聪颖的大脑。请记住这样一句话:"我一直为自己没有鞋而感到不幸,直到遇到一个没有双足的人。"生活就是这样捉弄人,但又充满着希望,想到这些,你也许会感到轻松和愉快。

第五节 铲除浮躁的种子

浮躁心理是造成人们做事目的与结果不一致的常见的原因。具有浮躁心理的人,一味地追求效率和速度,而且做起事来往往既无准备也无计划,只凭脑子一热,兴头一来就动手去做。他们恨不能一日千里,一蹴而就,却往往事倍功半,结果只能与成功背道而驰。

所以,生活中,如果我们想取得长久的成功,就必须静下心来,摆脱速成心理的牵制,看清人生最根本的目的,一步一个脚印地走下去。只有这样,才能达成自己的目的,最终走上成功的道路。

浮躁葬送美好人生

浮躁,乃轻浮急躁之意。一个人如果有轻浮急躁的缺点,是什么事情也干不成的。

在现实生活中,也常有人犯浮躁的毛病。他们做事情往往既无准备又无计划,只凭脑子一热、兴头一来就动手去干。他们不是循序渐进地稳步向前,而是恨不得一锹挖成一眼井,一口吃成胖子。结果呢,必然是事与愿违,欲速不达。

古时候有兄弟二人，很有孝心，每日上山砍柴卖钱为母亲治病。神仙为了帮助他们，便教他们二人，可用四月的小麦、八月的高粱、九月的稻、十月的豆、腊月的雪，放在千年泥做成的大缸内密封四十九天，待鸡叫三遍后取出，汁水可卖钱。兄弟二人各按神仙教的办法做了一缸。待到四十九天鸡叫二遍时，老大耐不住性子打开缸，一看里面是又臭又黑的水，便生气地洒在地上。老二坚持到鸡叫三遍后才揭开缸盖，里边是又香又醇的酒，所以"酒"与"洒"字差了一小横。当然，酒字的来历未必是这样，但这个故事却说明了一个深刻的道理：成功与失败，平凡与伟大，往往没有多大的距离，就在一步之间，咬紧牙关向前迈一步就成功了；停住了，泄气了，只能是前功尽弃。这一步就是韧劲的较量，是意志力的较量。

有谁能想到显微镜的发明者竟是荷兰西部一个小镇上的门卫，他叫万·列文霍克。为了让时光不会因在门卫这个无所事事的岗位上浪费掉，他选择了学习用水晶石磨放大镜片，磨一副镜片往往需要几个月的时间，为了不断提高镜片的放大度数，他一面总结经验，一面不间断地磨着。尽管人们不愿干这种单调重复的劳动，但他并不厌倦，几十年如一日。直到第60年时，他终于磨出了能放大300倍的显微镜片，使人类第一次发现了细菌。于是他成了举世闻名的发明家，受到了英国皇家的奖励。难以想象，60年的岁月，一种单调的重复劳动，这需要多么大的韧性！

古人云："锲而不舍，金石可镂。锲而舍之，朽木不折。"成功人士之所以成功，重要秘诀就在于他们将全部的精力、心力放在同一目标上。许多人虽然很聪明，但心存浮躁，做事不专一，缺乏意志和恒心，到头来只能是一事无成。

你越是急躁，越是在错误的思路中陷得更深，就越难摆脱痛苦。

古代有一个年轻人想学剑法。于是，他就找到一位当时武术界最有名气的老者拜师学艺。老者把一套剑法传授于他，并叮嘱他要刻苦练习。一天，年轻人问老者："我照这样练习，需要多久才能够成功呢？"老者答:"3个月。"年轻人又问:"我晚上不去睡觉来练习,需要多久才能够成功?"老者答:"3年。"年轻人吃了一惊,继续问道:"如果我白天黑夜都用来练剑,吃饭走路也想着练剑,又需要多久才能成功?"老者微微笑道:"30年。"年轻人愕然……年轻人练剑如此,我们生活中要做的许多事情同样如此。切勿浮躁,遇事除了要用心用力去做,还应顺其自然,才能够成功。

生活中,无论是名不见经传的普通人,还是声名显赫的企业家,都很容易被暂时的胜利冲昏头脑,在浮躁的心理下步入歧途。所以我们一定要戒除浮躁心理,不要让它葬送了我们美好的人生。

急于求成的恶果

《孟子·公孙丑上》有则寓言,说的是宋国有个种田人,为了让自己田里的禾苗长得快一些,就下到田里把禾苗一棵一棵地往上拔。拔完回到家,他对家人说:"今天累坏了,我帮助田里的禾苗长高了。"他的儿子听后,忙到田里去看,只见田里的禾苗全都枯萎了。今天用来比喻强求速成反而坏事的成语"揠苗助长",就源于这个故事。

急于求成是永远不会获得想要的效果的,只有脚踏实地才能获得最终的成功。

有一个小朋友,他很喜欢研究生物学,很想知道那些蝴蝶如何从蛹壳里出来,变成蝴蝶便会飞。

有一次,他走到草原上面看见一个蛹,便取了回家,然后看着,过了几天以后,这个蛹出现了一条裂痕,他看见里面的蝴蝶开始挣扎,想抓破蛹壳飞出来。

经过数小时之久,蝴蝶还在蛹里面很辛苦地拼命挣扎,怎么也没法子出来。这个小朋友看着不忍心,就想不如让我帮帮它吧,便随手拿起剪刀在蛹上剪开,使蝴蝶破蛹而出。

但蝴蝶出来以后,因为翅膀没有力,变得很臃肿,飞不起来。

蝴蝶以后再也飞不起来，只可以在地上爬，因为它没有经过自己奋斗将蛹打开然后飞出来这个过程。

从这个蝴蝶脱蛹的故事中，我们能得到什么样的启示？

那只蝴蝶在蛹里面要破开蛹飞出来的时候，在最后的几小时中，要很辛苦地挣扎，而挣扎过程实际上是锻炼它那一对翅膀的过程，也是它身体得以缩小的过程。如果通过它的努力，最后它将这个蛹打开裂口，飞出来的时候，它便可以轻松自如。但是这个小孩帮助它，用剪刀剪开蛹壳，蝴蝶轻而易举地出来了，可是它的翅膀没有经过在撕破蛹的过程中奋斗，是没有力的。这个小孩想帮蝴蝶的忙，结果反害了蝴蝶，是欲速则不达。由此不难看出，急于求成只会导致最终的失败，所以我们不妨放远眼光，注重自身知识的积累，厚积薄发，自然会水到渠成，达成自己的目标。举一个一般的常识，大家都知道，如果你想上马一个项目，那么你必须经过这么几个阶段：

前期的市场调查，详细考察当前的市场情况，掌握大量的一手资料，作为自己下一步开发项目的基础；拿出完善的方案，在市场调查的基础上，经过深思熟虑，形成完善的方案；周密的准备工作，有了方案，就得按照方案，进行事前周密细致的准备工作，包括工具、材料设备、人员等各方面；最后才是认认真真地实施阶段。

只有每一步都做得充分到位，你所要上马的项目才可能成为一个成功的项目，才能创造效益。要是你有了一个想法，就马上迫不及待地去进行，那么，且不要说创造效益，你的本钱能不能保住都是个问题。

蛹化蝶的例子，表面上是一个自然界、生物界里很小的事实，但是放大至我们的人生，我们的社会，我们今时今日所做的事业，都必须有一个痛苦挣扎、奋斗的过程，这个过程本身就是将你锻炼得坚强，使你成长，使你有力的过程。

对于"一万年太久，只争朝夕"的人来说，最容易犯的毛病就是"欲速则不达"。我们放眼看整个社会，大多数人知道这个道理，而最终背道而行的仍是大多数人。

造成这种速成心理主要有两方面的原因：一则是人们过于追求眼前利益，二则为享受生活变成了每个人追求的根本因素。

平时我们看到一些人急于求成的时候，总是以这句话来相告。但叫一个人去接受这句话，却并不是一件容易的事情，很多人只把你所说的当作耳边风，行事依然是我行我"速"，最后只能导致失败。事实上，很多历史上的名人很多也用过求速成的方法，但在追求过程中，又转向了下苦功。例如，宋朝的朱夫子是个绝顶聪明之人，他十五六岁就开始研究禅学。而到了中年之时才感觉到，速成不是良方。于是他坚信"欲速则不达"这句话，之后下苦功，方获得了一定的成就。他有一句16字箴言："宁详毋略，宁近毋远，宁下毋高，宁拙毋巧。"

为什么当今的人却无法做到这一点呢？因为当前更多人信奉的是："随主流而不求本质。"在追求的过程中丧失了自己的目的性，不追求人生最根本的目的，转而追求一些形式上的成功，正如一句话中所说的，瞬间的成就可以使人获得短暂的名利，但如果谈起永恒，无非只是皮毛之举。如果我们要成就一番事业，就必须静下心来，脚踏实地，摆脱速成心理的牵制，看清人生最根本的目的，一步一个脚印地走下去。

"涓流积至沧溟水，拳石垒成泰华岑。"这一出自宋代陆九渊《鹅湖教授兄韵》的诗句劝喻人们：涓涓细流汇聚起来，就能形成苍茫大海；拳头大的石头垒积起来，就能形成泰山和华山那样的巍巍高山。只要我们勤勉努力，脚踏实地，持之以恒，不论自身条件与客观条件如何，都能走上成才建业之路。

倾听内心宁静的声音

一位长者问他的学生：你心目中的人生美事为何？学生列出"清单"一张：健康、才能、美丽、爱情、名誉、财富……谁料老师不以为然地说：你忽略了最重要的一项——心灵的宁静，没有它，上述种种都会给你带来可怕的痛苦!

　　繁忙紧张的生活容易使人心境失衡，如果患得患失，不能以宁静的心灵面对无穷无尽的诱惑，就会感到心力交瘁或迷惘躁动。

　　唯有宁静的心灵，才不眼热权势显赫，不奢望金银成堆，不乞求声名鹊起，不羡慕美宅华第，因为所有的眼热、奢望、乞求和羡慕，都是一厢情愿，只能加重生命的负荷，加速心力的浮躁，而与豁达康乐无缘。

　　很多时候，我们的内心都为外物所遮蔽、掩饰，浮躁的心情占领了我们整颗心，因此在人生中留下许多遗憾：在学业上，由于我们还不会倾听内心的声音，所以盲目地选择了别人为我们选定的，他们认为最有潜力与前景的专业；在事业上，我们故意不去关注内心的声音，在一哄而起的热潮中，我们也去选择那些最为众人看好的热门职业；在爱情上，我们常因外界的作用扭曲了内心的声音，因经济、地位等非爱情因素而错误地选择了爱情对象……现代人惯于为自己做各种周密而细致的盘算，权衡着可能有的各种收益与损失，但是，我们唯一忽视的，便是去听一听自己内心的声音。

　　我们很忙，行色匆匆地奔走于人潮汹涌的街头，浮躁之心倏然而生，这也是我们不去倾听内心声音的一个缘由。我们找不到一个可以冷静驻足的理由和机会。现代社会在追求效率和速度的同时，使我们作为一个人的优雅在逐渐丧失。那种恬静如诗般的岁月在现代人已成为最大的奢侈和批判对象。内心的声音，便在这种繁忙与喧嚣中被淹没。物的欲望在慢慢吞噬人的性灵和光彩，我们留给自己的内心空间被压榨到最小，我们狭隘到已没有"风物长宜放眼量"的胸怀和眼光。我们开始患上种种千奇百怪的心理疾病，心理医生和咨询师在我们的城市也渐渐走俏，我们去求医，去问诊，然后期待在内心喑哑的日子里寻求心灵的平衡。

　　老街上有一位老铁匠，由于早已没人需要打制的铁器，现在他改卖铁锅、斧头和拴小狗的链子。

　　他的经营方式非常古老和传统。人坐在门内，货物摆在门外，不吆喝，不还价，晚上也不收摊。你无论什么时候从这儿经过，都会看到他在竹椅上躺着，手里是一个半导体，身旁是一把紫砂壶。

他的生意也没有好坏之说。每天的收入正够他喝茶和吃饭。他老了，已不再需要多余的东西，因此他非常满足。

一天，一个文物商从老街上经过，偶然看到老铁匠身旁的那把紫砂壶，因为那把壶古朴雅致，紫黑如墨，有清代制壶名家戴振公的风格。他走过去，顺手端起那把壶。

壶嘴内有一记印章，果然是戴振公的。商人惊喜不已。因为戴振公在世界上有捏泥成金的美名，据说他的作品现在仅存3件，一件在美国纽约州立博物馆里；一件在台湾故宫博物院；还有一件在泰国某位华侨手里，是1993年在伦敦拍卖市场上以16万美元的拍卖价买下的。

商人端着那把壶，想以10万元的价格买下它。当他说出这个数字时，老铁匠先是一惊，后又拒绝了，因为这把壶是他爷爷留下的，他们祖孙三代打铁时都喝这把壶里的水，他们的汗也都来自这把壶。

壶虽没卖，但商人走后，老铁匠有生以来第一次失眠了。这把壶他用了近60年，并且一直以为是把普普通通的壶，现在竟有人要以10万元的价钱买下它，他转不过神来。

过去他躺在椅子上喝水，都是闭着眼睛把壶放在小桌上，现在他总要坐起来再看一眼，这让他非常不舒服。特别让他不能容忍的是，当人们知道他有一把价值连城的茶壶后，蜂拥而至，有的问还有没有其他的宝贝，有的开始向他借钱，更有甚者，晚上推他的门。他的生活被彻底打乱了，他不知该怎样处置这把壶。

当那位商人带着20万元现金第二次登门的时候，老铁匠再也坐不住了。他招来左右店铺的人和前后邻居，拿起一把斧头，当众把那把紫砂壶砸了个粉碎。

现在，老铁匠还在卖铁锅、斧头和拴小狗的链子，据说他已经102岁了。

宁静可以沉淀出生活上许多纷杂的浮躁，过滤出浅薄粗陋等人性的杂质，可以避免许多鲁莽、无聊、荒谬的事情发生。宁静是一种气质、一种修养、一种境界、一种充满内涵的悠远。安之若素，沉默从容，往往要比气急败坏、声嘶力竭更显涵养和理智。

第六节 远离贪婪的黑洞

曾经有人说：欲望像海水，喝得越多，越是口渴。欲望过多，不加节制，就变成了贪婪。贪婪并非遗传所致，是个人在后天环境中受病态文化的影响，形成自私、攫取、不满足的价值观而出现的不正常的行为。贪婪没有满足的时候，越加满足，胃口就越大。贪婪的人每天生活在殚精竭虑、费尽心机的算计中，更有甚者可能会不择手段，走向极端。所以在生活中，我们要远离贪婪的黑洞，放平心态，只有这样，我们才能轻松地面对得与失的每一刻，平静地对待人生的每一个起伏。

贪婪滋生祸端

叔本华说，意志创造了世界却对人的自身无补，人们永远无法满足自己的欲望，永远受到欲望的煎熬，而这则是人生悲剧的根源。也有人说，人的心灵之所以走入困惑本质源于欲望。其实欲望并非万恶之源，它既能使人堕落，又是人类进步的阶梯。假如每个人都进入无知无欲的状态，那社会以及整个人类都会倒退，甚至再度回到小国寡民的社会之中去。

但是这里所说的人不能没有欲望并不代表人只能有欲望，最关键的是要做到欲与望的平衡。

然而人的欲望总在潜移默化中膨胀。

有一个男人，经过了自己的艰苦努力，终于拥有了自己的事业和家庭，房子、车子在他的生活中样样齐全，而投身商海这么多年，没日没夜地奔波、操劳的他，有一天终于感觉累了，疲倦了，看着渐渐发福的太太，不由得感叹道："太太，在这个社会上，我们也算小富有余了，我想好好休整一年，然后去找个简单的工作。"

太太不满："作为男人，要有远大志向，不能小富即安，我们离真正的富翁还差太远。"

太太的话像针般又一次深深地扎进男人的心中，男人的尊严在那一刻激灵了一下，人活着究竟为什么，就为那些花花绿绿的钞票？他头一次迷茫了。

然而未等他再展宏图，他却轰然倒下了，莫名其妙地消瘦，胸部长时间的憋闷，让他不得不去医院检查，检查的结果让他头晕目眩，诊断书清晰地写着两个字：肺癌。他差点儿跌坐在椅子上，医生握着他的手，安慰他："慢慢调养，保持快乐的心情。"

回到家中，他感觉房子突然间变小了，太太也变得陌生，好像不认识了，整天一句话也不说，常常面对着窗外的小鸟发呆，自己再也飞不高了，什么创业，什么人生，什么追求，此刻都失去了意义。

终于有一天，他头也不回地走了，留给他妻子的只是纸上的一句留言："欲望是滋生祸端的根源。"

他的妻子看到这短短的几个字，没有说一句话，只是泪流满面。

欲望，永不满足的欲望，一方面是人们不懈追求的原动力，成就了人往高处走，水往低处流的箴言；另一方面也诠释了"有了千田想万田，当了皇帝想成仙""人心不足蛇吞象"的人性中的致命弱点。

正如理学大家程颐所讲："一念之欲不能制，而祸流于滔天。"古往今来，贪婪成性的大有人在，因贪婪而身败名裂，甚至招致杀身之祸的人就更是不胜枚举了。而驱使他们做出种种抉择的唯一动力便是贪婪的心态。恩格斯曾鲜明地指出：卑劣的贪欲是文明时代从它存在的第一日起直至今日的动力；财富，财富，第三还是财富——不是社会的财富，而是这个微不足道的单个的个人的财富。这就是文明时代唯一的、具有决定意义的目的。

不要被贪念打败

适当的物欲能产生上进的动力，但欲望太盛的人也常会因其贪得无厌而被欲望的重负活活压死。

1856年，俄亥俄州的亚历山大商场发生了一起盗窃案，共失窃8只金表，损失16万美元，在当时，这是相当庞大的数目。

就在案子尚在侦破中，纽约商人罗森到此地批货，随身携带了4万美元现金。当他到达下榻的酒店后，先办理了贵重物品的保存手续，接着将钱存进了酒店的保险柜中，随即出门去吃早餐。

在咖啡厅里，他听见邻桌的人在谈论前阵子的金表盗窃案，因为是当时的新闻，这个商人并没有太在意。

中午吃饭时，他又听见邻桌的人谈及此事，他们还说有人用1万美元买了两只金表，转手后净赚3万美元，其他人纷纷投以羡慕的眼光说："如果让我遇上，不知道该有多好！"

然而，罗森听到后，却怀疑地想："哪有这么好的事？"

到了晚餐时间，金表的话题居然再次在他耳边响起，等到他吃完饭，回到房间后，忽然接到一个神秘的电话："你对金表有兴趣吗？老实跟你说，我知道你是做大买卖的商人，这些金表在本地并不好脱手，如果你有兴趣，我们可以商量看看，品质方面，你可以到附近的珠宝店鉴定，如何？"

罗森听到后，不禁怦然心动，他想这笔生意可获取的利润比一般生意优厚许多，所以他便答应与对方会面详谈，结果以4万美元买下了传说中被盗的8只金表中的3只。

但是第二天，他拿起金表仔细观看后，却觉得有些不对劲，于是他将金表带到熟人那里鉴定，没想到鉴定的结果是，这些金表居然都是假货，全部只值2000元而已。直到这帮骗子落网后，罗森才明白，从他一进酒店存钱，这伙骗子就盯上了他，而他一整天听到的金表话题，也是他们故意安排设计的。

歹徒的计划是，如果第一天罗森没有上当，接下来，他们还会有许多花招准备诱骗他，直到他掏出钱为止。

因为贪私而迷失方向的人比比皆是；因为贪图而丧失天良的人也随处可见。贪欲不仅可怕，也是导致许多人失败的原因。

在巴拉圭有一对即将结婚的未婚夫妻，很高兴地大喊大叫、相互拥抱，因为他们中了一张高额彩券，奖金是7.5万美元。

可是，这对马上要结婚的新人，在中奖后隔天，就为了"谁该拥有这笔意外之财"而闹翻了。两人大吵一架，并不惜撕破脸，闹上法庭。为什么呢？因为这张彩券当时是握在未婚妻的手中，但是未婚夫则气愤地告诉法官："那张彩券是我买的，后来她把彩券放入她的皮包内，但我也没说什么，因为她是我的未婚妻嘛！可是，她竟然这么无耻、不要脸，居然敢说彩券是她的，是她买的！"

这对未婚夫妻在公堂上大声吵闹，各说各话，丝毫不妥协、不让步，所以也让法官伤透脑筋。最后，法官下令，在尚未确定谁是谁非之时，发行彩券单位暂时不准发出这笔奖金！而两位原本马上要结婚的佳偶因争夺奖券的归属而变成怨偶，双方也决定取消婚约。

有人说："结婚，经常不是为了钱；离婚，却是经常为了钱！"

的确，人的私心、贪婪，常使人跌倒，重重地跌在自己恶念的祸害里。

事实上，我们所拥有的，并不少，而仅仅因为欲望太多就使自己不满足，甚至憎恨别人所拥有的或期望比别人拥有更多，以致心里产生忧愁、愤怒和不平衡；欲望太多，就会导致心理贫穷！

托尔斯泰说："欲望越少，人生就越幸福"，同理，我们也可以说欲望越多，就越容易致祸，的确，古往今来，多少人欲壑难填，多少人被贪婪打败，所以，生活中，我们一定要减轻欲望，懂得舍弃，只有这样才能从贪婪中解脱，从而获得心里安宁。

心灵载不动太多的沉重

汤玛斯·富勒说:"满足不在多加燃料,而在于减少火苗;不在于累积财富,而在于减少欲念。"

贪欲会使人的精力和体力双重透支。放下贪欲,追求平实简朴的生活,是获得快乐的最简单的方法。

当欲望产生时,再多的得到都无法填满,贪多的结果只会带来无穷尽的烦恼和麻烦。学会接纳自己、欣赏自己,使我们从欲念的无底深渊中得到释放与自由,是快乐的始发站。

据说上帝在创造蜈蚣时,并没有为它造脚,它可以爬得和蛇一样快速。有一天,它看到羚羊、梅花鹿和其他有脚的动物都跑得比它还快,心里很不高兴,便嫉妒地说:"哼!脚愈多,当然跑得愈快。"

于是,它向上帝祷告说:"上帝啊!我希望拥有比其他动物更多的脚。"

上帝答应了蜈蚣的请求。他把好多好多的脚放在蜈蚣面前,任凭它自由取用。

蜈蚣迫不及待地拿起这些脚,一只一只地往身体贴上去,从头一直贴到尾,直到再也没有地方可贴了,它才依依不舍地停止。

它心满意足地看着满身是脚的自己,心中暗暗窃喜:"现在我可以像箭一样地飞出去了!"

但是,等它一开始要跑步时,才发觉自己完全无法控制这些脚。这些脚噼里啪啦地各走各的,它非得全神贯注,才能使一大堆脚不致互相绊跌而顺利地往前走。

这样一来,它走得比以前更慢了。

过度的欲望让蜈蚣步伐缓慢、举步维艰,而人的心里一旦产生过分的欲望,终有一天,也会产生超载的现象,而这种负荷的结果是不堪设想的。

有一位禁欲苦行的修道者,准备离开他所住的村庄,到无人居住的山中去隐居修行，他只带了一块布当作衣服，就一个人到山中居住了。

后来他想到当他要洗衣服的时候，他需要另外一块布来替换，于是他就下山到村庄中，向村民们乞讨一块布当作衣服，村民们都知道他是虔诚的修道者，于是毫不考虑地就给了他一块布，当作换洗穿的衣服。

当这位修道者回到山中之后，他发觉在他居住的茅屋里面有一只老鼠，常常会在他专心打坐的时候来咬他那件准备换洗的衣服，他早就发誓一生遵守不杀生的戒律，因此他不愿意去伤害那只老鼠，但是他又没有办法赶走那只老鼠，所以他回到村庄中，向村民要一只猫来饲养。

得到了一只猫之后，他又想了——"猫要吃什么呢？我并不想让猫去吃老鼠，但总不能跟我一样只吃一些水果与野菜吧！"于是他又向村民要了一头奶牛，这样那只猫就可以靠牛奶维生。

但是，在山中居住了一段时间以后，他发觉每天都要花很多的时间来照顾那头奶牛，于是他又回到村庄中，他找到了一个可怜流浪汉，于是就带着这无家可归的流浪汉到山中居住，帮他照顾奶牛。

那个流浪汉在山中居住了一段时间之后，他跟修道者抱怨说："我跟你不一样，我需要一个太太，我要正常的家庭生活。"

修道者想一想也有道理，他不能强迫别人一定要跟他一样，过着禁欲苦行的生活……

这个故事就这样继续演变下去，你可能也猜到了，到了后来，也许是半年以后，整个村庄都搬到山上。而这个修道者的最初的愿望也不可能实现了，一切都是因为欲望。欲望就像是一条锁链，一个牵着一个，永远都不能满足。

我们每个人都有欲望，但欲望太多了，人生就会变得疲惫不堪。每个人都应学会轻载，更应当学会知足常乐，因为心灵之舟载不动太多的重荷。

知足常乐，不做欲望的仆人

法国杰出的哲学家卢梭用一句特别精典的话形容现代人的物欲，他说：

"10岁时被点心、20岁被恋人、30岁被快乐、40岁被野心、50岁被贪婪所俘虏。人到什么的时候才能只追求睿智呢？"的确，人心不能清净，是因为物欲太盛。人生在世，不能没有欲望，然而，物欲太强，你就会沦为欲望的仆人，一生也不会轻松。

从前，一个想发财的人得到了一张藏宝图，上面标明了在密林深处的一连串宝藏。他立即准备好了一切旅行用具，特别是他还找出了四五个大袋子用来装宝物。一切就绪后，他进入了那片密林。他斩断了挡路的荆棘，蹚过了小溪，冒险冲过了沼泽地，终于找到了第一个宝藏，满屋的金币熠熠夺目。他急忙掏出袋子，把所有的金币装进了口袋。离开这一宝藏时，他看到了门上的一行字："知足常乐，适可而止。"

他笑了笑，心想，有谁会丢下这闪光的金币呢？于是，他没留下一枚金币，扛着大袋子来到了第二个宝藏，出现在眼前的是成堆的金条。他见状，兴奋得不得了，依旧把所有的金条放进了袋子，当他拿起最后一条时，上面刻着："放弃了下一个屋子中的宝物，你会得到更宝贵的东西。"

他看了这一行字后，更迫不及待地走进了第三个宝藏，里面有一块磐石般大小的钻石。他发红的眼睛中泛着亮光，贪婪的双手搬起了这块钻石，放入了袋子中。他发现，这块钻石下面有一扇小门，心想，下面一定有更多的东西。于是，他毫不迟疑地打开门，跳了下去，谁知，等着他的不是金银财宝，而是一片流沙。他在流沙中不停地挣扎着，可是越挣扎他陷得越深，最终与金币、金条和钻石一起长埋在了流沙下。

如果这个人能在看了警示后离开的话，能在跳下去之前多想一想，那么他就会平安地返回，成为一个真正的富翁了。知足，从某种意义上来讲，是给了自己一个生存的空间，给了自己一条走向成功的道路……

物质上永不知足是一种病态，其病因多是权力、地位、金钱之类引发的。这种病态如果发展下去，就是贪得无厌，其结局是自我爆炸，自我毁灭。

托尔斯泰曾讲过这样的故事：有一个人想得到一块土地，地主就对他说，清早，你从这里往外跑，跑一段就插个旗杆，只要你在太阳落山前赶回来，插上旗杆的地都归你。那人就不要命地跑，太阳偏西了还不知足。太阳落山前，他是跑回来了，但已精疲力竭，摔个跟头就再没起来。于是有人挖了个坑，就地埋了他。牧师在给这个人做祈祷的时候说："一个人要多少土地呢？就这么大。"正像《伊索寓言》里所说的："有些人因为贪婪，想得到更多的东西，却把现在所有的也失掉了。"

所以生活中我们应该明白：即使你拥有整个世界，但你一天也只能吃三餐。这是人生思悟后的一种清醒，谁真正懂得它的含义，谁就能活得轻松，过得自在，白天知足常乐，夜里睡得安宁，走路感觉踏实，蓦然回首时没有遗憾！

唐代伟大的文学家柳宗元曾写过一篇名为《蝜蝂传》的一散文，文中说，有一种善于背负东西的小虫蝜蝂，行走时遇见东西就拾起来放在自己的背上，高昂着头往前走。它的背发涩，堆放到上面的东西掉不下来。背上的东西越来越多，越来越重，不停止的贪婪行为，终于使它累倒在地。

人赤条条地来去于这个世界上，不可能永久地拥有什么，当你煞费心机所获取来的又在自己赤条条地离开之前交给他人的时候，那将是怎样的一种心态呢！相反，假使我们能对我们现有的一切感到满足，那么，我们便会活得洒脱、自得其乐，幸福也在其中。所以有人提出："人生是这样短暂，我们纵然身在陋巷，也应享受每一刻美好的时光。"

第二章
窥视现代人人格上的漏洞

随着社会的发展与进步，越来越多的人产生了人格障碍。人格障碍是指人的性格特征明显偏离正常，它是一种心理上的变异，不属于精神疾病，也不属于智力缺损，但有人格障碍的人群大多不能被人接受。本章从各个方面指出了现代人的人格漏洞，并深入实际讲述了一些解除人格障碍的方法，帮助人们早日走出人格的误区，重新捡拾快乐的时光。

第一节 常见的人格障碍

依赖型人格障碍

有一对夫妇晚年得子，十分高兴。他们把儿子视为至宝，捧在手上怕摔了，含在口里怕化了，什么事都不让他干，儿子长大以后连基本的生活也不能自理。一天，夫妇要出远门，怕儿子饿死，于是想了一个办法，烙了一张大饼，套在儿子的颈上，告诉他饿了就咬一口。但是等他们回到家里时，发现儿子已经死了，他是饿死的。原来他只知道吃颈前面的饼，不知道把后面的饼转过来吃。

依赖型人格障碍是日常生活中较为常见的人格障碍，依赖型人格对亲近与归属有过分的渴求。这种渴求是强迫的、盲目的、非理性的，与真实的情感无关。依赖型人格的人宁愿放弃自己的个人兴趣、人生观，只要他能找到一座靠山，时刻得到别人对他的温情就心满意足了。依赖型人格的这种处世方式使得他越来越懒惰、脆弱，缺乏自主性和创造性。由于处处委曲求全，依赖型人格障碍患者会产生越来越多的压抑感，这种压抑感会使他渐渐放弃自己的追求和爱好。

依赖型人格障碍的表现特征

（1）在没有从他人处得到大量的建议和保证之前，对日常事物不能做出决策。

（2）无助感，让别人为自己作大多数的重要决定，如在何处生活、该选择什么职业等。

（3）被遗弃感，明知他人错了，也随声附和，因为害怕被别人遗弃。

（4）无独立性，很难单独展开计划或做事。

（5）过度容忍，为讨好他人甘愿做低下的或自己不愿做的事。

（6）独处时有不适和无助感，或竭尽全力以逃避孤独。

（7）当亲密的关系中止时感到无助或崩溃。

（8）经常被遭人遗弃的念头所折磨。

（9）很容易因未得到赞许或遭到批评而受到伤害。

具有上述特征中的五项，即可诊断为依赖型人格。

心理学家霍妮在分析依赖型人格障碍时，指出这种类型的人深感自己软弱无助，有一种"我真可怜"的感觉。当要他自己拿主意时，便感到一筹莫展，像一只迷失了港湾的小船，又像失去了父母的小孩。他们理所当然地认为别人比自己优秀，比自己有吸引力，比自己能干，无意识地倾向于以别人的看法来评价自己。

依赖型人格障碍的成因

依赖型人格源于个人发展的早期。幼年时期儿童离开父母就不能生存，在儿童印象中，保护他、养育他、满足他一切需要的父母是万能的。他必须依赖他们，总怕失去了这个保护神。这时如果父母过分溺爱，鼓励子女依赖父母，不让他们有长大和自立的机会，以致久而久之，在子女的心目中就会逐渐产生对父母或权威的依赖心理，成年以后依然不能自主。缺乏自信心，总是依靠他人来做决定，终身不能负担起承担各项任务、工作的责任，形成依赖型人格。

依赖型人格障碍的治疗

对依赖型人格障碍的治疗，可以采用如下方法：

1. 习惯纠正法

依赖型人格的依赖行为已成为一种习惯，治疗首先必须破除这种不良习惯。你可以每天做记录，记满一个星期，然后将这些事件按自主意识强、中等、较差分为三等，每周一小结。

对自主意识强的事件，以后遇到同类情况应坚持自己做。例如某一天按自己的意愿穿鲜艳衣服上班，那么以后就坚持穿鲜艳衣服上班，而不要因为别人的闲话而放弃，直到自己不再喜欢穿这类衣服为止。这些事情虽然很小，但正是你改正不良习惯的突破口。

对自主意识中等的事件，你应提出改进的方法，并在以后的行动中逐步实施。例如，在制订工作计划时，你听从了朋友的意见，但你并不欣赏这些意见，便应把自己不欣赏的理由说出来。这样，在工作计划中便渗入了你自己的意见，随着自己意见的增多，你便能从听从别人的意见逐步转为完全自主决定。

对自主意识较差的事件，你可以采取诡控制法逐步强化、提高自主意识。诡控制法是指在别人要求的行为之下增加自我创造的色彩。例如，你从爱人的暗示中得知她喜欢玫瑰花，你为她买一枝花，似乎有完成任务之嫌。但这类事情的次数逐渐增多以后，你会觉得这样做也会给自己带来快乐。你如果主动提议带爱人去植物园度周末，或带爱人去参观插花表演，就证明你的自主意识已大为强化了。

依赖行为并不是轻易可以消除的，一旦形成习惯，你会发现要自己决定每件事很难，可能会不知不觉地回到老路上去。为防止这种现象的发生，简单的方法是找一个监督者，最好是找自己最依赖的那个人。

2. 重建自信法

如果只简单地破除了依赖的习惯，而不从根本上找原因，那么依赖行为也可能复发。重建自信能从根本上矫治依赖型人格障碍。

第一步，消除童年不良印迹。依赖型的人缺乏自信，自我意识十分低下，这与童年期的不良教育在心中留下的自卑痕迹有关。你可以回忆童年时父母、长辈、朋友对自己说过的具有不良影响的话，例如："你真笨，什么也不会做""瞧你笨手笨脚的，我来帮你做"，等等，你把这些话语仔细整理出来，然后一条一条加以认知重构，并将这些话语转告给你的朋友、亲人，让他们在你试着干一些事情时，不要用这些话语来指责你，而要热情地鼓励、帮助你。

第二步，重建勇气。你可以选做一些略带冒险性的事，每周做一项，例如：独自一人到附近的风景点做短途旅行，或者独自一人去参加一项娱乐活动或一周规定一天"自主日"，这一日不论什么事情，绝不依赖他人。通过做这些事情，可以增加你的勇气，改变你事事依赖他人的弱点。

回避型人格障碍

古往今来，许多人为了解脱痛苦，成为心如枯木死灰或孤傲冷僻的隐居者。从现代心理学的角度来看，那些遁迹荒野、不食人间烟火的隐居者们则很可能属于回避型人格的人。在现代社会中，隐居者已很难找到一块清静的乐土，于是，他们往往关闭自己的心灵，不与他人做亲密的接触，唯求自安。值得注意的是，渴望一种有意义的孤独与暂时的回避人世并非一种病态，相反，真正具有回避型人格的人并不敢深入到自己心灵的内部去，他们的回避带有强迫性、盲目性和非理智性等特点。回避型人格又叫逃避型人格，其最大特点是行为退缩、心理自卑，面对挑战多采取回避态度或无力应付。

回避型人格障碍的表现特征

（1）很容易因他人的批评或不赞同而受到伤害。

（2）除了至亲之外，没有好朋友或知心人（或仅有一个）。

（3）除非确信受欢迎，一般总是不愿卷入他人事务之中。

（4）行为退缩，对需要人际交往的社会活动或工作总是尽量逃避。

（5）心理自卑，在社交场合总是缄默无语，怕惹人笑话，怕回答不出问题。

（6）敏感羞涩，害怕在别人面前露出窘态。

（7）在做那些普通的但不在自己常规之中的事时，总是夸大潜在的困难、危险或可能的冒险。

只要满足其中的4项，即可诊断为回避型人格。

有回避型人格障碍的人被批评指责后，常常感到自尊心受到了伤害而陷于痛苦，且很难从中解脱出来。他们害怕参加社交活动，担心自己的言行不当而被人讥笑讽刺，因而，即使参加集体活动，也多是躲在一旁沉默寡言。在处理某个一般性问题时，他们往往也表现得瞻前顾后、左思右想，常常是等到下定决心，却又错过了解决问题的最佳时机。在日常生活中，他们多安分守己，从不做那些冒险的事情，除了每日按部就班地工作、生活和学习外，很少参加社交活动，因为他们觉得自己的精力不足。这些人在单位一般都"被领导视为积极肯干、工作认真的好职员"，因此，经常得到领导和同事的称赞，可是当领导委以重任时，他们却都想方设法推辞，不肯接受过多的工作。

回避型人格障碍的成因

回避型人格形成的主要原因是自卑心理。心理学家认为，自卑感起源于人的幼年时期，由于无能而产生的不胜任和痛苦的感觉，也包括一个人由于生理缺陷或某些心理缺陷（如智力、记忆力、性格等）而产生的轻视自己、认为自己在某些方面不如他人的心理。具体说来，自卑感的产生有以下几方面原因。

1. 自我认识不足，过低估计自己

每个人总是以他人为镜来认识自己，如果他人对自己做了较低的评价，特别是较有权威的人的评价，就会影响对自己的认识，从而低估自己。有研究发现，性格较内向的人，多愿意接受别人的低评价而不愿接受别人的高评价；在与他人比较的过程中，也喜欢拿自己的短处与他人的长处比，这样越比越泄气，越比越自卑。

2. 消极的自我暗示抑制了自信心

当每个人面临一种新局面时，首先都会自我衡量是否有能力应付。有的人会因为自我认识不足，常觉得"我不行"，由于事先有这样一种消极的自我暗示，就会抑制自信心，增加紧张感，产生心理负担，工作效果必然不佳。这种结果又会形成一种消极的反馈作用，影响到以后的行为，这样恶性循环，使自卑感进一步加重。

3. 挫折的影响

有的人由于神经过程的感受性高而耐受性低，轻微的挫折就会给他们以沉重的打击，变得消极、悲观而自卑。

此外，生理缺陷、性别、出身、经济条件、政治地位、工作单位等都有可能是自卑心理产生的原因。这种自卑心理若得不到妥善调适，久而久之就成了人格的一部分，造成行为的退缩和遇事回避的态度，形成回避型人格障碍。

回避型人格障碍的治疗

对回避型人格障碍的治疗，可以从以下几方面着手：

1. 消除自卑感

（1）要正确认识自己，提高自我评价。形成自卑感的最主要原因是不能正确认识和对待自己，因此要消除自卑心理，须从改变认识入手。要善于发现自己的长处，肯定自己的成绩，不要把别人看得完美无缺，把自己贬得一无是处，"金无足赤，人无完人"。要知道，他人也会有不足之处，自己身上也有优点。只有提高自我评价，才能提高自信心、克服自卑感。

（2）要正确认识自卑感的利与弊，提高克服自卑感的自信心。心理学家认为，自卑的人需要正确认识自己各方面的优点，正确看待自己的自卑心理。自卑的人往往都很谦虚、善于体谅人，不会与人争名夺利，安分随和、善于思考、做事谨慎，一般人都较信任他们，并乐于与他们相处。指出自卑者的这些优点，不是要他们保持自卑，而是要使他们明白，自卑感也有其有利的一面，不要因自卑感而绝望，认识这些优点可以增强生活的信心，为消除自卑感奠定心理基础。

（3）要进行积极的自我暗示、自我鼓励，相信事在人为。当面临某种情况感到自信心不足时，不妨自己鼓励自己："我一定会成功，一定会的！"或者不妨自问："人人都能干，我为什么不能干？我不也是人吗？"如果怀着"豁出去了"的心理去从事自己的活动，事先不过多地体验失败后的情绪，就会慢慢地培养起自信心。

2. 克服人际交往障碍

回避型人格的人都存在着不同程度的人际交往障碍，因此必须给自己制订一个交朋友的计划。起始阶段的要求比较低，任务比较简单，以后逐步加深难度。例如：

第一周，每天与同事（或邻居、亲戚、室友等）聊天10分钟。

第二周，每天与他人聊天20分钟，同时与其中某一位多聊10分钟。

第三周，保持上周的交友时间量，找一位朋友做不计时的随意谈心。

第四周，保持上周的交友时间量，找几位朋友在周末小聚一次，随意聊天，或家宴，或郊游。

第五周，保持上周的交友时间量，积极参加各种思想交流、学术交流、技术交流等。

第六周，保持上周的交友时间量，在公共场所尝试与陌生人或不太熟悉的人交往。

一般说来，上述梯级任务看似轻松，但认真做起来并不是一件轻松的事。最好找一个监督员，让他来评定执行情况，并督促坚持下去。其实，第六周的任务已超出常人的生活习惯，但作为治疗手段，以在强度上超出常规生活是适宜的。在开始进行梯级任务时，你可能会觉得很困难，也可能觉得毫无趣味，这些都要尽量设法克服，以取得良好的治疗效果。

自恋型人格障碍

希腊神话中，一位名叫纳西索斯的英俊少年，一天，他于水中发现了自己的影子，便一见倾心，再无心恋及他人他事，在水边依依不忍离去，终于憔悴而死。后来，心理学上便以纳西索斯的名字来命名自恋症。

自恋型人格在许多方面与戏剧型人格的表现相似，如情感戏剧化，有时还喜欢性挑逗。二者的不同之处在于，戏剧型人格的人外向、热情，而自恋型人格的人却内向、冷漠。自恋型的人过分看重自己，对权力与理想式的爱情有非分的幻想。他们渴望引人注目，对批评极为敏感。在人际交往中，这种人很难表现出同情心。

自恋型人格障碍的表现特征

（1）对批评的反应是愤怒、羞愧或感到耻辱（尽管不一定当即表露出来）。

（2）喜欢指使他人，要他人为自己服务。

（3）过分自高自大，对自己的才能夸大其词，希望受人关注。

（4）坚信他关注的问题是世上独有的，不能被某些特殊的人物了解。

（5）对无限的成功、权力、荣誉、美丽或理想爱情有非分的幻想。

（6）认为自己应享有他人没有的特权。

（7）渴望持久的关注与赞美。

（8）缺乏同情心。

（9）有很强的嫉妒心。

只要出现其中的5项，即可诊断为自恋型人格。

自恋型人格的自我中心特点大多表现为自我重视、夸大、缺乏同情心、对别人的评价过分敏感等。他们一听到别人的赞美之词，就沾沾自喜，反之，则会暴跳如雷。他们对别人的才智十分嫉妒，有一种"我不好，也不让你好"的心理。在和别人相处时，很少能设身处地理解别人的情感和需要。由于缺乏同情心，所以人际关系很糟，容易产生孤独抑郁的心情，加之他们有不切实际的高目标，容易在各方面遭受失败。

自恋型人格障碍的成因

自恋型人格障碍患者通常在童年时期受到过多的关注和无原则的赞赏，同时又很少承担责任，很少受到批评与挫折。自恋型人格障碍的最根本的动机是得到他人的赞赏与爱，然而，因为他们对他人的冷漠和蔑视，而常常被他人所拒绝，这恰好是他们害怕得到的恐惧的后果。

自恋型人格障碍的治疗

对自恋型人格障碍的治疗，一般可采用以下方法：

1. 解除自我中心观

自恋型人格的最主要特征是以自我为中心，而人生中最为自我中心的阶段是婴儿时期。由此可见，自恋型人格障碍患者的行为实际上退化到了婴儿期。朱迪斯·维尔斯特在他的《必要的丧失》一书中说道："一个迷恋于摇篮的人不愿丧失童年，也就不能适应成人的世界。"因此，要治疗自恋型人格，必须了解那些婴儿化的行为。你可把自己认为讨人嫌的人格特征和别人对你的批评罗列出来，看看有多少婴儿期的成分。

还可以请一位和你亲近的人作为你的监督者，一旦你出现以自我为中心的行为，便给予警告和提示，督促你及时改正。

2. 学会爱别人

对于自恋型的人来说，光抛弃自我中心观念还不够，还必须学会去爱别人，唯有如此才能真正体会到放弃自我中心观是一种明智的选择，因为你要获得爱首先必须付出爱。

弗洛姆在他的《爱的艺术》一书中阐述了这样的观点：幼儿的爱遵循"我爱因为我被爱"的原则；成人的爱遵循"我被爱因为我爱"的原则；不成熟的爱认为"我爱你因为我需要你"；成熟的爱认为"我需要你因为我爱你"。维尔斯特认为，通过爱，我们可以超越人生。自恋型的爱就像是幼儿的爱、不成熟的爱，因此，要努力加以改正。

生活中最简单的爱的行为便是关心别人，尤其是当别人需要你帮助的时候。只要你在生活中多一份对他人的爱心，你的自恋症便会自然减轻。

反社会型人格障碍

反社会型人格也称精神病态或社会病态、悖德性人格等。在人格障碍的各种类型中，反社会型人格障碍是心理学家和精神病学家所最为重视的。

1835年，德国皮沙尔特首先提出了"悖德狂"这一诊断名称。指出患者出现本能欲望、兴趣嗜好、性情脾气、道德修养方面的异常改变，但没有智力、认识或推理能力方面的障碍，也无妄想或幻觉。后来"悖德狂"的名称逐渐被"反社会型人格"所代替，如今狭义的人格障碍，即指反社会型人格障碍。此种人格引起的违法犯罪行为最多，同一性质的屡次犯罪，罪行特别残酷或情节恶劣的犯人，其中1/3~2/3的人都属于此类型人格障碍。其共同心理特征是：情绪的暴发性，行为的冲动性，对社会对他人冷酷、仇视、缺乏好感和同情心，缺乏责任感，缺乏羞愧悔改之心，不顾社会道德、法律准则和一般公认的行为规范，经常发生反社会言行，不能从挫折与惩罚中吸取教训，缺乏焦虑感和罪恶感。

反社会型人格障碍的表现特征

（1）外表迷人，具有中等或中等以上智力水平。初次相识给人很好的印象，能帮助别人消除忧烦、解决困难。

（2）没有通常被认为是精神病症状的非理性和其他表现，没有幻觉、妄想和其他思维障碍。

（3）没有神经症性焦虑，对一般人心神不宁的情绪感觉不敏感。

（4）他们是不可靠的人，对朋友无信义，对妻子（丈夫）不忠实。

（5）对事情不论大小，都无责任感。

（6）无后悔之心，也无羞耻之感。

（7）有反社会行为但缺乏契合的动机；叙述事实真相时态度随便，即使谎言将被识破也是泰然自若。

（8）判别能力差，常常不能吃一堑长一智。

（9）病态的自我中心、自私、心理发育不成熟，没有爱和依恋能力。

（10）麻木不仁，对重要事件的情感反应淡漠。

（11）缺乏真正的洞察力，不能自知问题的性质。

（12）对一般的人际关系无反应。

（13）做出幻想性的或使人讨厌的行为。对他人给予的关心和善意无动于衷。

（14）无真正企图自杀的历史。

（15）性生活轻浮、随便，方式与对象都与本人不相称。

（16）生活无计划，除了老是和自己过不去外，没有任何生活规律，没有稳定的生活目的。他们的犯罪行为也是突然迸发的，而不是在严密计划和准备下进行的。

上述这些反社会人格特征都是在青年早期就出现了，最晚不迟于25岁。

临床心理学家还发现，反社会型人格障碍患者在童年时期就有所表现，如偷窃、任性、逃学、离家出走、积习不改、流浪和对一切权威的反抗行为；少年时期过早出现性行为或性犯罪，常有酗酒和破坏公物、不遵守规章制度等不良习惯；成年后工作表现差，常旷工，对家庭不负责任，在外欠款不还，常犯规违法；30岁以后，30%~40%的患者有缓解或明显的改善。

反社会型人格障碍的成因

根据精神病学家和心理学家研究的成果来看，产生反社会型人格的主要原因有：早年丧父丧母或者双亲离异、养子、先天体质异常、恶劣的社会环境、家庭环境和不合理的社会制度的影响，以及中枢神经系统发育不成熟等。一般认为，家庭破裂、儿童被父母抛弃和受到忽视、从小缺乏父母亲在生活上和情感上的照顾和爱护，是反社会型人格形成和发展的主要社会因素。儿童被父母抛弃和受到忽视包括两种含义：父母对孩子冷淡，情感疏远，这就使儿童不可能发展人与人之间的温顺、热情和亲密无间的关系。随后儿童虽然形式上学习到了社会生活的某些要求，但对他人的情感移入得不到应有的发展。

心理学中所谓情感移入，其一，是指理解他人以及分担他人心情的能力，或从思想情感上把自己纳入他人的心境。其二，是指父母的行为或父母对孩子的要求缺乏一致性。父母表现得朝三暮四，赏罚无定规，使得孩子无所适从。由于经常缺乏可效法的榜样，儿童就不可能发展具有明确的自我同一性。反社会型人格障碍患者对坏人和对同伙的引诱缺乏抵抗力、对过错缺乏内在羞愧心理等现象，都是由于他人赏罚的不一致性，本人善恶价值的判断自相矛盾所造成的。他们的冲动性和无法自制某些意愿及欲望，都是由于家庭成员对于自己的行为无原则、不道德、缺乏控制等恶劣榜样造成的。可见，反社会型人格的情绪不稳定、不负责任、撒谎欺骗，但又泰然而无动于衷的行为，都与家庭、社会环境有重要的关系。

反社会型人格障碍的治疗

由于反社会型人格障碍的病因相当复杂，使用镇静剂和抗精神类药物治疗，只能治标不治本，且疗效不显著。而心理治疗对那些由于中枢神经系统功能障碍而成为反社会型人格的患者又毫无作用。

实践证明，对那些由于环境影响形成的、程度较轻的患者，实施认知领悟疗法有一定疗效。心理医生可帮助患者提高认识，了解自己的行为对社会的危害，培养患者的责任感，使他们担负起对家庭、对社会的责任，提高患者的道德意识和法律意识，使他们明白什么事能做，什么事不能做，努力增强控制自己行为的能力。

少数家庭关系极为恶劣而与社会相处尚可的患者，可以在学校或机关住集体宿舍或到亲友家寄养，以减少家庭环境的负面影响，同时培养其独立生活的能力。个别威胁家庭与社会安全的反社会型人格障碍患者，可送入少年工读学校或成人劳动教养机构，参加劳动并限制其自由。对情节特别恶劣、屡教不改的患者，可采用行为治疗中的厌恶疗法。当患者出现反社会行为时，给予强制性的惩罚（如电击、禁闭等），使其产生痛苦的体验，实施多次以后，患者一产生反社会行为的冲动，就感到厌恶，全身不舒服，通过这样减少其反社会的行为。然后根据其行为矫正的实际表现，放宽限制，逐步恢复其正常家庭生活与社会生活。

强迫型人格障碍

在日常生活中，我们会发现一些儿童或成人会不由自主地去数钟声、台阶，甚至天上的星星；全神贯注地思考某个名词、韵律或典故；一遍遍认真推敲写就的文稿；废寝忘食地探索某个公式、假说或定理；一丝不苟地按顺序起床、进食、上班和入睡；反复洗手等，这些现象就叫强迫现象。这些人难以容忍些微的过错和失误，不允许丝毫的杂乱和污秽。他们讲究整洁和秩序，一切都要仔细检查，反复核实。这实际上成了他们的优点：做事认真可靠，遵时守信，井井有条，只不过灵活性有些逊色而已。这些固定刻板的行为对他们而言已经习以为常，不会给他本人带来任何痛苦，并且可以通过注意力的转移或外界的影响而中断，也不会伴有焦虑。

其实，在我们每个正常人身上，都会多多少少地出现一定程度的强迫现象，这些属于正常的心理现象。当强迫思考或行为总是纠缠着你，操纵着你，使你欲罢不能，无从回避，就有可能演变成为强迫性人格障碍，甚至强迫性神经症。强迫型人格障碍是一种性格障碍，多见于尚属成功的男性，男女比例约为2：1，主要特征是苛求完美。

强迫型人格障碍的表现特征

强迫型人格障碍者特征如下：

（1）做任何事情都要求完美无缺、按部就班、有条不紊，因而有时反会影响工作的效率。

（2）不合理地坚持别人也要严格地按照他的方式做事，否则心里很不痛快，对别人做事很不放心。

（3）犹豫不决，常推迟或避免做出决定。

（4）常有不安全感，穷思竭虑，反复考虑计划是否得当，反复核对检查，唯恐疏忽和差错。

（5）拘泥细节，甚至生活小节也要"程序化"，不遵照一定的规矩就感到不安或要重做。

（6）完成一件工作之后常缺乏愉快和满足的体验，相反容易悔恨和内疚。

（7）对自己要求严格，过分沉溺于职责义务与道德规范，无业余爱好，拘谨吝啬，缺少友谊往来。

患者状况至少符合上述项目中的3项，方可诊断为强迫型人格障碍。

强迫型人格的最主要特征就是苛求严格和完美，容易把冲突理智化，具有强烈的自制心理和自控行为。这类人在平时有不安全感，对自我过分克制，过分注意自己的行为是否正确、举止是否适当，因此表现得特别死板、缺乏灵活性。责任感特别强，往往用十全十美的高标准要求自己，追求完美，同时又墨守成规。在处事方面，过于谨小慎微，常常由于过分认真而重视细节、忽视全局。怕犯错误，遇事优柔寡断，难以做出决定。他们的情感以焦虑、紧张、悔恨时多，轻松、愉快、满意时少。不能平易近人，难以热情待人，缺乏幽默感。由于对人对己都感到不满而易招怨恨。

强迫型人格具体行为表现有3个方面：

（1）心里总笼罩着一种不安全感，常处于莫名其妙的紧张和焦虑状态。如门锁上后还要反复检查，担心门是否锁好，写完信后反复检查邮票是否已贴好、地址是否写对了，等等。

（2）思虑过多，对自己做的事总没把握，总以为没达到要求，别人一怀疑，自己就感到不安。

（3）行为循规蹈矩，不知变通。自己爱好不多，清规戒律倒不少。处理事情有秩序、整洁、守时，但对节奏明快、突然来的事情显得不知所措，很难适应，对新事物接受慢。

强迫型人格障碍的成因

强迫型人格障碍一般形成于幼年时期，与家庭教育和生活经历直接相关。父母管教过分苛刻，要求子女严格遵守规范，绝不准许其自行其是，造成孩子生怕做错事而遭到父母的惩罚的心理，从而做任何事都思虑甚多，优柔寡断，过分拘谨和小心翼翼，逐渐形成经常性紧张、焦虑的情绪反应。一些家庭成员的生活习惯，也可能对孩子产生影响，如医生家庭，由于过分爱清洁，对孩子的卫生特别注意，容易使孩子形成"洁癖"，产生强迫性洗手等行为。另外，幼年时期受到较强的挫折和刺激，也可能产生强迫型人格。有研究还表明，强迫型人格与遗传也有关系，家庭成员中有患强迫型人格障碍的，其亲属患强迫型人格障碍的概率比普通正常家庭要高。

强迫型人格障碍的治疗

1. 顺其自然法

强迫型人格的主要表现是把冲突理智化，过分压抑和控制自己，因此强迫型人格障碍的纠正主要是减轻和放松精神压力，最有效的方法是顺其自然，不要对做过的事进行评价。比如担心门没有关好，就让它没关好；桌上的东西没有收拾干净，就让它不干净；字写得别扭，也由它去，与自己无任何关系。开始时可能会由此带来焦虑的情绪反应，但由于患者的强迫行为还远没有达到强迫症的无法自控的程度，所以经过一段时间的训练和自己意志的努力，症状是会消除的。

2. 当头棒喝法

"棒喝"是借用禅宗中的"德山棒，临济喝"的说法。德山常以大棒惊吓学生，使执迷不悟的学生顿然开悟，而临济则以模棱两可的问题问学生，学生犹豫不能作答时，临济则大喝一声以示警醒。当一个人过分执着于经典与规矩时，就会对多变的现实感到无所适从。强迫型人格障碍患者已经习惯于按教条办事，在某种程度上像个机器人。而要改变这种状况，就要发现生活中的独特事件，用新的观念和解决问题的新思路、新方法，来改变墨守成规、循规蹈矩的习惯。

分裂样人格障碍

有一位著名的数学家，曾在科研领域做出过卓越的贡献，并以他的名字命名了一个数学定理。尽管他在科研事业上出类拔萃，然而他却是一个人格障碍患者。他性格孤僻内向，成天关在小房间里看书学习、演算公式、攻克难题，几乎谈不上有社会交往和人际交往。他为人沉默寡言、兴趣索然、生活随便，给人一种"古怪"的印象。40岁左右才在家人催促下结了婚。结婚时不知如何操办家具布设，婚后不知道上街购买生活用品。由于过分内向离群，对外界反应不敏捷，社会适应性很差，多次发生车祸，造成严重的后遗症。他所表现出的这些人格特征，心理学上称之为分裂样人格障碍。

分裂样人格障碍一般表现为：内向、孤僻、胆小、懦弱、自卑、害羞、沉默寡言、不爱交往、不关心别人对他的评价、缺乏知己、行为怪癖（但尚能使人理解）。他们尽管没有丧失对现实的认知能力，但社会活动能力差，又缺乏进取心，常静坐沉思，沉溺于幻想之中。自我中心倾向明显，对人态度冷淡，怕见生人，不主动与人打招呼，也不愿意介入别人的事，尤其回避那些竞争性情境。几乎没有自信心，害怕在别人面前讲话做事，往往话到嘴边就犹豫起来，吞吞吐吐、浑身紧张、手足无措；做作业、写文章或干别的事都不愿意让别人看见，害怕被人耻笑。

分裂样人格障碍的表现特征

（1）有奇异的信念或与文化背景不相称的行为，如相信透视力、心灵感应、特异功能和第六感等。

（2）奇怪的、反常的或特殊的行为或外貌，如服饰奇特、不修边幅、行为不合时宜、习惯或目的不明确。

（3）言语怪异，如离题、用词不当、繁简失当、表达意见不清，并非文化程度或智能障碍等因素所引起。

（4）不寻常的知觉体验，如一惯性的错觉、幻觉、看见不存在的人。

（5）对人冷淡，对亲属也不例外，缺少温暖体贴。

（6）表情淡漠，缺乏深刻或生动的情感体验。

（7）多单独活动，主动与人交往仅限于生活或工作中必须的接触，除一级亲属外无亲密友人。

符合上述项目中的3项的人，可诊断为分裂样人格障碍。

从以上的诊断标准我们可以看出，分裂样人格障碍患者主要表现出缺乏温情，难以与别人建立深切的情感联系，于是，他们的人际关系一般很差。因而，大多数分裂样人格障碍患者独身。患者对别人的意见漠不关心，对别人的赞扬、批评均无动于衷，过着一种孤独寂寞的生活。其中有些人，也有一些业余爱好，但多是阅读、欣赏音乐、思考之类安静、被动的活动，部分人还可能一生沉醉于某种专业，做出较高的成就。但从总体来说，这类人生活平淡、刻板，缺乏创造性和独立性，难以适应多变的现代社会生活。

这类人的性欲淡漠也颇为突出，内心世界却极其广阔，常常想入非非，但常常缺乏相应的情感内容，缺乏进取心。他们总是以冷漠无情来应付环境，以"眼不见为净"的方式逃避现实，但他们这种与世无争的外表不能压抑内心的焦虑和痛苦。

分裂样人格障碍的成因

分裂样人格障碍的形成与人的早期心理发展有很大的关系。婴儿出生后，有很长一段时间不能独立，需要父母亲的照顾，在这个过程中，儿童与父母的关系占重要地位，儿童就是在与父母的关系中建立自己的早期人格的。在成长过程中，尽管每个儿童不免要受到一些指责，但只要他感觉到周围有人爱他，就不会产生心理上的偏差。但如果终日不断被骂、被批评，得不到父母的爱，儿童就会觉得自己毫无价值。更进一步，如果父母对子女不公正，就会使儿童是非观念不稳定，产生心理上的焦虑和敌对情绪，有些儿童因此而分离、独立、逃避与父母身体和情感的接触，进而逃避与其他人和事物的接触，这样就极易形成分裂样人格。

导致分裂样人格的主要原因是个体不能适应环境。有分裂样人格的人在青少年时期一般都有较强的自尊心和进取心，但由于各种原因使他们经常遭受挫折、失败、屈辱，尊重长期得不到满足，因而自卑、怯懦、胆小等特点逐渐发展、强化和巩固下来，成为他身上稳定的人格特征。他们好高骛远、能力不足，或缺乏合作经验，因而易遭受挫折；缺乏机会，与他人合作不好，人际关系不融洽，因而很少获得成功；经常受到家长过分的苛责和打骂，教师或上级过分严厉的批评指责；受环境压抑或社会观念影响（如遗传决定论、宿命论等），承认自己天资不如人；以时运不济来解释自己的处境,聊以自慰。其结果必然助长自卑心理。性格内向,不好交往,使他们不了解周围的人,别人也不了解他们。他们难以得到他人同情、谅解和帮助,于是自卑、怯懦、胆小和内向等人格特征更加强化巩固。

分裂样人格障碍的治疗

1. 兴趣培养法

兴趣是指积极探究某种事物而给予优先注意的认识倾向,并具有向往的良好情感。因此兴趣培养有助于克服兴趣索然、情感淡漠的人格。具体做法如下:

(1)提高认知。要求本人有意识地分析自己,确定积极人生的理想和追求目标。应使其懂得这样一个道理:人生是一个乐趣无穷的愉快旅程,每一个人都应该像一位情趣盎然的旅行家,像欣赏宇宙万物那样,每时每刻都在奇趣欢乐的道路上旅行,这样才能充满生活乐趣和前进的动力。

(2)社会实践。创造条件,有意识地接触社会实际生活,扩大接受社会信息量,促使兴趣多样化。

(3)参加兴趣小组活动。这是培养兴趣的较好形式,内容有绘画、书法、音乐、舞蹈、艺术、体育锻炼、科技活动等。

2. 自我调适法

分裂样人格常从童年期形成起就维持一生,很少改变,而且各种表现比较稳定,不易发生衰退。迄今无特殊药物治疗这种病态人格。不过有分裂型人格的人智力尚属良好,有的人还能获得杰出成就,中外一些艺术家、哲学家和自然科学家也有患分裂样人格障碍的。因此,有这种人格症状的人不要自卑,要勇于承认自己的人格缺陷,注意多与他人接触,不要总是担心会被人耻笑或误解;要尽量轻松愉快地与人谈话、交往,在与人交往中跟他人相互了解,争取得到他人的理解和帮助,用友谊来取代孤独。此外,必须摒弃遗传决定论、女不如男和宿命论的观点,努力实践奋斗,以勤补拙。要相信"世上无难事,只怕有心人"这句至理名言。只要选准适合自己特长和条件的奋斗方向，经过自己努力，一定能够有所成就。

另外，还可以通过饲养自己感兴趣的小动物来激发生活的情趣，实现自我满足感和改善其冷漠的心态。

攻击型人格障碍

攻击型人格是青少年期和中青年期常见的一种人格障碍。患者情绪高度不稳定，极易产生兴奋的冲动，办事鲁莽，缺乏自制、自控能力，稍有不顺便大打出手，不计后果。患者心理发育不成熟，判断分析能力差，容易被人调唆怂恿，对他人和社会表现出敌意、攻击和破坏行为。

攻击型人格障碍是一种以行为和情绪具有明显冲动性为主要特征的人格障碍，又称为暴发型或冲动型人格障碍。

攻击型人格障碍的表现特征

（1）情绪急躁易怒，存在无法自控的冲动和驱动力。

（2）性格上常表现出向外攻击、鲁莽和盲动性。

（3）冲动的动机形成可以是有意识的，亦可以是无意识的。

（4）行动反复无常，可以是有计划的，亦可以是无计划的。行动之前有强烈的紧张感，行动之后体验到愉快、满足或放松感，无真正的悔恨、自卑或罪恶感。

（5）心理发育不健全和不成熟，经常导致心理不平衡。

（6）容易产生不良行为和犯罪的倾向。

上述表现是主动攻击型的表现。还有一种被动攻击型，其主要特征是以被动的方式表现其强烈的攻击倾向。这类人外表表现得被动和服从、百依百顺，内心却充满敌意和攻击性，例如，故意拖延时间、故意晚到、故意不回电话或回信、故意拆台使工作无法进行，顽固执拗，不听调动。他们的仇视情感与攻击倾向十分强烈，但又不敢直接表露于外，他们虽然牢骚满腹，但心里又很依赖权威。

主动攻击型人格障碍与前面提到的反社会型人格障碍类似，但又有区别。一般说来，主动攻击型人格呈现较为持久的攻击言行，缺乏自控能力，以对他人攻击冲动为主要表现；反社会型人格主要表现对他人和社会的反抗言行，常屡教不改、明知故犯，常以损人不利己的失败结局告终，不能吸取经验教训。简言之，主动攻击型人格的行为以自控能力低下为特点，而反社会型人格则以行为不符合社会规范为特征。

攻击型人格障碍的成因

攻击型人格障碍产生的原因不是单一的，而是主要有以下几个方面原因综合作用的结果：

1. 生理原因

大量动物实验与临床资料表明，攻击行为有其生理基础。一些生理学家提出，小脑成熟延迟，传递快感的神经道路发育受阻，因而难以感受和体验愉快与安全，可能是攻击行为发生的因素。有报告称暴力犯罪者中脑电波多见异常，特别是慢波活动与正相尖波，在普通人群中为2%，在攻击型人格患者中则为14%。另外，攻击行为还与人体内分泌腺和雄性激素分泌过多有关。

2. 心理原因

患者对自我角色的认同与攻击性有很大的相关性。进入青春期的男孩，自以为已经长大成人了，而且特别热衷于男子汉角色的认同和片面理解，强调男子汉的刚毅、果断、义气、力量、善攻击等特征。因此，他们会在同龄人面前，特别是有异性在场时会表现出较强的攻击性，以证明自己是一个男子汉。心理原因的第二个方面是由于自卑心理与其后产生的补偿效应。每个人都会因自己身体状况、家庭出身、生活条件、工作性质等产生自卑心理，有自卑心的人常寻求自卑的补偿方式。当以冲动、好斗作为补偿的方式时，其行为就表现出较强的攻击性。另外，青年男子的自尊心特别强。一旦经受挫折，往往反应特别敏感、强烈。挫折是导致攻击行为的一个重要原因，"挫折攻击"理论提醒我们：生活中每个人或多或少都会有挫折，因而每个人都有攻击性，挫折越大，越有可能出现攻击行为，甚至使用暴力。

3. 社会原因

目前，电视、互联网已成为全球最有影响力的传播媒介，带有武打、凶杀等暴力内容的影视作品使得缺乏分析能力的青年人容易产生认同感和模仿行为。另外，社会上流行的"老实人吃亏"的观念也常使青年人产生攻击性行为。

4. 家庭原因

一般说来，攻击性与家庭教育有很大的关系。被父母溺爱的孩子往往个人意识太强，受到限制就容易采取暴力行为发泄不满。在专制型的家庭，或者家长有暴力行为，儿童常遭打骂，受到压抑，长期郁结于内心的不满情绪一旦爆发出来，往往会选择较为激烈的行为来发泄积怨。而且，孩子很容易会模仿家长的攻击行为。

攻击型人格障碍的治疗

对攻击型人格障碍的治疗，可以从以下几个方面着手：

（1）开展青春期有关生理、心理方面的教育，使其能正确认识自己，认识自己外部的变化和心理的变化。进入青春期的男孩不能仅仅停留在对自己身体的某些外部特征和外部行为表现的认识上，还要鼓励他们经常反躬自问和独立反省，完善自我，把精力用到学习、成才上去。

（2）开展形式多样的业余文艺、体育活动，让青春期男孩体内的内在能量寻找一个正常的释放渠道。另外，培养各种爱好和兴趣，使其情操得到陶冶，从而健康成长。

（3）进行深入细致的心理访谈，使其正确对待挫折。人生在世会有这样或那样的挫折，要正视挫折，总结经验，找到受挫的原因并加以分析，而不是一遇挫折就采取攻击行为。通过各种手段培养他们的承受能力，并能对挫折采取积极的富有建设性的措施。①培养必要的涵养。大事化小，小事化了；将心比心，互相尊重；适度容忍，宽以待人，避免产生攻击行为。②升华作用。即使受挫，也要尽量转移到较高的需要与目的上去，把攻击的能量转移到学习、工作上来。③补偿作用。受挫后，尽量用另一个可能成功的目标来补偿代替，以获得集体、他人对自己的承认，充分表现自己的能力，获得心理上的安慰。④积极的表率作用。"榜样的力量是无穷的"，让他们学习好的行为榜样，从积极的方面引导他们。

第二节 不再自私，快乐与人共享

自私是一种潜藏在心灵深处的人的本能欲望，它的存在与表现不为本人所察觉，私欲强的人不顾社会和他人的利益，一味地满足自己的需求，而在自己私欲得到满足的时候却心安理得地享受，所以，自私的人，没有人愿意与其共事，因而他也永远难以取得成功。

世间成大事的人一般都是做事坦荡、能克制私欲的君子。

自私就是自毁

卢克莱修说：自私是人类的一种本性，高尚者和卑劣者的区别在于：前者能够克制这种本性而代之以无私的给予，而后者则任其肆意横行。

自私是一种极端利己的心理，自私的人不顾他人和社会的利益，只计较个人得失，不讲公德；更有甚者会为私欲铤而走险，最后受到法律的制裁。自私也是诱发贪婪、嫉妒、报复等病态心理的根源。

历史一再证明，自私的人是没有好的结局的，从某种意义来说，自私就是自毁，自私者到最后只能独自吞噬恶果。

一个美国士兵在越南战争中受伤，成了残疾人，他不知道父母还肯不肯接受自己，就先给家里打一个电话："爸爸，妈妈，我要回家了。但是我有一个战友在那可恶的战争中踩响了一个地雷，少了一条腿和一只手。他已无处可去，我希望他能和我们一起生活。"

"我们为他感到遗憾，孩子。不过他恐怕不能和我们住在一起，他会给我们造成很大的拖累，我们有我们的生活。"父亲的话没说完，儿子的电话就断了。几天后，父母接到警察局打来的电话，被告知他们的儿子跳楼自杀了。悲痛欲绝的父母在停尸房内认出了他们的儿子，他们惊愕地发现：他们的儿子少了一条腿和一只手。

我们无法想象留给那对父母的是怎样的悔恨与悲哀，但我们却能够深深地意识到自私留给自己心灵以及生活的惨重戕害，然而自私之心不分时空，不分人群，它如影随形般存在于我们的生活中。

从前，有两位很虔诚、很要好的教徒，决定一起到遥远的圣山朝圣。两人背上行囊，风尘仆仆地上路，誓言不达圣山朝拜，绝不返家。

两位教徒走啊走，走了两个多星期之后，遇见一位白发年长的圣者。这圣者看到这两位如此虔诚的教徒千里迢迢要前往圣山朝圣，就十分感动地告诉他们："从这里距离圣山还有十天的脚程，但是很遗憾，我在这十字路口就要和你们分手了。而在分手前，我要送给你们一个礼物！什么礼物呢？就是你们当中一个人先许愿，他的愿望一定会马上实现；而第二个人，就可以得到那愿望的两倍！"

此时，其中一教徒心里一想："这太棒了，我已经知道我想要许什么愿，但我不要先讲，因为如果我先许愿，我就吃亏了，他就可以有双倍的礼物！不行！"而另外一教徒也自忖："我怎么可以先讲，让我的朋友获得加倍的礼物呢？"于是，两位教徒就开始客气起来，"你先讲嘛！""你比较年长，你先许愿吧！""不，应该你先许愿！"两位教徒彼此推来推去。"客套地"推辞一番后，两人就开始不耐烦起来，气氛也变了："你干嘛！你先讲啊！""为什么我先讲？我才不要呢！"

两人推到最后，其中一人生气了，大声说道："喂，你真是个不识相、不知好歹的人，你再不许愿的话，我就把你的狗腿打断，把你掐死！"

另外一人一听，没有想到他的朋友居然变脸，竟然来恐吓自己！于是想，你这么无情无意，我也不必对你太有情有义！我没办法得到的东西，你也休想得到！于是，这一教徒干脆把心一横，狠心地说道："好，我先许愿！我希望——我的一只眼睛——瞎掉！"

很快地，这位教徒的一个眼睛马上瞎掉，而与他同行的好朋友，也立刻两个眼睛都瞎掉！

原本，这是一件十分美好的礼物，可以让两位好朋友共享，但是人的狭隘、自私，左右了自己心中的情绪，所以使得"祝福"变成"诅咒"，使"好友"变成"仇敌"，更是让原来可以"双赢"的事，变成两人瞎眼的"双输"！

同样的时间，不同的地段，自私仍在上演。

有两个重病人，同住在一家大医院的小病房里。房间很小，只有一扇窗子可以看见外面的世界。其中一个人，在他的治疗中，被允许在下午坐在床上一个小时（有仪器从他的肺中抽取液体）。他的床靠着窗，但另外一个人终日都得平躺在床上。

每当下午睡在窗旁的那个人在那个小时内坐起的时候，他都会描绘窗外景致给另一个人听。从窗口可以看到公园里的湖，湖内有鸭子和天鹅，孩子们在那儿撒面包片、放模型船，年轻的恋人在树下携手散步，在鲜花盛开、绿草如茵的地方人们玩球嬉戏，后头一排树顶上则是美丽的天空。

另一个人倾听着，享受着每一分钟。一个孩子差点儿跌到湖里，一个美丽的女孩穿着漂亮的夏装……他朋友的述说几乎使他感觉自己亲眼目睹外面发生的一切。

然而，在一个天气晴朗的午后，他心想：为什么睡在窗边的人可以独享看外头的权利呢？为什么我没有这样的机会？他觉得不是滋味，他越这么想，就越想换位子。他一定得换才行！有天夜里他盯着天花板瞧，另一个人忽然惊醒了，拼命地咳嗽，一直想用手按铃叫护士来。但这个人只是旁观而没有帮忙——尽管他感觉同伴的呼吸已经停止了。第二天早上，护士来的时候那人已经死了，只能静静地抬走他的尸体。

过了一段时间后，这人开口问，他是否能换到靠窗户的那张床上。他们搬动了他，帮他换位子，使他觉得很舒服。他们走了以后，他用手肘撑起自己，吃力地向窗外望去……窗外只有一堵空白的墙。

自私，让他失去了一个伙伴，自私让他再也无法领略那如画的风景，自私让他的人生之路越走越狭隘！自私，只会让我们步入生命的死谷，在人性阴暗的"无间道"中经受着炼狱般的痛苦与煎熬，永远得不到阳光与雨露的滋润……

学会付出，学会与人分享

俗语说："赠花予人，手上留香！"学会付出是美好人性的体现，同时也是一种处世智慧和快乐之道。有一句名言说："人活着应该让别人因为你活着而得到益处。"学会分享、给予和付出，你会感受到舍己为人不求任何回报的快乐和满足。幸福犹如香水，你不可能泼向别人而自己却不沾几滴。的确，在生活中，超越狭隘、帮助他人、撒播美丽、善意地看待这个世界……快乐、幸福和丰收会时时与我们相伴。对此，罗曼·罗兰说得很精彩："快乐和幸福不能靠外来的物质和虚荣，而要靠自己内心的高贵和正直。"

贝尔太太是美国一位有钱的贵妇人，她在亚特兰大城外修了一座花园。花园又大又美，吸引了许多游客，他们毫无顾忌地跑到贝尔太太的花园里游玩。

年轻人在绿草如茵的草坪上跳起了欢快的舞蹈；小孩子扎进花丛中捕捉蝴蝶；老人蹲在池塘边垂钓；有人甚至在花园当中支起了帐篷，打算在此过他们浪漫的盛夏之夜。贝尔太太站在窗前，看着这群快乐得忘乎所以的人们，看着他们在属于她的园子里尽情地唱歌、跳舞、欢笑。她越看越生气，就叫仆人在园门外挂了一块牌子，上面写着：私人花园，未经允许，请勿入内。可是这一点也不管用，那些人还是成群结队地走进花园游玩。贝尔太太只好让她的仆人前去阻拦，结果发生了争执，有人竟拆走了花园的篱笆墙。

后来贝尔太太想出了一个绝妙的主意，她让仆人把园门外的那块牌子取下来，换上了一块新牌子，上面写着：欢迎你们来此游玩，为了安全起见，本园的主人特别提醒大家，花园的草丛中有一种毒蛇。如果哪位不慎被蛇咬伤，请在半小时内采取紧急救治措施，否则性命难保。最后告诉大家，离此地最近的一家医院在威尔镇，驱车大约50分钟即到。

这真是一个绝妙的主意，那些贪玩的游客看了这块牌子后，对这座美丽的花园望而却步了。可是几年后，有人再往贝尔太太的花园去，却发现那里因为园子太大，走动的人太少而真的杂草丛生，毒蛇横行，几乎荒芜了。孤独、寂寞的贝尔太太守着她的大花园，她非常怀念那些曾经来她的园子里玩的快乐的游客。

篱笆墙是农家用来把房子四周的空地围起来的类似栅栏的东西，有的上面还有荆棘，不小心碰上会扎入。篱笆墙的存在是向别人表示这是属于自己的"领地"，要进入必须征得自己的同意。贝尔太太用一块牌子为自己筑了一道特别的"篱笆墙"，随时防范别人的靠近。这道看不见的篱笆墙只是一种自私的表象，而它隔开的不只是人的脚步，更是心与心的距离，当所有朋友都远离，当所有脚步都绕路而行，那么再美的花又有什么用，无人分享，就永远无法实现它们本身的价值。

有一年的圣诞节，保罗的哥哥送给他一辆新车作为圣诞礼物。圣诞节的前一天，保罗从他的办公室出来时，看到街上一个小男孩在他闪亮的新车旁走来走去，并不时触摸它，满脸羡慕的神情。

保罗饶有兴趣地看着这个小男孩。从他的衣着来看，他的家庭显然不属于自己这个阶层。就在这时，小男孩抬起头，问道："先生，这是你的车吗？"

"是啊，"保罗说，"这是我哥哥送给我的圣诞礼物。"

小男孩睁大了眼睛："你是说，这是你哥哥给你的，而你不用花一角钱？"

保罗点点头。小男孩说："哇！我希望……"

保罗原以为小男孩希望的是也能有一个这样的哥哥，但小男孩说出的却是："我希望自己也能当这样的哥哥。"

保罗深受感动地看着这个男孩，然后问他："要不要坐我的新车去兜风？"

小男孩惊喜万分地答应了。

逛了一会儿之后，小男孩转身向保罗说："先生，能不能麻烦你把车开到我家门前？"

保罗微微一笑，他想他理解小男孩的想法：坐一辆大而漂亮的车子回家，在小朋友的面前是很神气的事。但他又想错了。

"麻烦你停在两个台阶那里，等我一下好吗？"

小男孩跳下车，三步并作两步地跑上台阶，进入屋内。不一会儿他出来了，并带着一个显然是他弟弟的小孩。这个小孩因患小儿麻痹症而跛着一只脚。他把弟弟安置在下边的台阶上，紧靠着坐下，然后指着保罗的车子说："看见了吗？就像我在楼上跟你讲的一样，很漂亮对不对？这是他哥哥送给他的圣诞礼物，他不用花一角钱！将来有一天我也要送你一部和这一样的车子，这样你就可以看到我一直跟你讲的橱窗里那些好看的圣诞礼物了。"

保罗的眼睛湿润了，他走下车子，将小弟弟抱到车子前排座位上。他的哥哥眼睛里闪着喜悦的光芒，也爬了上来。于是三个人开始了一次令人难忘的假日之旅。

在这个圣诞节，保罗明白了一个道理：给予真的比接受更令人快乐。

即使你拥有金钱、爱情、荣誉、成功和刺激，也许你还不会有快乐。快乐是人生的至高追求，只有给予和付出，你才能实现这一追求。

海伦·凯勒曾说："任何人出于他的善良的心，说一句话有益的话，发出一次愉快的笑，或者为别人铲平粗糙不平的路，这样的人就会感到欢欣是他自身极其亲密的一部分，以至使他终身去追求这种欢欣。"的确，在生活中，从一个表情、一句问候、一个眼神、一件小事开始，学会付出，善意地看待这个世界，快乐会时时与我们相伴。说到底，拥有快乐其实很简单。

付出爱心，你就种下希望

哈伯德说："聪明人都明白这样一个真理——帮助自己的唯一办法，就是去帮助别人。"的确，为别人付出爱心，就种下一片希望，也就会品尝到丰收的喜悦。

帮助别人，给予别人方便，才会得到别人的帮助，给自己也带来方便。因为人们都有"相互回报"的心理，你对别人的慷慨付出往往也会得到别人的无偿回报。

一天，一个贫穷的小男孩为了攒够学费正挨家挨户地推销商品。劳累了一整天的他此时感到十分饥饿，但摸遍全身，却只有一角钱。怎么办呢？他决定向下一户人家讨口饭吃。当一位美丽的女孩打开房门的时候，这个小男孩却有点不知所措了，他没有要饭，只乞求给他一口水喝。这位女孩看到他很饥饿的样子，就拿了一大杯牛奶给他。男孩慢慢地喝完牛奶，问道："我应该付多少钱？"年轻女子回答道："一分钱也不用付。妈妈教导我们，施以爱心，不图回报。"男孩说："那么，就请接受我由衷的感谢吧！"说完男孩离开了这户人家。此时，他不仅感到自己浑身是劲儿，而且还看到上帝正朝他点头微笑。其实，男孩本来是打算退学的。

数年之后，那位年轻女子得了一种罕见的重病，当地的医生对此束手无策。最后，她被转到大城市医治，由专家会诊治疗。当年的那个小男孩如今已是大名鼎鼎的霍华德·凯利医生了，他也参与了医治方案的制定。当看到病历上所写的病人的来历时，一个奇怪的念头霎时间闪过他的脑际。他马上起身直奔病房。

来到病房，凯利医生一眼就认出床上躺着的病人就是那位曾帮助过他的恩人。他回到自己的办公室，决心一定要竭尽所能来治好恩人的病。从那天起，他就特别地关照这个病人。经过艰辛努力，手术成功了。凯利医生要求把医药费通知单送到他那里，他在上面签了字。

当医药费通知单送到这位特殊的病人手中时，她不敢看，因为她确信，治病的费用将会花去她的全部家当。最后，她还是鼓起勇气，翻开了医药费通知单，旁边的那行小字引起了她的注意，她不禁轻声读了出来："医药费——满杯牛奶。霍华德·凯利医生。"

有人信奉善恶轮回，因果报应。其实在现实生活中，这种所谓的"因果报应"只不过是心存感激的受惠者对施惠者的一种报偿而已。对他人施与善行，往往能收到别人更加丰厚的回报。明智的父母都懂得让孩子奉献自己的爱心，帮助别人。帮助别人，就是帮助自己，而我们为别人付出的时候，本身就体验到了生命的快乐和富足。下面要讲的一个故事，再一次说明了这一点。

多年以前，在荷兰一个小渔村里，一个勇敢的少年以自己的实际行动使全世界的人们懂得了无私奉献的报偿。

由于全村的人们都以打鱼为生，而海面上瞬息万变，危机四伏。因此为了应对突发海难，人们建立了自愿紧急救援队。

在一个漆黑的夜晚，海面上乌云翻滚，狂风怒吼，巨浪掀翻了一条渔船，船员的生命危在旦夕。他们发出了SOS的求救信号。救援队的船长听到了警报，火速召集自愿紧急救援队的成员，乘着划艇，冲入了汹涌的海浪中。忧心忡忡的村民们都聚集在海边，翘首眺望着云谲波诡的海面，他们每人都举着一盏提灯，为救援队照亮返回的路。

一个小时之后，救援队的划艇终于冲破浓雾，乘风破浪，向岸边驶来。村民们喜出望外，欢呼着跑上前去迎接。当他们精疲力竭地跑到海滩后，却听到自愿救援队的队长宣布：由于救援船容量的限制，无法搭载所有遇险的人，无奈只得留下其中的一个人；否则救援船就会翻覆，那样所有的人都活不了了。

刚才还欢欣鼓舞的人们顿时安静下来，才落下的心又悬到了嗓子眼儿，人们又陷入了慌乱与不安之中。这时，救援队长开始组织另一队自愿救援者前去搭救那个最后留下来的人。16岁的汉斯自告奋勇地报了名。他的母亲忙抓住了他的胳膊，用颤抖的声音说："汉斯，你不要去。你知道，10年前，你的父亲就是在海难中丧生的，而3个星期前你的哥哥保罗也出了海，可是到现在连一点消息也没有。孩子，你现在是我唯一的依靠了！求求你千万不要去！"

看着母亲那日见憔悴的面容和近乎乞求的眼神，汉斯心头一酸，泪水在眼中直打转，但是他强忍住没让它流下来。"妈妈，我必须去！"他坚定地答道，"妈妈，您想想，如果我们每个人都说'我不能去，让别人去吧！'那情况将会怎样呢？妈妈，您就让我去吧，这是我的责任。只要有人要求救援，我们就得竭尽全力地去履行我们的义务。"汉斯张开双臂，紧紧地拥吻了一下他的母亲，然后义无反顾地登上了救援队的划艇，冲入无边无际的黑暗之中。10分钟过去了，20分钟过去了……一小时过去了。这一个小时，对忧心忡忡的汉斯的母亲来说，真是太漫长了。终于，救援船再次冲破迷雾，出现在人们的视野中。只见汉斯正站在船头向岸上眺望。救援队长把手握成喇叭状，向汉斯高声喊道："汉斯，你找到留下来的那个人了吗？"

汉斯高兴地大声回答："我们找到他了，队长。请您告诉我妈妈，他就是我的哥哥——保罗！"

只有你付出爱心，你才能有收获希望，只有在别人困难的时候，毫不犹豫地伸出救援的双手，在你困难时，你才能得到更多的帮助。

第三节 握别自负，不学夜郎自大

自负心理就是盲目自大，过高地不切实际地评估自己的能力，以致失去自知。自负者通常以自我为中心，孤傲、自大是他们惯有的常态，但是自负最终会让人付出惨重的代价。所以，只有握别自负，从孤芳自赏中清醒过来，才能开创人生辉煌。

自负能夺走生命

有人说，自负是我们自掘的一个陷阱，当我们得意忘形的时候，常常堕入其中。自负的人往往自欺欺人，吞掉了苦果还要装出甜蜜的样子；自负害人，它甚至能夺走人的生命。

当许明自杀的消息传遍整个大学校园的时候。人们不禁为之震惊，尤其是熟悉许明的同学、老师和老乡，更为他的轻率而倍感痛心。

许明4年前以省第一的成绩考入这所重点大学。进校后，学校领导、老师对他倍加重视，他们说"终于有机会发放5000元的状元奖金了"。仅他个人的宣传就搞了半学期，许明成为了全校闻名的人物，全校无人不知、无人不晓。

老师的宠爱、同学的羡慕以及一些人的吹捧，让许明有了飘飘然的感觉。他想当然地认为自己是最棒的，从此，他变得极其自负高傲。老师的话他有时还能听进去一些，同学的话他从来就不听完，还总是借机嘲笑、贬低别的同学，对什么事都嗤之以鼻。由于他的过分自负，他没有一个朋友，孑然一身更让他谁也瞧不上眼。每天他想着头顶上省状元的桂冠，自鸣得意。他经常因为觉得老师讲课讲得不好而不去上课，他从不参加集体活动。他时常沉浸于武侠小说、言情小说的世界里而混沌度日。老师为他的滑坡而担忧，经常劝导他要戒骄戒躁，可是他总是把老师的话当作耳边风，他自负地认为，自己这么聪明，对付那些考试是小菜一碟。就这样，虽然他从未在期末考试中持"红灯"，但成绩不容他乐观。自己得不到奖学金，他就说别人只会读死书；自己评不上优秀称号，他就说别人只会溜须拍马、笼络人心。

到了大四，保研名单上自然没有他。他只有两条路可以走，考研，或找工作。然而他仍自负地认为，自己是省状元，我不上研究生谁上。于是，他自负地向全班同学宣称他要考上全国最著名大学的计算机硕士研究生。从此，他也能起早贪黑地学习了，无奈，由于大学期间专业功底太差，他学习起来总是力不从心。3月公布成绩时他的专业课均没有上线，这无疑是当头一棒。他拿到成绩通知单时如霜打的茄子一般。第二天早上，人们在14层高的办公楼前发现了许明的尸体，他的口袋里装着一份浸透了鲜血的成绩通知单和一封遗书。他说："因为我知道自己再也骄傲不起来了，对我而言，没有了骄傲就如同剥夺了自己的生命。"

我们在深深惋惜许明年轻的生命的同时，更察觉了人性的深处的悲哀，也许许明到最后也不知道是自负让他失去了生存的勇气，是自负剥夺了他的生存的欲望。

大文豪王尔德说："人们把自己想得太伟大时，正是以显示本身的渺小。""人外有人，天外有天"，谁也不是常胜将军。自负者习惯沉浸于虚无的胜利幻想中，他们常常因为一次的成功就自我满足，眼前显现的永远是早已逝去的鲜花与掌声。他们把别人给予他们的荣誉看作是理所当然的，他们不能静下心来想一想如今自己都做了些什么，都收获了什么。自负者总认为曾经的成功能长久，总认为别人一直会甘拜下风。所以，他们自视清高、目中无人，更有甚者非但自己不思进取，还伺机嘲讽别人的努力，最终导致了正常心理的扭曲。

盲目自负让你失去更多

许多人总是把自负当成是激励自己继续努力和赖以为生的精神动力，事实上，自负是一种精神与心灵上的盲目。

盲目地自负，会使人看不到自己的不足，容易失败。所以我们应该尽量减少这种盲目的自负，我们可以从以下几方面去做：

第一个方面，对别人的批评虚心接受。自负者的致命弱点是不愿改变自己的态度或接受别人的观点，接受批评即是针对这一弱点提出的方法。它并不是让自负者完全服从于他人，只是要求他们能够接受别人的正确观点，通过接受别人的批评，改变过去固执己见、唯我独尊的形象。

比尔·盖茨曾说："如果我们有了一点成功便觉得了不起，这是不可取的行为。然而如果我们为自己的成功自鸣得意时，有一个人来教训我们一番，那么，我们就可以称之幸运了。"

肖恩是一个刚刚毕业的大学生，不但面貌英俊，而且热情开朗。他决定找一份与人交往的工作，以发挥自己的长处。很快，他就得到一个好机会——一家五星级宾馆正在招聘前台工作人员。

肖恩决定去试试，于是第二天清早就去了那家宾馆。主持面试的经理接待了他。看得出来，经理对肖恩俊朗的外表和富有感染力的热情相当满意。他拿定主意，只要肖恩符合这项工作的几个关键指标的要求，他就留下这个小伙子。

他让肖恩坐在自己对面，并且开门见山地说："我们宾馆经常接待外宾，所有前台人员必须会说4国语言，这一指标你能达到吗？"

"我大学学的是外语，精通法语、德语、日语和阿拉伯语。我的外语成绩是相当优秀的，有时我提出的问题，教授们都支支吾吾答不上来。"肖恩回答说。事实上，肖恩的外语成绩并不突出，他是为了获取经理的信赖，自己标榜自己。但显然，他低估了经理的智商。事实上，在肖恩提交自己的求职简历时，公司已经收集了有关的详细信息，其中包括肖恩的大学成绩单。

听了肖恩的回答，经理笑了一下，但显然不是赏识的笑容。接着他又问道："做一名合格的前台人员，需要多方面的知识和能力，你……"经理的话还没说完，肖恩就抢先说："我想我是不成问题的。我的接受能力和反应能力在我所认识的人中是最快的，做前台绝对会很出色的。"

听完他的回答，经理站了起来，并且严肃地对他说："对于你今天的表现，我感到很遗憾，因为你没能实事求是地说明自己的能力。你的外语成绩并不优秀，平均成绩只有70分，而且法语还连续两个学期不及格；你的反应能力也很平庸，几次班上的活动你都险些出丑。年轻人，在你想要夸夸其谈时，最好给自己一个警告。因为每夸夸其谈一次，诚实和谦逊都要被减去10分。"

在我们的生活中，像肖恩这样的人并不少见。很多人只知吹嘘自己曾经取得的辉煌，夸耀自己的能力学识，以为这样可以博得别人的好感和赞扬，赢得别人的信任，但事实上，他们越吹嘘自己，越会被人讨厌；越夸耀自己的能力，越受人怀疑。

谦逊基于力量，自负基于无能。夸耀自己和自我表扬并不会为我们赢得好的机会，只会断送我们的前程。因为一个喜欢标榜自己的人，往往会失去朋友——没有人喜欢和一个自我表扬的人在一起，失去别人的信任——别人不但对你的能力产生怀疑，更严重的是你的品德和灵魂也会遭人批评。无疑，一个没有好人缘、不可信的人是永远也不会与成功邂逅的。

俄国作家契诃夫曾说："人应该谦虚，不要让自己的名字像水塘上的气泡那样一闪就过去了。"如果你认为自己拥有广博的知识、高超的技能、卓越的智慧，但如果没有谦虚镶边的话，你就不可能取得灿烂夺目的成就。你要永远记住："伟人多谦逊，小人多骄傲。太阳穿一件朴素的光衣，白云却披了灿烂的裙裾。"

谦虚永远有益

达·芬奇曾经说过："浅薄的知识使人骄傲，丰富的知识则使人谦逊，所以空心的禾穗高傲地举头向天，而充实的禾穗则低头向着大地，向着它们的母亲。"谦逊不仅是一种美德，还是你无往不胜的要诀，因为谦和、温恭的态度常常会使别人难以拒绝你的要求，这也是巨大收获的开头，正如亚里士多德所说："对上级谦恭是本分，对平辈谦逊是和善，对下级谦逊是高贵，对所有的人谦逊是安全。"

谦逊就像跷跷板，你在这头，对方在那头。只要你谦逊地压低了自己这头，对方就高了起来，而这最终会为你打开成长之门。

有人问苏格拉底是不是生来就是超人，他回答说："我并不是什么超人，我和平常人一样。有一点不同的是，我知道自己无知。"这就是一种谦卑。无怪乎，古罗马政治家和哲学家西塞罗会说："没有什么能比谦虚和容忍更适合一位伟人。"

一颗谦逊的心是自觉成长的开始，就是说，在我们承认自己并不知道一切之前，不会学到新东西。许多年轻人都有这种通病，他们只学到一点点，却自以为已经学到一切。他们的心关闭起来，再没有东西进得去，他们自以为是万事通，这就会成为我们所会犯的最严重的错误。

西方哲学家卡莱尔说:"人生最大的缺点,就是茫然不知自己还有缺点。"因为人们只知道自我陶醉,一副自以为是、唯我独尊的态度,殊不知这种态度会遭到多数人的排斥,使自己处于不利地位。

老子曾用"水"来叙述处世的哲学:"上善若水,水善利万物而不争。"意思是说,上善的人,就好比水一样,水总是利万物的,而且水最不善争。水总是往下流,处在众人最厌恶的地方,注入最卑微之处,站在卑下的地方去支持一切。它与天道一样恩泽万物,所以水没有固定的形状,在圆形的器皿中,它是圆形;放入方形的容器,则是方形。它可以是液体,也可以是气体、固体。这正是我们必须学习的"谦逊"。

《荀子》中记载了一段故事:

有一天,孔子参观鲁国的宗庙,留意到一种叫"欹器"的装水容器。便叫弟子倒水进去。水一倒满,欹器立刻翻覆。孔子看了,便感慨地说:"啊!是装满就会翻覆的东西。"

《菜根谭》中有句话说:"欹器以满覆。"简单地说,也是告诫人不可太自满,所谓"谦受益,满招损"就是这个道理。《易经》亦云:"人道恶盈而好谦。"你可以豪气万千,但绝不能傲气半分,纵然有超人的才识,也要虚怀若谷。

就整个人类发展史而言,虽说人类已经有几千年的文明史,而实质上我们仍处于创世纪的熹微中。一旦我们意识到我们身边所有的一切——无论是朝阳的灿烂辉煌,还是银河的博大深邃——一种敬畏与谦逊之感怎会不从心底升起?

事实上,谦逊是通往进步之门的钥匙。没有谦逊,我们就会太过自满,以致不敢去面对今后的挑战。没有谦逊,我们就不会睁大两眼满怀好奇地去探索新的领域。如果我们不能保持谦逊的态度,我们或许就不敢承认错误,找出解决问题的方法,重新开始。

谦逊意在表明上帝无限地超越我们曾经对他做出的任何评说,无限地超越人类的理解与悟性。只有我们认识到这一点并且愈加谦逊,我们才能搬开前进道路上由我们的"自我"设置的绊脚石。

只有保持谦逊，我们才可能有相互学习的机会，因为，谦逊使我们相互之间敞开心扉，并使我们能够从他人的角度看待事物；只有保持谦逊，我们才可能坦诚地与他人交换意见；只有保持谦逊，我们才可能避免犯下傲慢与褊狭的罪恶，并避免争端。

第四节 改掉吝啬，掌握得失平衡

吝啬是一种有能力资助他人却不肯伸出援助之手的心理，随着社会的发展，吝啬行为已不再限于钱财，而扩展到更宽阔的领域，吝啬破坏了人类固有的仁爱、同情之心，破坏了人类社会一切美好的关系。

鉴于此，我们一定要改掉吝啬的习惯，为自己的内心建设一座可以人人欣赏的美丽花园，慷慨地对待你周围的人，你才能得到更多。

吝啬的代价

生活中有人称吝啬的人为"一毛不拔""铁公鸡"，这说明了吝啬行为的一个表象，实质上吝啬者的吝啬来自于他们内心的冷漠，他们过分看重自己的财物，甚至可以为了蝇头小利而六亲不认。然而，当他们抱着自己辛苦守下来的"财富"的时候，也许那时才会发现，自己才是真正的贫穷。吝啬会让人失去很多，工作、事业，甚至家庭。

齐国有一名叫夷射的大臣，经常为齐王出谋划策"整治"别人，齐王视为近臣。一次齐王宴请他，由于不胜酒力，有些过量，他便端着酒杯到宫门后吹风。守门人曾受过刖刑，是个无聊之人，欲向夷射讨杯酒吃。夷射天生吝啬，再加上对他很是鄙弃，便大声斥责道："什么？滚到一边去！像你这样的囚犯，竟然向我讨酒喝？！"

守门人想分辩时，夷射已悻悻离去。守门人非常愤恨。这时因下雨，宫门前刚好积一摊水，状如有人便溺之物，守门人便萌生报复心理。

正好，次日清晨，齐王出门，见门前一摊其状不雅的水迹，心中不悦，急唤守门人道："是谁如此放肆，在此便溺？"

守门人见机会来了，故作惶恐支吾道："我不是很清楚，但我昨晚看到大臣夷射站在这里。"

齐王果然以欺君之罪赐夷射死。

为一杯酒而丧命的确可悲，但如果没有他平日为齐王出谋划策"整治"别人所种下的"祸根"，也不会招此劫难。一杯酒本不足以挂齿，但正是由于夷射的吝啬，才导致杀身之祸。这样的例子不仅在古代常见，现代人的生活中也屡见不鲜。

马华是一家大公司的出纳，由于公司规模很大，财会部门就设立了两个办公室。马华的办公室在6层的最里边，十分隐蔽，而且透过窗户，可以眺望不远处的公园的美丽风光。因此，公司的许多同事都喜欢聚在她的办公室聊天，哪怕只是临窗看看公园，也能消解些上班的劳累。因此，马华的办公室在休息时间总是有许多人，大家坐在一块儿互相交流工作心得、谈谈公司规章的缺陷，而公司的一些管理者也都愿意来到马华的办公室与大家一起交流。

刚开始时，马华觉得没有什么，然而，随着时间的推移，马华变得越来越无法忍受这种情况。她私下抱怨："太多的人在我的办公室，我的工作都被影响了。""窗外的景色虽然很美丽，但是我从来没有仔细欣赏过。"于是，她就在办公室门的把手那儿挂了一个牌子，上面写着"工作中"。这样，马华就可以一个人安静地工作了，自己想做什么就做什么，窗外那一大片美丽的风景也独属于她自己了。

开始时，一些同事还是三五成群地在休息时间来串办公室，但是，马华总是说："我在工作，我要工作，没有时间休息。"随着时间的推移，同事不再来她的办公室，即使来办公室，也只是因为工作的关系。

一段时间后，马华成了公司内的孤家寡人，同事们不爱和她交流，工作出现问题时，同事们也不再热心地帮助她。

后来，由于公司的经营出现了一些问题，不得不裁减人员，裁减人员名单上的第一个人名就是马华。

不管是古代的夷射还是现代的马华，他们都因为吝啬而得到了生活的惩罚，一个毙命、一个下岗，看来，吝啬的代价是巨大的。有时，别人所求于你的，往往对你是微不足道的，而对他而言，却意义重大。你给了，虽然有点儿细小的损失，但是得到了一颗感恩的心；你不给，虽然自己毫发无损，却在别人的心里种下了仇恨的种子。俗话说，"滴水之恩，当涌泉相报"。古人之所以看重滴水之恩，其实因为里面透露了一种人生的智慧。因为滴水之恩往往来自于陌生人。给予这种恩惠，是人家的好意；不给，也是无可厚非的事情。因此，滴水之恩，往往是更为值得珍视的恩情。

打破吝啬的樊篱

罗素说过，吝啬，比其他事更能阻止人们过自由而高尚的生活。就是告诉我们一定要摒弃吝啬的不良习惯。

凡吝啬的人一般都是自私的、贪婪的。这类人只是嫌自己发财速度太慢，总嫌发财"效率"太低，总想不劳而获或者少劳多获，因而挖空心思地、不择手段地算计他人、算计集体、算计社会，一般的情况是：在吝啬者口袋里的金钱或多或少地带有不洁的成分，廉耻、天良、真理，都会沉溺在吝啬者的吝啬之中。

这种过于吝啬习性的一种表现是与人交往只索取不奉献。

有个勤劳而忠实的男孩叫汤姆，他一个人住在一间小屋子里，并且拥有一座在村庄里最美丽的花园。小汤姆有很多的朋友，但其中有一个磨坊主叫汤恩。汤恩是个很富有的人，他总自称是小汤姆最忠厚的朋友，因此他每次到小汤姆的花园来时，都以最好的朋友的身份拎走一大篮子各种美丽的鲜花，在水果成熟的季节还拿走许多水果。

汤恩经常说："真正的朋友就该分享一切。"而他却从来没有给过小汤姆什么。

冬天的时候，小汤姆的花园枯萎了。"忠实的"磨坊主朋友从来没去看望过孤独、寒冷、饥饿的小汤姆。

汤恩在家里对他的家人说："冬天去看小汤姆是不恰当的，人们经受困难的时候心情烦躁，这时候必须让他们拥有一份宁静，去打扰他们是不好的。而春天来的时候就不一样了，小汤姆花园里的花都开放了，我去他那儿采回一大篮子鲜花，我会让他多么高兴啊。"

磨坊主天真无邪的儿子问他："爸爸，为什么不让小汤姆到咱们家来呢？我会把我的好吃的、好玩的都分给他一半。"

谁想到磨坊主却被儿子的话气坏了，他怒斥这个白白上了学仍然什么都不懂的孩子。他说："如果小汤姆来到我们家，看到了我们烧得暖烘烘的火炉、我们丰盛的晚饭，以及我们甜美的红葡萄酒，他就会心生妒意，而嫉妒则是友谊的大敌。"

磨坊主汤恩的高论让我们看到了吝啬的人在面对生活时的丑恶嘴脸。吝啬者金钱、财富都不缺，然而其灵魂、其精神却是在日趋贫穷。

吝啬果真能给吝啬者带来愉快吗？不能。其实吝啬者的生活是最不安宁的，他们整天忙着的是挣钱，最担心的是丢钱，唯恐盗贼将他的金钱全部偷走，唯恐一场大火将其财产全部吞噬掉，唯恐自己的亲人将它全部挥霍掉，因而整天提心吊胆，坐立不安，永远不会是愉快的。

所以，我们要打破吝啬的樊篱，走出吝啬的灰暗，寻找生命中那一份与人分享的蓝天。

从前有一个非常吝啬的人，他从头上的每一根头发到脚上的每一个脚趾头都很吝啬，他从来没有想过要给别人东西，连别人叫他讲"布施"这两个字，他都讲不出口，只会"布、布、布……"个半天，好像一讲出这两个字，自己就会有所损失。

佛陀知道了这件事后，就想去教化他，于是到了他住的城镇去开示。佛陀就告诉大家布施的功德：一个人这辈子之所以富有，比别人长得高、长得帅，所有一切美好的事物，都跟上辈子的布施有关。

这个吝啬的人听了佛陀的教示之后很感动，可是他仍然布施不出去，他为此深感烦恼，便跑去找佛陀，对佛说："世尊呀！我很想布施，但是做不到。"佛陀从地上抓了一把草，把草放在他的右手，然后要他张开左手，佛陀说："你把右手想成是自己，把左手想成是别人，然后把这把草交给别人。"这个吝啬的人一想到要把这把草给别人，就呆住了，急得满头大汗，仍然舍不得给出去，最后，他突然开悟："原来左手也是我自己的手。"就赶紧把草给出去，自己也为此深感欣慰。第二次他只约花了一分钟，就把草给出去。后来，他只要很简单地就可以把草给出去。佛陀又说："现在你把草放在左手，把右手张开，将草交给别人。"第一次他也是想了半天才给出去，第二次他很容易就交出去。最后，佛陀对他说："你现在把这把草给别人。"他便把这把草给了别人。经过不断地练习，这个有钱人便把财物布施给别人，最后把房子也布施给了别人，结果终于得到了他以前从未有过的幸福。

施与的追求没有资格的限制，再吝啬、再坏的人，只要决心想给予，就可以通过训练开启布施之心。

所以，在生活中，让我们学会"布施"吧，因为，只有如此，才能让我们得到更多，学会给予，才能收获幸福，懂得付出，才能有更多收获。

世上有些东西比金钱更重要

在商业社会，金钱、地位这些物质上的东西似乎在人们的眼中变得格外重要。当人们从穷怕了的时代刚刚开始向小康社会迈进的时候，有些人很容易地就成了拜金主义者、唯利主义者，在他们看来别的什么都是无所谓，钱才是好东西，再多也不怕被压趴下。为了钱，为了私利，有的人可以不择手段，甚至不惜犯法，铤而走险。

殊不知，人生在世，除了金钱、地位，还有很多更值得追求的东西。

有一则寓言说：

从前有个特别爱财的国王，一天，他跟神说："请教给我点金术，让我伸手所能摸到的都变成金子,我要使我的王宫到处都金碧辉煌。"

神说:"好吧。"

于是第二天,国王刚一起床,他伸手摸到的衣服就变成了金子,他高兴得不得了,然后他吃早餐,伸手摸到的牛奶也变成了金子,摸到的面包也变成了金子,他这时觉得有点不舒服了,因为他吃不成早餐,得饿肚子了。他每天上午都要去王宫里的大花园散步,当他走进花园时,他看到一朵红玫瑰开放得非常娇艳,情不自禁地上前抚摸了一下,玫瑰立刻也变成了金子,他感到有点遗憾。这一天里,他只要一伸手,所触摸的任何物品全部变成金子,后来,他越来越恐惧,吓得不敢伸手了,他已经饿了一天了。到了晚上,他最喜欢的小女儿来拜见他,他拼命地喊着"女儿别过来",可是天真活泼的小公主仍然像往常一样径直跑到父亲身边伸出双臂来拥抱他,结果小公主变成了一尊金像。

这时国王大哭了起来,他再也不想要这个点金术了,他跑到神那里,跟神祈求:"神哪,请宽恕我吧,我再也不贪恋金子了,请把我心爱的女儿还给我吧!"

神说:"那好吧,你去河里把你的手洗干净。"

国王马上到河边拼命地搓洗双手,然后赶快跑过去拥抱女儿,女儿又变回了原来天真活泼的模样。

简单的寓言却富含深刻的哲理:人不光需要财富,人更离不开亲情和爱。人是感情的动物,小气冷漠,只会割断亲情,使自己成为孤家寡人。赡养老人,养育子女,夫妻恩爱都是人之常情,吝啬会失掉许多人类最美好的东西。有的人总是对自己曾经缺少关爱的童年耿耿于怀,其实越是自己曾经失去的,才越应通过施与而找回。

著名史学家范晔说:"天下皆知取之为取,而不知与之为取。"人世间的事情,总是有了付出才有收获,而得与失之间互为转化的效果,有时也并不是马上就可以见到的,但懂得其中奥妙的人,会掌握取舍的主动权,让它发挥出意想不到的效果。

战国时，齐国的孟尝君是一个以养士出名的相国。由于他待士十分诚恳，感动了一个叫冯谖的落魄人，此人为报答孟尝君的礼遇而投到他的门下为他效力。

一次孟尝君叫人为他到其封地薛邑讨债，问谁肯去。冯谖自告奋勇地说自己愿去，但不知将催讨回来的钱买什么东西。孟尝君说，就买点我们家没有的东西吧。冯谖领命而去，到了薛邑后，他见到老百姓的生活十分穷困，听说孟尝君的使者来了，均有怨言。于是，他召集了邑中居民，对大家说："孟尝君知道大家生活困难，这次特意派我来告诉大家，以前的欠债一笔勾销，利息也不用偿还了，孟尝君叫我把债券也带来了，今天当着大家的面，我把它烧毁，从今以后再不催还。"说着，冯谖果真点起一把火，把债券都烧了。薛邑的百姓没料到孟尝君如此仁义，人人感激涕零。

冯谖回来后，孟尝君问他买了何物，冯谖如实回答，孟尝君大为不悦。冯谖对他说："你不是叫我买家中没有的东西吗？我已经给你买回来了。这就是'义'。焚券市义，这对您收归民心是大有好处的啊！"

数年后，孟尝君被人谮谗，齐相不保，只好回到自己的封地薛邑。薛邑的百姓听说恩公孟尝君回来了，倾城而出，夹道欢迎。孟尝君感动不已，终于体会到了冯谖"市义"的苦心。

总而言之，你如果要做一个快乐的人，一定要记住：金钱不是万能，不是一切，只是用来达到目的的一种工具罢了。若你不注意发展你的人格而只注意赚钱，那么，全世界银行金库里的钱还不够替你买到快乐！金钱变为你的生活目的时，怕连你的生活也要保不住了。这个时候，你不放弃生活，生活也会放弃你！

第五节 化解邪恶，拥抱善良

心一味地追求外物为邪，人没有同情心为恶。人性中善恶兼备，恶的那一部分，常常被我们掩埋到心灵的最深处，并在潜滋暗长中滋生毒害我们心灵的汁液，以难以察觉的方式影响我们的心情和行为。化解邪恶意味着拥抱善良，善良是驱除邪恶的力量，它能赶走邪恶带给我们的苦痛，让我们的心重新找到阳光。

恶念须常止

生活中，常有一些家长告诫孩子：在外面受人欺负时，一定要懂得还击，使劲打，往狠里打，打坏了，流血了，有大人呢！只要在外面不受欺负就行。这样的训诫古往今来，屡见不鲜。然而，这样一来，邪恶心理从小就在孩子的心中蔓延了。

曾听过这样一个故事，小男孩云翔6岁时因意外患上了抽搐症，整个人处于半植物人状态，而云翔的爸爸是个残疾人，妈妈经受不了生活的变故已经改嫁，他13岁的哥哥在这样穷迫的情况下，呕心沥血地维持了一家，并不惜一切代价使其起死回生。苍天不负有心人，在云翔19岁的时候，终于完全治愈了抽搐症，而他康复后，为了满足私欲，先是抢占了哥哥的未婚妻，气死亲生父亲，最后发展到逼死亲生母亲、谋杀亲哥哥，一系列可谓丧尽天良、毫无人性的行为。

云翔的人格为常人所无法接受，甚至无法理解。这是一种犯罪型人格障碍，其基本特征是没有"良心"，做任何坏事一点儿也不觉得难过，对别人的痛苦漠不关心，且总是将自己的幸福建立在别人的痛苦之上。这种类型的人一般智力发展发育良好，只是私欲极重，不择手段地去攫取，富于攻击性和破坏性。

然而现实生活中，具有反社会性人格障碍倾向的人不在少数，他们为了自己私欲，有的营私舞弊、贪污诈骗，有的杀人放火、拐卖儿童，有的卖淫嫖娼、走私贩毒，给社会、家庭带来极大危害。

反社会性人格障碍者在儿童、少年期一般都有品行障碍，回到上例中，如云翔小时候干了坏事，自己总是一推了之，而背黑锅挨打的总是哥哥，而其父却因其成绩好、聪明灵俐，百般偏爱袒护，忽视了对他的品行教育，以至酿就了他后来极端自私的人格，做出令世人无法接受的邪恶之事。

很多时候人的恶念是被惯性所牵引的，时间长了，恶念便成了一种常事而被人忽视。

北极圈附近的人们的猎貂行为就充分说明了这一点。

对于生长在北极圈附近的人们来说，猎杀貂是一件很容易的事，不像猎杀北极熊之类的大动物风险那么大，而且身手笨拙的猎人可能会因此而搭上身家性命。虽然貂的肉很少，但貂皮可以卖上一个好价钱。

然而，猎杀貂的过程却是十分残忍和冷酷的，在整个过程中让我们看到了人性的恶。

夜幕降临时，猎人穿上厚厚的棉衣出发，到貂类经常出没的地方躺下，假装快要冻死的样子。貂生性慈悲，看到有人卧在雪地里，它们会从暖暖的洞穴里跑出来，用自己的身体温暖那些假装冻死的人。于是，猎人就轻易地抓到了貂。

这种令人齿寒的捕貂方法被记者报道后，引起了美国动物保护协会的抗议，并且信奉上帝的西方人无法接受，他们认为这是人类最为丑陋最为险恶的行为。

很多人认为，应该对那些惨无人道的猎人加以制裁，希望通过政府的力量，对该国的经济进行制裁，以惩罚那些捕貂者。

但是，当地人并不认为这有悖于人道。他们认为，这只不过是貂的习性，而这种捕貂的方法更是流行了上千年，他们的祖祖辈辈一直是这样捕貂的。

但严厉的谴责还是让那些捕貂者重新认识到了自己的行为，迫于舆论压力，当地开始制止这种"忘恩负义"的捕貂行为。

在经过十几年的禁猎后，这种捕貂行为被当地猎人所废弃，如果还有人采用这种捕貂方法，会被同行所不齿，并无法加入参加捕猎动物的猎人组织行动。

动物的善良让身为动物的灵长的我们相形见绌。邪念扭曲人的心灵，造成人类的心理贫穷。而心理贫穷的程度永远同邪恶成正比。所以，对于恶念，我们需要常常牵制。而在牵制恶念的时候，善念也便产生。

索耶放学的时候，他的父亲正在院子里干活，他气冲冲地回到家里，进门后便使劲地又咬牙又跺脚。看到索耶生气的样子，父亲就把他叫了过来。

索耶走到父亲身边，气呼呼地说："爸爸，我现在非常生气。帕特以后甭想再得意了。"

父亲一面干活，一面静静地听索耶说："帕特让我在朋友面前丢脸，我现在就希望他遇上几件倒霉的事情。"

索耶说完后父亲走到墙角，找到一袋木炭，对索耶说："儿子，你把前面挂在绳子上的那件白衬衫当作帕特，你用木炭去砸白衬衫，每砸中一块，就象征着帕特遇到一件倒霉的事情。我们看看你把木炭砸完了以后，会是什么样子。"

索耶觉得这个游戏很好玩，他拿起木炭就往衬衫上砸去。

父亲问索耶："你现在觉得怎么样？"

他说："累死我了，但我很开心，因为我扔中了好几块木炭，白衬衫上有几个黑印子了。"

父亲看到儿子没有明白他的用意，于是便让索耶去照照镜子：索耶在一面大镜子里看到自己满身都是黑炭，从脸上只能看到牙齿是白的。

父亲说："你看，白衬衫并没有变得特别脏，而你自己却成了一个'黑人'。你想在别人身上发生很多倒霉事情，结果最倒霉的事却落到自己身上了。有时候，我们的坏念头虽然在别人身上兑现了一部分，别人倒霉了，但是它们也同样在我们身上留下了难以消除的污迹。"

的确，很多时候，当自己倒霉的时候，人们往往不是想办法使自己走出不幸，而是希望自己的朋友比自己更倒霉，就像现在的某些女孩子没有办法减去自己身上的重量，就希望上天能够让她的伙伴们都胖起来一样，邪念是不可取的,因为这于人于己没有任何好处,而且产生邪念的时候受害最深的往往是自己。

善心,散发恒久的芬芳

休谟说:"人类生活的最幸福的心灵气质是品德善良。"一个心地善良,具有爱心和同情心的女孩,我们能嗅到她灵魂的芬芳。生活需要善良,社会需要善良,所以,我们要远离邪恶,拥抱善良。

两年前的除夕新年假期,杰佛瑞和安妮到一个小岛上,租了一间小屋。就在抵达后的第一天,安妮在小木屋外,刚坐下来想看一会儿书,忽然听到一声很微弱的"喵",声音像是在哭泣。安妮往矮树丛里看过去,一眼就看见了它——一只骨瘦如柴的黑色小野猫,皮包骨之外连毛都不太多。看起来它已经有好几个星期没东西吃了,恐惧和饥饿让它整个身子抖个不停。安妮知道只要一喂它,接下来的10天它就会跟定了他们。可是一想到它已经饿成那个样子,安妮于心不忍,转身进屋找了一个熟鱼罐头,放在它看得见的地方。

这只猫哼哼唧唧地叫了大约有20分钟,始终不敢走过来靠近罐头。安妮可以想象它还在害怕——它已经习惯被附近的游客吼叫追赶,所以不相信安妮竟然不会伤害它。安妮坐在地上,用很温柔的声音跟它说话,向它保证只要给她机会,她一定好好照顾它。

终于,小猫开始小心翼翼地往那罐熟鱼走过去,用最快的速度狼吞虎咽一阵之后,又飞蹿回矮树丛里。可是安妮知道它一定还会回来。事实上它的确回来了——就在当天的晚饭时间。当然,安妮也准备好了。安妮去附近的杂货店买来了一堆猫食,这回它只考虑了5分钟,便培养出足够的安全感,走过来开始享受它的晚餐。

安妮照顾这个黑色瘦小的朋友10天左右。白天,大多数时候它陪着他们在太阳底下散步。有几天晚上下起雨来,安妮听到它叫她,于是打开前廊的门,让它有个干爽的地方休息。每天早晨醒来,安妮都会迫不及待想去看它那躲在树丛后面偷偷窥视他们的小脸蛋儿。杰佛瑞不断地提醒安妮：我们走了以后，下一个房客很可能又会把它赶走，可是安妮就是不愿意去想这件事情。

假期结束，注定分手的一天终于到来。小猫咪看着他们收拾行李，在安妮的脚边跟进跟出，仿佛在说："请不要走。"安妮写了一张纸条给下一个住进这间小木屋的人，求他们继续喂这只猫，安妮还把没吃完的猫食都留给他们。可是就在他们收拾妥当，拎起行李走到大门前，小猫咪直挺挺地蹲坐在安妮的前面，用那绿色的眼睛直直地看着安妮，安妮忍不住哭了。"我抛弃了它，"安妮深深地责备自己，"我知道我不可能带它回美国，可是我给了它我的爱，现在又残忍地丢弃它……要是一开始我不让它尝到慈悲的滋味，对它可能比较好。"

突然间，安妮的脑子里有一个声音轻轻地对她说："是你让它有生以来第一次尝到了慈悲的滋味，它一辈子都会记得这个经验。在有生之年，它都会记得：曾经有人爱过它，爱永远不会白费。"

安妮永远不会有机会知道她的小黑猫下落如何，她希望有人会继续照顾它。然而安妮可以肯定的是——因为它，她在那次假期中，经历了许多宝贵的爱的品味。她的爱和慈悲，尽管非常短暂，但确实改变了它的命运，而它的爱也影响了她。

任何时候，我们都千万别低估了一个小小的善行。善行所能带给别人的作用，非同小可。

苏珊是个可爱的小女孩。可是，当她念一年级的时候，医生却发现她那小小的身体里面竟长了一个肿瘤，必须住院接受3个月的化学治疗。出院后，她显得更瘦小了，神情也不如往常那样活泼了。更可怕的是，原先她那一头美丽的金发，现在差不多都快掉光了。虽然她那蓬勃的生命力和渴望生活的信念足以与癌症——死神一争高低，她的聪明和好学也足以补上被拉下的功课，然而，每天顶着一颗光秃秃的脑袋到学校去上课，对于她这样一个六七岁的小女孩来说，却无疑是非常残酷的事情。

老师非常理解小苏珊的痛苦。在苏珊返校上课前,她热情而郑重地在班上宣布:"从下星期一开始,我们要学习认识各种各样的帽子。所有的同学都要戴着自己最喜欢的帽子到学校来,越新奇越好!"

　　星期一到了,离开学校3个月的苏珊第一次回到她所熟悉的教室,但是,她站在教室门口却迟迟没有进去,她担心,她犹豫,因为她戴了一顶帽子。

　　可是,使她感到意外的是,她的每一个同学都戴着帽子,和他们的五花八门的帽子比起来,她的那顶帽子显得那样普普通通,几乎没有引起任何人的注意。一下子,她觉得自己和别人没有什么两样了,没有什么东西可以妨碍她与伙伴们自如地见面了。她轻松地笑了,笑得那样甜,笑得那样美。

　　日子就这样一天天过去了。现在,苏珊常常忘了自己还戴着一顶帽子,而同学们呢?似乎也忘了。

　　每个人都应该在心中播种善良的种子,如此,日后方能绽放出绚烂的花朵。"善良即是历史中稀有的珍珠,善良的人便几乎优于伟大的人。"一个爱的字眼,有时能把人从痛苦的深渊中拯救出来,并且带给他们希望;一个微笑,有时能让人相信他还有活着的理由;一个关怀的举动,甚至可以救人一命。有不少人,他们曾经非常认真地考虑过结束自己的生命,而在电梯里有个陌生人跟他们打了个招呼,或接到一个朋友打来的电话说"我心里正念着你"之后,打消了自杀的念头。仅仅一个关爱的真实刹那,就足以改变一切。

　　一个性格内向的年轻人,在很短的时间内父母相继病逝,情场又十分失意,事业上也频遭挫折,不断受到小人排挤。他万念俱灰。一天,他来到一家商店,想买一把水果刀,准备杀掉所有与自己有隙的敌人之后自绝于世。

　　他要了好几把刀,反复试着刀锋,终于选定了一把。付过钱后,正待离开,售货员小姐忽然叫住了他,把刀要了回来。他冷冷地站在那里,困惑地看着她往刀锋上缠着纸巾，缠了一层又一层，缠好之后，她手握刀锋，将刀柄一方朝着他，把刀递到他的手里。

"你这是干什么？"他问。

"这样就不容易碰伤了人。"小姐笑道。

"其实你不用管那么多，只需要卖刀就行了。"

"这里卖出的刀是去削水果还是去沾鲜血，的确和我没有一点儿关系，"小姐依然笑道，"可是我希望所有的人都能生活得好一些。"

他拿起刀走出了商店，心里忽然十分温暖。原来这世界并不是他想象的那么无情，原来还可以有人不为任何利益地关心着他。虽然不多，但一点点也就足够珍贵了。

那天下午，他买了许多水果，细细地用那把刀享受着果汁的芬芳与甘甜。他边吃边流泪边想象着那个女孩的善意规劝。如果不是那个陌生女孩，他的命运恐怕就要改写，从此就会天壤之别。自此，这把刀成了他警戒自己的法宝。

原来一点点的善心善举，就有这么大的力量——足以改变一个人对世界的看法，改变一个人的命运，甚至是使人重获新生。

第二篇

情绪管理、压力应对

第一章
掌握情绪的转换器

随着社会的节奏明显加快、竞争日益激烈,很多人在盲目地追求灯红酒绿的生活时,都不经意地陷入了坏情绪的沼泽地,承受了坏情绪长期的折磨,以致痛苦不堪。我们要清扫坏情绪的垃圾,减轻自己精神的负担,这样才能从疲惫不堪中拯救自己,拥有健康和轻松的情绪,开心过好每一天。

第一节 平和让你浇灭心中的愤怒

生活中我们常会因为一些事情陷入愤怒之中,愤怒是人没有控制的冲动,具有很大的破坏力,同时对人的健康也有很强的杀伤力。人愤怒时,会失去正确的判断力,理解力也会降低,会容易做出一些无法挽回的错事。所以,赶快收敛你的愤怒,化戾气为祥和,这样,你才能让愤怒的火山在即将喷涌的那一刻熄灭,转化为一种平和的力量,在生命里盛开宁静的百合花。

"气"是杀人不见血的刀

世间万事,危害健康最甚者莫过于生气。

诸如:咆哮如雷的"怒气",暗自忧伤的"闷气",牢骚满腹的"怨气",有口难辩的"冤枉气"等。"气"乃一生之主宰,与人体健康关系甚密。若"心不爽,气不顺",必将破坏机体平衡,导致各部分器官功能紊乱,从而诱发各种疾病和灾难,所以《黄帝内经》就明确指出:"百病生于气"。

美国生理学家爱尔马为了研究心理状态对人体健康的影响，设计了一个很简单的实验：把一支玻璃试管插在装有冰水混合物的容器里，然后收集人们在不同情绪状态下的"气水"。研究发现：当一个人心平气和时，他呼吸时水是澄清透明无杂的；悲痛时水中有白色沉淀；悔恨时有蛋白质沉淀；生气时有紫色沉淀。爱尔马把人在生气时呼出的"生气水"注射到大白鼠身上，12分钟后，大白鼠竟死了。由此爱尔马分析认为："人生气时的生理反应十分强烈，分泌物比任何情绪时都复杂，都更具有毒性。因此动辄生气的人很难健康，更难长寿。"

震惊于实验结果的同时，我们更要清楚，我们每一个人，面对生活中的各种困惑、烦忧，都应该学会宽容、学会理解、学会忍让、避免生气，牢记"气大伤身"，用宁静的博爱的心态，对待世事是非，烦恼自会远离。哲人说：生气，就是拿别人的错来惩罚自己。

不错，何必为别人背沉重的包袱，何必为别人犯下的错误承担责任，其实，人只要肯换个想法，调整一下态度，或者移转一下视角，就能让自己有新的心境。只要我们肯稍作改变，就能抛开坏心情，迎接新的处境。

我们需要记住："生气，是一种毒药！"我们不能让自己的情绪只停留在问题的表面，我们必须学习"转念""少点怨，多点包容""多洒香水、少吐苦水"，让负面的思绪远离，而用乐观的正面思绪来迎接人生。

控制自己的愤怒的确是件非常不容易的事情，因为我们每个人的心中永远存在着理智与感情的斗争。如同所有的习惯一样，控制冲动也是一种必须经过训练才能得到的能力。要具备这种能力，有两个基本方法：第一，你必须不断地分析你的行动可能带来的长期后果；第二，你必须不屈不挠地按照符合你的最大利益的决定而行动。

有一名叫爱地巴的人，每次生气和人起争执的时候，就以很快的速度跑回家去，绕着自己的房子和土地跑三圈，然后坐在田地边喘气。

爱地巴工作非常勤劳努力，他的房子越来越大，土地也越来越广，但不管房、地有多大，只要与人争论生气，他还是会绕着房子和土地绕三圈。

爱地巴为何每次生气都绕着房子和土地绕三圈？

所有认识他的人，心里都起疑惑，但是不管怎么问他，爱地巴都不愿意说明。

直到有一天，爱地巴很老了，他的房、地也已经太广大，他生气，拄着拐杖艰难地绕着土地和房子，等他好不容易走完三圈，太阳都下山了，爱地巴独自坐在田边喘气。

他的孙子在身边恳求他："阿公，您已经年纪大，这附近地区的人也没有谁的土地比你更大，您不能再像从前，一生气就绕着土地跑啊！您可不可以告诉我这个秘密，为什么您一生气就要绕着土地跑三圈？"

爱地巴禁不起孙子恳求，终于说出隐藏在心中多年的秘密。

他说："年轻时，我一和人吵架、争论、生气，就绕着房地跑三圈，边跑边想，我的房子这么小，土地这么小，我哪有时间、哪有资格去跟人家生气，一想到这里，气就消了，于是就把所有时间用来努力工作。"孙子问道："阿公，你年纪老，又变成最富有的人，为什么还要绕着房地跑？"

爱地巴笑着说："我现在还是会生气，生气时绕着房地走三圈，边走边想，我的房子这么大，土地这么多，我又何必跟人计较？一想到这，气就消了。"

我们要学习爱地巴那种自我调整的方法，用平易温和的方式，使自己波动的情绪得到抚慰。因为我们都需要安抚，在我们闹情绪的时候，安抚自己的内心远比找其他的人发泄来得高明。

愤怒使你落入别人挖设的陷阱

人的情绪中有两大暴君，其中之一就是愤怒。它们与单枪匹马的理性抗衡，然而人的激情远胜于人的理性。不去生气的人是聪明的，一个人必须学会自我调控，否则就会落入别人挖设的陷阱。

1809年1月,拿破仑从西班牙战事中抽出身来匆忙赶回巴黎。他的间谍告诉他外交大臣塔里兰密谋造反。一抵达巴黎,他就立刻召集所有大臣开会。他便坐立不安,含沙射影地点明塔里兰的密谋,但塔里兰却没有丝毫反应,这时候,拿破仑无法控制自己的情绪,忽然逼近塔里兰说:"有些大臣希望我死掉!"但塔里兰依然不动声色,只是满脸疑惑地看着他,拿破仑终于忍无可忍了。

他对着塔里兰粗鲁喊道:"我赏赐你无数的财富,给你最高的荣誉,而你竟然如此伤害我,你这个忘恩负义的东西,你什么都不是,只不过是穿着丝袜的一只狗。"说完他转身离去了。其他大臣面面相觑,他们从来没有见过拿破仑如此失态。

塔里兰依然一副泰然自若的样子,他慢慢地站起来,转过身对其他大臣说:"真遗憾,各位绅士,如此伟大的人物竟然这样没礼貌。"

关于皇帝的失态和塔里兰的镇静自若的议论一样在人们中间传播开来,拿破仑的威望降低了。

伟大的皇帝在压力下失去冷静,人们开始感觉到他已经走下坡路了,如同塔里兰事后预言:"这是结束的开端。"

塔里兰激起了拿破仑的怒气,让他的情绪失控,这正是他的目的。人人都知道拿破仑是一个容易发怒的人,他已经失去了作为一个领导的权威,这种负面效果影响了人民对他的支持。面对大臣企图发动阴谋这样的事,焦躁和不安只能起到相反的作用,这说明他已经失去了主宰大局的绝对权力。

其实,在这种情况下,拿破仑如果采用不同的做法,那结果便会大相径庭。他首先应该思考:他们为什么会反对自己?他也可以私下探听,从手下的兵身上了解自己的缺陷,更可以试着争取他们回心转意支持他,或者甚至干脆除掉他们,所有这些策略中,最不应该的就是激烈地攻击和孩子气地愤怒。

愤怒起不到威吓效果,也不会鼓励忠诚,只会引发疑虑和不安,权力也因此摇摇欲坠，暴露出自己的弱点，这种狂风暴雨式的爆发，往往是崩溃的先声。

一个人的弱点总是在发脾气的过程中暴露出来的，它往往成为崩溃的前兆。谋略和战斗力也会在愤怒的情绪中消散，所以永远保持客观与冷静的态度至关重要。

拿破仑的教训告诉我们息怒的精髓在于：不要给对手准备的时间，先机是最重要的。谁抢得了先机，谁将最终取胜。应用这一策略采取的手段就是控制对手的情绪——虚荣、自尊、爱与恨成为影响他的因素。在愤怒的情况下，人很难控制自己的情绪。

愤怒容易让人失去理智，他们把一点小事看得像天一样的大，过于认真让他们夸张了自身受到的伤害。他们以为愤怒可以让自己在别人眼中更具有权力，其实不是这样的。他不仅不会被认为拥有权力，反而会被认为缺乏理智，难成大气候。怒气会让你失去别人对你的敬意，他们会认为你缺乏自制力而更加轻视你。

抑制自己的愤怒并不能从根本上解决问题。你的能量会在这个过程中消耗殆尽，你的心理也会严重受挫。要想解决这一问题，最好的办法就是时刻保持冷静和宽容。面对别人的愤怒不要多想，可能他的愤怒并不是针对你，让自己的心情轻松一些。

在三国时期一场重要的战役期间，曹操的谋士发现有几位将领通敌，于是建议把他们处决。但曹操什么也没做，他知道，在战争的关键时刻处决这些将领只能扰乱军心，对自己不利。与拿破仑相比，曹操更懂得保持镇静的重要性。

对待那些容易激动的人最有效的态度就是不理不问。面对别人的情绪圈套，你应该保持头脑冷静，才能够在权力的争夺过程中取得主动权。控制别人的方法关键在于如何把握。

如果愤怒的情绪已经产生，要做的不是控制和压抑，而是转变一个角度去思考，想想发怒的严重后果，这样你就能让自己冷静和宽容了。

不为小事愤怒

愤怒让人失去理智。做任何事情我们都需要思路的高度清晰，但总有一些不顺利的事情甚至让人无法接受的事情发生，这时候，愤怒会不期而至，而愤怒恰恰是冷静思考的天敌。

事实上，多数让我们产生急躁情绪进而发怒的事情只是一些不足挂齿的小事。

古时有一个妇人，特别喜欢为一些琐碎的小事生气。她也知道这样不好，便去求一位高僧为自己谈禅说道，开阔心胸。

高僧听了她的讲述，一言不发地把她领到一座禅房中，落锁而去。

妇人气得跺脚大骂。骂了许久，高僧也不理会。妇人又开始哀求，高僧仍置若罔闻。妇人终于沉默了。高僧来到门外，问她："你还生气吗？"

妇人说："我只为我自己生气，我怎么会到这地方来受这份罪。"

"连自己都不原谅的人怎么能心如止水？"高僧拂袖而去。过了一会儿，高僧又问她："还生气吗？"

"不生气了。"妇人说。

"为什么？"

"气也没有办法呀。"

"你的气并未消逝，还压在心里，爆发后将会更加剧烈。"高僧又离开了。

高僧第三次来到门前，妇人告诉他："我不生气了，因为不值得气。"

"还知道值不值得，可见心中还有衡量，还是有气根。"高僧笑道。

当高僧的身影迎着夕阳立在门外时，妇人问高僧："大师，什么是气？"

高僧将手中的茶水倾洒于地。妇人视之良久，顿悟，叩谢而去。

何苦要气？气便是别人吐出而你却接到口里的那种东西，你吞下便会反胃，你不看它时，它便会消散了。

夕阳如金，皎月如银，人生的幸福和快乐尚且享受不尽，哪里还有时间去气呢？

让我们以平和的心境来对待生活中繁杂的事情吧！小心别伤害了自己，只有健康才是生活的本钱。有了无法避免的怒气，学着适度地释放它，不要自我封闭，要学会适度宣泄，宣泄是一种排解负面情绪的有效方法。找朋友倾诉或是干脆痛快地哭一场。男人也可以哭，流泪不丢人。我们应宽解自己，少发脾气，快乐地过好每一天。

人常说："生气是拿别人的错误来惩罚自己。"在怒火中放纵，无异于燃烧自己有限的生命。人生苦短，值得我们用心去品尝的东西实在太多，耗费时间和精力去生气，可以算是真正的愚行。其实，人生多一点豁达，多一点宽容，多一点感悟，多一点理性，愤怒的情绪便会像高僧手中的那杯水，落地化为虚无。

怒气这样消解

"风平而后浪静，浪静而后水清，水清而后游鱼可数"，这就是怒气消解的至高境界。

制怒的智慧，首先来自于冷静。冷静提供了思考的空间，头脑一发热，思考的空间就少了，也就容易失去理智，意气用事，无端动怒，结果将人际关系带往不可追悔的地步。

在怒火中烧时，"逆向性思维"有助于我们冷静下来。一定要劝自己回头想想自己为什么与人发生冲突，是不是自己太冲动？这样，头脑就会较为冷静，较为理智，看问题就会比较乐观，从而避免做出过激的举动和后悔莫及的蠢事。

有个幽默故事，讲的是英国的约翰·哈尔丹教授与友人进行一场讨论，最后出现了可预见的转折。朋友叹口气说："再讨论下去也没有用。我知道你接着要说什么，你接着要干的事我也知道。"这位著名的科学家一听，一屁股坐到地板上，向后翻了两个跟头，才又坐回到椅子上。"对啊，"他微笑着说，"那就证明了你并非总是对的！"

你下次面对一个怒气冲冲且情势变得越来越严重的局面时，不妨试用一下"温和的回答"这个方法。控制住你的情绪，然后再心平气和地寻找解决问题的办法。这样做，你就能将你拥有的最重要的资源控制在你手里，而这资源便是你的心灵。通过练习，你就会发现，对于粗暴的言语温和地做出反应，其实是最好的防卫手段。

小兰和丁梅是一对形影不离的好朋友。她们几乎每天都会煲上半个小时的电话粥，一有时间就一起去逛街、看电影、溜冰、跳舞，可是这一切自从小兰交了男朋友以后似乎就变了。其实丁梅也理解小兰的生活变化，即使小兰有时答应和她一起出去却中途变卦，丁梅也并不以为然，毕竟自己已经不是她的生活重心了。可是，小兰一再不顾丁梅的感受，三番五次毫无诚意地许诺给丁梅各种各样的约会，最后却没有一次守约，事后还怪罪丁梅，说她不给她一点私人空间。丁梅当时非常愤怒，因为那些承诺并不是丁梅自己要求的，而是小兰主动提出的，那很可能是她在和男友吵架之后的一种宣泄，而一旦男友道歉，小兰又撇下丁梅，欢欢喜喜地去和男友约会。丁梅觉得自己被利用了，她很想发火。但冷静下来之后，她又觉得和小兰的友谊异常珍贵，发火只能导致裂痕。最后丁梅开诚布公地和小兰做了交谈，小兰向她道了歉，她们又和好如初了。

第二节 放松消融你的紧张

在某些事情上，紧张的情绪是有益的，这会使我们高度关注。但过于紧张就不好了，这会使简单的变成复杂，复杂的变得更加复杂。

的确，紧张伴随着新世纪成为一种流行的文明病。紧张过度，不仅会导致严重的精神疾病，还会使美好的人生走向阴暗。只有舒缓紧张情绪，放松自己的心灵之弦，才能在人生的道路上踏歌前进。

紧张情绪面面观

由于科学发展，交通工具日益发达，人们的生活水平也愈来愈高，人们也在平静的生活中过着超速的日子，许多忙碌的人因此不知不觉地损害了自己的身心健康，整个心灵都被日益繁重的学习或工作及生活撕碎！就一般人来说，整日坐于室内，活动量并不大，但是心灵却是分分秒秒高速地运转着，有些人甚至拖着疲惫的身体过着急速运转的生活。在此种情况下，一旦发生恶性疲乏，势将造成精神上的崩溃。因此我们必须降低走路的速度，否则，紧张的结果就是心灵的超负荷运转，最后致使不幸发生。

然而，生活中，仍有许多受紧张情绪困扰的人，让我们从不同的视角去关注一下紧张人群的遭遇。

一名银行的支行干部这样讲述自己的感受：

"我现在处于极端苦恼中。我在进行竞职演讲时，由于紧张，抽烟太多，因而演讲时嗓子干燥，不能说话。虽然竞职成功，但我内心也因此留下了阴影，以后每逢人多场合就讲不出话来，心跳加速，一句话也讲不出，全身冒汗，紧张到了极点。事后，我在人们面前非常自卑，总认为他们在嘲笑我，加剧了我对社交的恐惧，而我的工作性质又要求我在众人面前多讲话，我实在苦恼极了。我想过辞职。帮帮我，我现在该怎么办？"

银行干部的紧张在一些学生的身上就以另外一种方式展现。

何雨是家里的独生子。由于历史的原因，父亲个人的理想成了泡影，便将全部的期望寄托在何雨的身上。他在父亲的灌输下形成强烈的做出成就的意识与其一般的智能和责任心形成了巨大的反差。

高考前，黑板上每天变化的高考日期倒计时和随时变化着的同学们的考试成绩一览表，加上父亲那企盼的目光，给何雨造成了巨大的心理压力。他出现食欲下降、恶心、心慌、心悸、惶惶不可终日的连锁反应。

当高考如约而至的时候，何雨突然心中一阵慌乱，脑中一片空白。他压抑着紧张情绪，越压抑，心理越紧张，结果，他落榜了。面对这沉重的打击，他长时间不能从失望、痛苦、无助的情绪中解脱出来。

当他第二次面对高考时，他变得更紧张恐惧。由于紧张感达到了极点，他甚至想放弃第二次高考。在第一门考试时，考场出现了异常，在一时混乱的气氛中，何雨心中那巨大的紧张感突然消失了，第一门考试发挥了较好的水平，以下几门考试发挥得也还可以。他勉强考取了一所高等专科学校。

但事情远远没有终结。在他几年的大学学习中和走向社会后，只要面对考试，紧张不安的情绪便会出现。

视角转换，我们来到运动健儿驰骋的"沙场"，这里仍不乏紧张的情绪。

美国全国高等院校篮球锦标赛某场比赛还有几秒钟就要结束时，丹尼尔·马歇尔走到罚球线前。对垒的两队这时打成平手，马歇尔只要两罚进一，他的队就可以获胜。

平常练习，马歇尔投罚球几乎是百发百中的。这天晚上，他在全场观众注视下深吸了一口气，拍了几下球，然后定睛注视着篮圈——结果两罚俱失，他紧张得没有投中。延时续赛之后，马歇尔的队输了。

当时马歇尔由于过度紧张发生了运动术语中的所谓"怯场"，在紧张下失去了投篮的镇定。

形形色色的紧张，如影随形，有人说紧张是一种因某种强大压力所引起的、高度调动人体内部潜力以对付压力而出现的一种生理和心理上的应急变化。每个人在他的人生道路上都会遇到这种情况。一般来说，在重要的关键时刻，情绪的适度紧张不但不是坏事，而且还是必需的。

适度的紧张有益，但过度的紧张将会对人体产生抑制作用。

过度紧张，会使人动作失调，会使人行为紊乱，会降低效率。因为人们在过度的紧张情绪下，会使脑神经的兴奋和抑制过程失调，出现暂时性的不平衡。这时，人就会体验到一种难以自制的心慌、不安、激动和烦躁的情绪，从而出现一系列的行为紊乱、动作失调现象。

偶尔出现过度的紧张如能及时调整，不会对人造成大的危害，但持续的情绪紧张状态对人体特别有害。有人把持续的情绪紧张称之为体内的"定时炸弹"。因此，长期、高度的情绪紧张，对人体是十分有害的。

消除紧张，掌握人生的平衡

一块发条永远上得十足的表不会走得太久；一辆马力经常加到极限的车不会用得太久；一根绷得过紧的琴弦就易断；一个心情日夜紧张的人则易病。所以善用表的人永不把发条上得过足；善驶车的人永不把车开得过快；善操琴的人永不把琴弦绷得过紧；善养生的人永不使心情日夜紧张。

紧张是一种习惯，放松也是一种习惯。坏习惯可以改正，好习惯可以慢慢养成。

那么，你怎么放松自己呢？是从大脑开始，还是从神经开始？都不是，你应该从肌肉开始放松。为了说得具体一点，我们假定由眼睛开始，先把这一段文字读完，然后向后靠，闭上眼睛静静地对你的眼睛说："放松，放松，不皱眉头，不皱眉头，放松，放松……"你不停地慢慢地重复约一分钟……

著名小说家薇姬·鲍姆有过这样的经历，小时候，她摔跤伤了膝部和腕部，有个老人把她扶起，这老人当过马戏班的小丑，一面帮她掸掉身上的灰土，一面说："你之所以会受伤，是因为你不懂得怎样放松自己，你要把自己当成一只旧袜子一样松弛。过来，我教你怎么做。"

老人教薇姬和其他小孩子怎么跌倒，怎么前翻滚、后翻滚。他不停地叮咛："把自己想像成一只松垮垮的旧袜子，你就一定会松弛下来！"

人生需要消除紧张、就像一只松松的旧袜，有了些许的从容。下面介绍几种消除紧张情绪的妙计，希望对还在紧张的人们能够有所裨益。

（1）畅所欲言。当有什么事烦扰你的时候，应该说出来，不要存在心里。把你的烦恼向值得你信赖的、头脑冷静的人倾诉：你的父亲或母亲、丈夫或妻子、挚友、老师、学校辅导员等。

（2）暂时避开。当事情不顺利时，你暂时避开一下，去看看电影或一本书。或做做游戏，或去随便走走，改变环境，这一切能使你感到松弛。强迫自己"保持原来的情况，忍受下去"，无非是做自我惩罚。当你的情绪趋于平静，而且当你和其他相关的人均处于良好的状态可以解决问题时，你再回来着手解决你的问题。

（3）每天自省四五次，并且自问："我做事有没有讲求效率？有没有让肌肉做不必要的操劳？"这样会使你养成一种自我放松的习惯。

（4）每天晚上再做一次总的反省。想想看："我感觉有多累？如果我觉得累，那不是因为劳心的缘故，而是我工作的方法不对？"丹尼尔·乔塞林说过："我不以自己疲累的程度去衡量工作绩效，而用不累的程度去衡量。"他说，"一到晚上觉得特别累或容易发脾气，我就知道当天工作的质量不佳。"如果全世界的商人都懂得这个道理，那么，因过度紧张所引起的高血压死亡率就会在一夜之间下降，我们的精神病院和疗养院也不会人满为患了。

（5）改掉乱发脾气的习惯。当你感到想要骂某个人时，你应该尽量克制一会儿，把它拖到明天，同时用抑制下来的精力去做一些有意义的事情。例如做一些诸如园艺、清洁、木工等工作，或者是打一场球或散步，以平息自己的怒气。

（6）谦让。如果你觉得自己经常与人争吵，就要考虑自己是否过分主观或固执。要知道，这类争吵将对周围的亲人，特别对孩子的行为会带来不良的影响。你可以坚持自己正确的东西，静静地去做，给自己留有余地，因为你也可能是错误的。即使你是绝对正确的，你也可按照自己的方式稍做谦让。你这样做了以后通常会发觉别人也会这样做的。

（7）随时保持轻松，让身体像只旧袜子一样松弛。如果找不到袜子，猫也可以。你见过睡在阳光底下的猫吗？它全身软锦锦的，就像泡湿的报纸。懂得一点瑜伽术的人也说过，要想精通"松弛术"，就要学学懒猫。你肯定从未见过疲倦的猫，或精神崩溃，因无法入眠、忧虑、胃溃疡而大受折磨的猫。

（8）尽量在舒适的情况下工作。记住，身体的紧张会导致肩痛和精神疲劳。

学会放松

200年前，欧洲有一首民谣："我们背井离乡，为的是那小小的财富。"而现在，西方流行的观念是"过普通人的生活"。的确，拼命地工作挣钱，却没有时间和精力来享受安闲、舒适的生活，确是一件悲哀的事情。

在竞争越来越激烈、节奏越来越快、压力越来越大的现代社会中，要想生活得轻松自在一些，你应该放松生命的弦，减轻自己的压力，让金钱、地位、成就等追求让位于"普通人的生活"。

弗兰克是位生意人，赚了几百万美元，而且也存了相当多的钱。他在事业上虽然十分成功，但却一直未学会如何放松自己。他是位神经紧张的生意人，并且把他职业上的紧张气氛从办公室里带回了家里。

弗兰克下班回到家里在餐桌前坐下来，但心情十分烦躁不安，他心不在焉地敲敲桌面，差点被椅子绊倒。

这时候弗兰克的妻子走了进来，在餐桌前坐下。他打声招呼，一面用手敲桌面，直到一名仆人把晚餐端上来为止。他很快地把东西吞下，他的两只手就像两把铲子，不断把眼前的晚餐一一铲进嘴中。

吃完晚餐后，弗兰克立刻起身走进起居室去。起居室装饰得十分美丽，有一张长而漂亮的沙发，华丽的真皮椅子，地板铺着高级地毯，墙上挂着名画。他把自己投进一张椅子中，几乎在同一时刻中拿起一份报纸。他匆忙地翻了几页，急急瞄了一眼大字标题，然后，把报纸丢到地上，拿起一根雪茄，引燃后吸了两口，便把它放到烟灰缸里。

弗兰克不知道自己该怎么办。他突然跳了起来，走到电视机前，扭开电视机。等到影像出现时，又很不耐烦地把它关掉。他大步走到客厅的衣架前,抓起他的帽子和外衣,走到屋外散步去了。

弗兰克这样子已有好几百次了。他没有经济上的问题,他的家是室内装潢师的梦想,他拥有两部汽车,事事都有仆人服侍他——但他就是无法放松心情。不仅如此,他甚至忘掉了自己是谁。他为了争取成功与地位,已经付出他的全部时间,然而可悲的是,在赚钱的过程中,他迷失了自己。

我们从故事中可以看出弗兰克先生所有的症结就在于他的紧张情绪,他之所以烦乱地生活是因为他没有掌握放松自己的秘诀。

第二次世界大战时,丘吉尔有一次和蒙哥马利闲谈,蒙哥马利说:"我不喝酒,不抽烟,到晚上10点钟准时睡觉,所以我现在还是百分之百的健康。"丘吉尔却说:"我刚巧与你相反,我既抽烟,又喝酒,而且从来都没准时睡过觉,但我现在却是百分之二百的健康。"蒙哥马利感到很吃惊,像丘吉尔这样工作繁忙紧张的政治家,生活如果这样没有规律,哪里会有百分之二百的健康呢?

其实,这其中的秘密就在于丘吉尔能坚持经常放松自己,让心情轻松。即使在战事紧张的周末他还是照样去游泳,在选举战白热化的时候他还照样去垂钓,他刚一下台就去画画,工作再忙,他也不忘在那微皱起的嘴边叼一支雪茄放松心情。

富兰克林·费尔德说过:"成功与失败的分水岭可以用这么5个字来表达——我没有时间。"当你面对着沉重的工作任务感到精神与心情特别紧张和压抑的时候,不妨抽一点时间出去散心、休息,直至感到心情已经比较轻松后,再回到工作面前来,这时你会发现自己的工作效率特别高。

只要你能在这个动乱的世界中做到松弛神经,过得轻松愉快,你就是一个幸运者——你将会幸福无比。学会放松,也会让你拥有一个无悔的人生。

第三节 拒绝抱怨，化解不满

生活中有很多人喜欢抱怨，他们抱怨家人、抱怨朋友、抱怨上司、抱怨同事，仿佛只要与他有接触的事或人他都无一例外地抱怨。他们因为这些抱怨每天都在灰暗的心情下度过，其实这些抱怨不仅带给他们自身伤害，还会伤害他人。这样，在抱怨的天空下，每个人都不再轻松，所以，我们要把不满的情绪、抱怨的语言在心中化解，我们要明白生活不仅有苦难、残缺，还有幸福和美好。

不要让抱怨成为一种习惯

"不满"和"抱怨"是最流行的一种情绪，也是最容易被善于寻找借口的人利用的。

不少员工总是在想着"我应该得到什么"，抱怨公司或领导"没有给我什么"，却没有反躬自问："相对于希望从事的职业我还缺乏什么，可能要付出什么，做得够不够？"抱怨别人者总是把责任推到别人身上，看不到自己的错误和不足。抱怨成了不负责任和不够忠诚的借口。这样下去，他们在抱怨中会丧失许许多多的机会，落在别人的后面。

曾经有一位好发牢骚的员工愤然离开了好几个老板，抱怨老板的种种不是，3年后，当他在自己最喜欢的事业上被老板辞退的时候，他终于明白是自己一直欠缺必备的能力，而不是原先的老板没有赏识他。

抱怨似乎是一种很普遍的情况，它也很容易传染，而且让别人感染上此病后却浑然不知。人似乎天生就有一种抑强扶弱、劫富济贫的心态，对那些超越我们、管理我们的人天生有一种抵触情绪。很多人会不自觉地认为，富有之所以富有，是缘于对穷人的剥削。直到今天，这种财富的原罪始终没有从人们的头脑中消除。我们经常可以看到关于为富不仁的报道，内容不过是对老板如何奸诈的揭露，以示对"社会底层人士"的同情。

那些落魄的人的确值得同情，但是你想过没有，他们今天的落魄境况完全是由于社会或者其他人造成的吗？他们自己就没有责任吗？同样，当他们抱怨老板的时候，没想到自己也有责任吗？表面看，老板们拥有巨大的可自由支配的财富，但是他们能享受和消费的并不比我们多，相反，他们却付出了比普通人多得多的心力。从某种意义上说，他们是更值得我们同情的人——同情他们即使下班铃声响过很久也无法放下手上的工作；同情他们为了改变员工而付出的努力；同情他们忍受社会及员工不公正的评价和言论。那些指责老板的人并没有意识到，如果没有老板的辛勤努力，许多人的命运会更为悲惨。

长期的抱怨可能会导致一个人对企业失去忠诚，陷在一种无法自拔的低迷情绪中。因为抱怨，一个人可能会抵不住其他机会的诱惑，或者不能承受企业暂时的困境，所以消极对抗或者另谋出路。比如一个技术人员，刚到一个小工厂，在发展的初期，不可避免地会遇到战略不清晰、管理混乱、老板经常变换思路等特点，这时候他抱怨：你是请我来干事业的，不是来和你们变来变去的。他认为这样的企业和老板不值得为之效力，准备跳槽。其实那个抱怨的员工可能不明白，这是很多小工厂必须渡过的一道难关，而一个员工在这种时候不仅要做事，还要学会应对各种可能的突发事件，并且与老板共渡难关。

作为一名体贴的员工，你应该明白，经营和管理一家公司是一件复杂的工作，会面临种种烦琐的问题，来自客户、来自公司内部的巨大压力，都会给老板带来种种困扰。更何况老板也是普通人，有自己的喜怒哀乐，有自己的缺陷。站在对方的角度上思考问题是超越平庸的一大黄金定律。当你是一名雇员时，应该多考虑老板的难处，给老板多一些同情和理解；而当自己成为一名老板时，则需要多多考虑雇员的利益，多一些支持和鼓励。

很多情况下，老板需要的是员工提出建设性的好意见，而不是经常性的抱怨，如果员工这个时候从老板的角度为其着想，并且以老板能够接受的方式提出建议，老板应该是非常欢迎的。

如果一个员工有忠诚、敬业并且毫不抱怨的精神，就一定会被信任并委以重任，即使你受雇于他人，也同样能够成就自己的事业。

其实，反过来想想，当你为你的老板工作时，往往会认为老板太苛刻；而有朝一日自己成为老板时，你就会发现员工缺乏主动性。其实，什么都没有改变，改变的是你看待问题的角度。所以，有一点你必须要知道：抱怨于事无补，并且只会让事情变得更糟。那些喜欢终日抱怨的人，即使独立创业，也没有办法改变这种恶习，更不会获得成功。

如果你还有时间进行抱怨，那么你就有时间把工作做得更好；如果你已觉得抱怨无济于事，你就应该去寻找克服困难、改变环境的办法；如果你认为抱怨是一种坏习惯，你就应该化抱怨为抱负，变怨气为志气。

世界是美丽的，世界也是有缺陷的；人生是美丽的，人生也是有缺陷的；工作是美丽的，工作也是有缺陷的。因为美丽，才值得我们活一回，因为有缺陷，才需要我们弥补，需要我们有所作为。

一位伟人曾说："有所作为是生活中的最高境界。而抱怨则是无所作为，是逃避责任，是放弃义务，是自甘沉沦。"不论我们遭遇到的是什么境况，光是喋喋不休地抱怨不已，都注定于事无补，甚至把事情弄得更糟，而这绝不是我们的初衷。

没有任何抱怨，不仅是一种平和的心态，更是一种非凡的气度，一种超俗的境界。种下牡丹不会收获蒺藜，龙种不会生出跳蚤。工作不仅需要我们有一双睿智的双眼，也需要我们有一副矫健的身手，更需要我们有一颗热忱的心灵。时刻记住我们所做的一切都是为了我们自己，如此，我们就会以更高的标准来要求自己，以更宽的胸怀来对待别人，以更热的激情来对待工作。

抱怨的包袱有多重

生活中，常常听到有人抱怨活得太辛苦，压力太大，其实，这往往是因为我们还没有衡量清楚自己的能力、兴趣、经验之前，便给自己在人生各个路段设下了过高的目标，这个目标不是根据个人实际情况制定的，而是和他人比较制定的，所以每天为了完成目标，不得不背着抱怨的包袱去生活，忍受辛苦和疲惫的折磨。

有两个人在大海上漂泊，想找一块生存的地方。

他们首先到了一座无人的荒岛，岛上虫蛇遍地，处处都潜伏着危机，条件十分恶劣。

其中一个人说："我就在这儿了。这地方虽然现在差一点，但将来会是个好地方。"而另一个人不满意，于是他继续漂泊，后来他终于找到一座鲜花烂漫的小岛，岛上已有人家，他们是18世纪海盗的后裔，几代人努力把小岛建成了一座花园。他便留在这里做了小工，生活不好不坏。

过了很多很多年，一个偶然的机会，他经过那座他曾经放弃的荒岛，于是他决定去拜望老友。

岛上的一切使他怀疑走错了地方：高大的屋舍、整齐的田畴、健壮的青年、活泼的孩子……老友已因劳累、困顿而过早衰老，但精神仍然很好。尤其当说起变荒岛为乐园的经历时，更是神采奕奕。最后老友指着整个岛说："这一切都是我双手干出来。这是我的岛屿。"

那个曾经错过小岛的人此时不但没有愧疚，而且还抱怨说："为什么上天这么厚爱你，当时你要留我在这个岛上，也许会比现在更好。"

有些人常常抱怨命运不公，而却不看自己为理想都做了什么。其实，只要放平心态，你一样也能活得很好，就像下文中的森林之王。

有一天，素有森林之王之称的狮子，来到了天神面前："我很感谢你赐给我如此雄壮威武的体格，如此强大无比的力气，让我有足够的能力统治这整座森林。"

天神听了，微笑着问："但是这不是你今天来找我的目的吧！看起来你似乎为了某事而困扰呢！"

狮子轻轻吼了一声，说："天神真是了解我啊！我今天来的确是有事相求。因为尽管我的能力再好，但是每天鸡鸣的时候，我总是会被鸡鸣声给吓醒。神啊！祈求您，再赐给我一个力量，让我不再被鸡鸣声给吓醒吧！"

天神笑道："你去找大象吧，它会给你一个满意的答复的。"

狮子兴冲冲地跑到湖边找大象，还没见到大象，就听到大象跺脚所发出的"砰砰"响声。

狮子加速跑向大象，却看到大象正气呼呼地直跺脚。

狮子问大象："你干吗发这么大的脾气？"

大象拼命摇晃着大耳朵，吼着："有只讨厌的小蚊子，总想钻进我的耳朵里，害我都快痒死了。"

狮子离开了大象，心里暗自想着："原来体型这么巨大的大象，还会怕那么瘦小的蚊子，那我还有什么好抱怨呢？毕竟鸡鸣也不过一天一次，而蚊子却是无时无刻地骚扰着大象。这样想来，我可比它幸运多了。"

在人生的路上，无论我们走得多么顺利，但只要稍微遇上一些不顺的事，就会习惯性地抱怨老天亏待我们，进而祈求老天赐给我们更多的力量，帮助我们渡过难关。但实际上，老天是最公平的，就像它对狮子和大象一样，每个困境都有其存在的正面价值。

生活中有许多不快乐与抱怨。生活烦闷，感到人生不顺的时候，应该让自己明智一点，不要用"高标准"去为难自己，卸掉自己背负的沉重包袱，不再折磨自己。

抛开人生无谓的负担

生活中，有些东西可以改变，而有些东西则是改变不了的。就如同我们无法替换自己的父母，没法改变自己的出身，无法改变天生的缺陷。

既然真的无法改变，那么我们何不坦然接受呢？

庆波是位女教师，她对自己的脸孔感到很不满意，哪儿看起来都不顺眼，因此她决定去整容。医师仔细地望着她，认为她长得并不难看，问题就在于她把自己估计得太低。医师还是动手术稍微改善了她的五官，但只是动了一些小手术，比她所要求的要少很多。

庆波很不高兴，她一边打量着镜中的自己，一边埋怨道："你并没有对我的脸孔做太大的改变。"医师说："你的脸孔本来就只须稍作改变，唯一的问题是你使用脸孔的方式错了，你把它当作是一个面具，用来遮掩你的真实感觉。"

庆波伤心地低下头说："我已尽最大的能力了。"

医师理解地看着她，庆波沉默片刻，然后袒露了心声：每一天她到学校去时，都像戴着面具，表现出最好的一面，把所有的感情全部隐藏起来，只留下她认为"正确"的一部分。3年的教学生活，孩子们总是嘲笑她。

医师说："孩子们嘲笑你，是因为他们已看出你一直在演戏。身为一名教师，并不一定非要表现得十全十美，偶尔也可以表现得愚蠢一点，学生仍然会尊重你。拿掉你的面具，你会更喜欢你自己。"

离开诊所后，庆波心情好多了。几个月后，她再也不担心她的脸孔，也不再抱怨。

人生苦短，何苦要给自己戴上面具，力求表现完美。美不是伪装，而是真实的释放。摘下面具，也就抛开了无谓的负担，真实的人生，才是最美的人生。

维娜是个公司职员，她已经34岁了，过着平静、舒适的中产阶层的家庭生活。但是，她突然连遭四重厄运的打击：丈夫在一次事故中丧生，留下两个小孩；没过多久，一个女儿被烤面包的油脂烫伤了脸，医生告诉她孩子脸上的伤疤终生难消，她为此伤透了心；她在一家小商店找了份工作，可没过多久，这家商店就关门倒闭了；丈夫给她留下一份小额保险，但是她耽误了最后一次保费的续交期，因此保险公司拒绝支付保费。

碰到一连串不幸事件后，维娜近于绝望。她左思右想，为了自救，她决定再做一次努力，尽力拿到保险补偿。在此之前，她一直与保险公司的下级员工打交道。当她想面见经理时，一位多管闲事的接待员告诉她经理出去了。她站在办公室门口无所适从,就在这时,接待员离开了办公桌,机遇来了。她毫不犹豫地走进里面的办公室,结果,看见经理独自一人在那里。经理很有礼貌地问候了她。她受到了鼓励,沉着镇静地讲述了索赔时碰到的难题。经理派人取来她的档案,经过再三思索,决定应当以德为先,给予赔偿,虽然从法律上讲公司没有承担赔偿的义务。工作人员按照经理的决定为她办了赔偿手续。

之后,经理欣赏她的干练,又给她安排了很好的工作,并且爱上了她。

厄运真的不会长久延续下去。有位名人说过,"没有永久的幸运,也没有永久的不幸",这个例子足以印证这句名言。厄运虽然令人忧愁,令人不快,甚至给人不断地打击,但厄运的一个"致命弱点",就是它不会持久存在。

所以那些不断遭遇不幸,抱怨自己"倒霉透顶"的人,一定要坦然接受现实,然后相信,终有一天会雨过天晴,而且大雨过后天更蓝。

第四节 摆脱抑郁的束缚

抑郁被称为"心灵流感"。作为现代社会的一种普遍情绪,抑郁并没有引起人们足够的重视,然而较长时间的抑郁会让人悲观失望、心智丧失、精力衰竭、行动缓慢。患了抑郁症的人长期生活在阴影中无力自拔,只有积极调整自己的心态,才能走出抑郁的阴霾,重见灿烂的阳光。

抑郁是让你与世隔绝的墙

尽管我们希望我们的看法乐观一点,可事实却不能让我们乐观起来。虽然我们知道现代人的心理很脆弱,虽然我们知道厄运与打击可能使很多人走向心理异常,但后果比我们想象的要严重得多。

人在受到挫折的时候,往往产生沮丧的心理,但沮丧只是一时的情绪失落。抑郁则不同,虽然抑郁也是一种情绪。专家告诉我们,在我们的生活中，充满了大大小小的挫折和失败，常常我们最梦寐以求的东西，它再也不存在了；常常我们最心爱的人，再也不能回到我们身边。每当这些时刻来临的时候，我们都会体验到悲伤、痛苦，甚至绝望。通常，由这些明确现实事件引起的抑郁和悲伤，是正常的、短暂的，有的甚至有利于个体的成长。但是，有些人的抑郁症状并没有十分明确、合理的外部诱因；另外一些人，虽然在他们的生活中发生了一些负面生活事件，但是，他们的抑郁症状持续得很久，远远超过了一般人对这些事件的情绪反应，而且抑郁症状日趋恶化，严重地影响了工作、生活和学习。如果是这样，那么很可能他们患了抑郁症。

柴可夫斯基代表着19世纪末的作曲家，他是浪漫主义运动最后阶段的悲观主义者。

彼得·伊里奇·柴可夫斯基是个忧郁症患者和忧郁狂——不论他愿意不愿意承认——直到死前几个月，他还未能适应自己的天性。

有人说柴可夫斯基的音乐是痛苦的，而他的这些痛苦与他抑郁、痛苦的生命经历是有密切关系的。童年时的柴可夫斯基就表现出了忧郁、敏感、性格内向的特质，据他的家庭教师芳妮回忆说："他极其敏感，所以我必须小心地对待他，一点小事也会深深伤他的心。他像瓷器那样脆弱。对于他，根本不存在处罚的问题。对别的孩子来说根本不当回事的批评和责备，也会使他难过半天。"

青年时代起，他那敏感脆弱的性格，就深切地感觉到现实社会并不像他所希望的那样。他的怀疑主义和他那宿命论的思想，使他在落日的余晖里孤寂地去寻找对人生的妥协。音乐成了他蜗居斗室自我拯救的唯一生存方式。

在柴可夫斯基一生中，他的生活有种种不如意，种种波折让他抑郁不堪，而抑郁又让他更加走向痛苦。在柴可夫斯基一生中，几次精神崩溃时都想到了自杀。在令人厌烦的社交活动中，抑郁像鬼魂那般死死地与他纠缠。这种性格自然会表现在他的音乐创作上。他总能写出一些眼泪汪汪的调子和伤感情怀的旋律。这种又酸又苦的忧伤和哀愁，影响了他中后期的许多作品。然而，抑郁症在某种情形之下，会转化为与症状完全相反的狂躁症倾向。这种反差极大、两极摆动的精神断裂，间接造成柴可夫斯基音乐中的许多断裂。很多作品中的一些优美旋律，常常被粗暴地打断，接踵而来的往往是跌跌撞撞、迅疾跳跃的不稳定音型。过去的评论家只认为他不善于构造交响的逻辑大厦，只是听凭他的情绪系列的相互交替，而且把这种交替变成是一种性格上的对比。实际上，这并不是音乐结构的问题，而是音乐家的心理程序对作品程序的一种投射；是一种失去自我控制的断裂，而非局部和局部之间技巧性的衔接问题。尤其是在他晚年作品中，我们分明能感觉到那种响亮中的空虚，那种紧张中的惶恐，那种狂躁中的沮丧，那种虚假镇定中真正的绝望！

抑郁就好像透过一层黑色玻璃看一切事物。无论是考虑你自己，还是考虑世界或未来，任何事物看来都处于同样的阴郁而暗淡的光线之下。柴可夫斯基的抑郁人生和创作让我们不得不回想自己的过去，记忆中充满着一连串的失败、痛苦和亏损，而那些你曾经认为是成就或成功的事情，以及你的爱情和友谊，现在看来都一文不值了。你的回忆已经染上了抑郁的色彩。一旦戴上这副黑色的滤光镜，你就再也不能在其他的光线下观察任何事物。消极的思想与抑郁相伴：情绪低落导致消极的思想和回忆，反之，消极的思想和回忆又导致情绪低落，如此反复下去，形成一个持久而日益严重的抑郁恶性循环。

摆脱抑郁的困扰

抑郁是禁锢人心灵的枷锁，困扰人们不能在现实的世界中调适自我，只能渐渐退缩到他的小天地里来逃避抑郁。

心境低落是抑郁症的主要表现。抑郁症属于心理学的范畴，但不是单纯表现为心理问题，还可能诱发一些躯体上的相关症状，比如口干、便秘、恶心、憋气、出汗、性欲减退等，女性患者可能会出现闭经等症状。抑郁症的具体症状表现有：

常常不由自主地感到空虚，为一些小事感到苦闷、愁眉不展；觉得生活没有价值和意义，对周围的一切都失去兴趣，整天无精打采；非常懒散，不修边幅，随遇而安，不思进取；长时间地失眠，尤其以早醒为特征，醒后难以再次入睡；经常惴惴不安，莫名其妙地感到心慌；思维反应变得迟钝，遇事难以决断，行动也变得迟缓；敏感而多疑，总是怀疑自己有大病，虽然不断进行各种检查，但仍难排除其疑虑；经常感到头痛，记忆力下降，总是感觉自己什么也记不住；脾气古怪，常常因为他人一句不经意的话而生气，感觉周围的人都在和他作对；总是感到自卑，对自己所做的错事耿耿于怀，经常内疚自责，对未来没有自信；食欲不振，或者暴饮暴食，经常出现恶心、腹胀、腹泻或胃痛等状况，但是检查时又没有明显的症状；经常感到疲劳，精力不足，做事力不从心；变得冷酷无情，不愿意和他人交往，酷爱一个人的空间，甚至自己的父母都难以与其进行交流，害怕他人会伤害自己；对性生活失去兴趣，甚至会厌恶，觉得很恶心；常常有自杀的念头，认为自杀是一种解脱。

抑郁症的表现是多方面的，但归结起来，主要表现为心境低落、思维迟缓、意志减退的症状。

为了使我们的生活永远充满阳光，为了使我们有一个健康向上的心理，人们曾费尽心思地寻找着克服抑郁的药方。

有人说，哭泣可以使脑部引发悲伤的化学作用变缓和，哭泣有时的确可让人停止悲伤，但也可能是你继续执着于悲伤的理由。

温兹洛夫指出，最有效的是从事可振奋情绪的活动，观看让人振奋的运动比赛、看喜剧电影、阅读让人精神振奋的书。不过值得注意的是：有些活动本身就会让人沮丧，研究发现，长时间看电视通常会陷入情绪低潮。

科学家发现，有氧舞蹈是摆脱轻微抑郁或其他负面情绪的最佳方式之一。不过这也要看对象，效果最大的是平常不太运动的懒骨头。至于每天运动的人，效果最大的时期大概是他们刚开始养成运动习惯的时期。事实上，这种人的心态变化与一般人恰恰相反，不运动时反而心情容易陷入低潮。运动之所以能改变心情，是因为运动能改变与心情息息相关的生理状态。

善待自己或享受生活也是常见的抗抑郁药方，具体的方法包括泡热水澡、吃顿美食、听音乐等。送礼物给自己尤其是女性常用的方式，大采购或只是逛逛街也很普遍。经研究发现，女性利用吃东西治疗悲伤的比率是男性的3倍，男性诉诸饮酒的比率则是女性的5倍。

另一个提升心情的良方是助人，抑郁的人低沉不振的主因是不断想到自己及不快的事，设身处地同情别人的痛苦自可达到转移注意力的目的。经研究发现，担任义工是很好的方法。然而，这也是最少被采用的方法。

最后一种方式是从超凡的力量中寻求慰藉，有宗教信仰的人可借助祈祷改变任何情绪，尤其是抑郁。

第五节 化解恐惧的密码

天有不测风云，人有旦夕祸福。人生的道路是充满风雨和泥泞的路。在这条路上，有无数潜藏的危机，因此，生活中有许多人产生一种恐惧心理，害怕成了让人不能释怀的情结。而恐惧产生的结果多是自我伤害，它不仅让你丧失自信心或战斗力，还能使人被根本不存在的危险伤害。但与恐惧相反，勇气和镇定能使人变得强大，能减少或避免危害，所以，在面对危险的时候，一定要临危不乱，牢记勇者无惧的箴言，这样你才能从容面对生活并且走向成功。

恐惧是人生的敌人

恐惧是一种带有强迫性质的，不以人自身的意志和愿望为转移的情绪。

恐惧能摧残一个人的意志和生命。它能影响人的胃、伤害人的修养、减少人的生理与精神的活力，进而破坏人的身体健康。它能打破人的希望、消退人的志气，而使人的心力"衰弱"至不能创造或从事任何事业。

许多人简直对一切都怀着恐惧之心：他们怕风，怕受寒；他们吃东西时怕有毒，经营商业时怕赔钱；他们怕人言，怕舆论；他们怕困苦的时候到来，怕贫穷、怕失败、怕收获不佳、怕雷电、怕暴风……他们的生命，充满了怕，怕，怕！

恐惧能摧残人的创造精神，足以杀灭个性而使人的精神机能趋于衰弱。大事业不是在恐惧的心情下可做成的。一旦心怀恐惧、不祥的预感，则做什么事都不可能有效率。恐惧代表着、指示着人的无能与胆怯。这个恶魔，从古到今，都是人类最可怕的敌人，是人类文明事业的破坏者。

最坏的一种恐惧，就是常常预感着某种不祥之事的来临。这种不祥的预感，会笼罩着一个人的生命，像云雾笼罩着爆发之前的火山一样。

有一些人对一些本来并不感到可怕的事情却产生一种紧张恐怖的情绪体验。他们自己也能意识到这种恐惧是完全不必要的，甚至能意识到这是不正常的表现，却不能控制自己，即使尽了很大努力也依然无法摆脱和消除，因而感到极为不安。例如，有的人因偶然一次化学实验中试管发生爆炸，就再也不敢进实验室；有的学生因某次上体育课摔伤过，以后只要上体育课就恐惧；也有的人对人际交往恐惧。一位学生曾经这样描述他学习上的恐惧："有一次老师叫我回答问题，我却一个字也说不出，但在老师的心目中，我应是个好学生。老师一次次叫我回答，我每次都没有满意的答案。我惭愧了，我沉默了，我的心在流血，在呼喊，在怒吼。我的眼前是茫然、茫然、茫然……不敢看老师的眼睛，我的心在急速地跳动，我害怕、我紧张，我害怕老师的提问，我害怕再让老师失望。我的心已不仅仅在课堂上跳动，它每时每刻都在急剧地跳动，它像一个恶魔，每当上课或是要专注去做某件事情时，它就会出来妨碍我，折磨我。我觉得自己被一个怪物控制着，将永远听命于它，永远屈服于它。"

恐惧是人生命情感中难解的症结之一。面对自然界和人类社会，生命的进程从来都不是一帆风顺、平安无事的，总会遭到各种各样意想不到的挫折、失败和痛苦。当一个人预料将会有某种不良后果产生或受到威胁时,就会产生这种不愉快情绪,并为此紧张不安,忧虑、烦恼、担心、恐惧,程度从轻微的忧虑一直到惊慌失措。现实生活中每个人都可能经历某种困难或危险的处境,从而体验不同程度的焦虑。恐惧作为一种生命情感的痛苦体验,是一种心理折磨。人们往往并不为已经到来的或正在经历的事感到惧怕,而是对结果的预感产生恐慌,人们生怕无助、生怕排斥、生怕孤独、生怕伤害、生怕死亡的突然降临;同时人们也生怕失官、生怕失职、生怕失恋、生怕失亲、生怕声誉的瞬息失落。

马克·富莱顿说:"人的内心隐藏有任何一点恐惧,都会使他受魔鬼的利用。"美国著名作家、诺贝尔文学奖获得者福克纳说:"世界上最懦弱的事情就是害怕,应该忘了恐惧感,而把全部身心放在属于人类情感的真理上。"爱因斯坦说:"人只有献身社会,才能找出那实际上是短暂而有风险的生命的意义。"

循着哲人们的脚步,聆听他们的智慧的声音,我们还有什么可以恐惧的理由?

恐惧是无知的影子

恐惧是大脑的一种非正常状态,它是由于人本身的经历的扭曲或伤害引起的。它产生的原因已经为大部分人所遗忘。我们不希望承认自己恐惧,这种恐惧感被我们沉埋在心底,犹如一个毒瘤。可以这样说,它对于患者来说并不致死,却常常可笑。

有的学者说:"愚笨和不安定产生恐惧,知识和保障却拒绝恐惧。"有的学者进一步指出:"知识完全的时候,所有恐惧,将统统消失。"古罗马箴言说:"恐惧所以能统治亿万众生,只是因为人们看见大地寰宇,有无数他们不懂其原因的现象。"中国宋朝理学家程颢、程颐认为:"人多恐惧之心,乃是烛理不明。"亚里士多德说得更明确:"我们不恐惧那些我们相信不会降临在我们头上的东西,也不恐惧那些我们相信不会给我们招致那些事的人，在我们觉得他们还不会危害我们的时候，是不会害怕的。因此，恐惧的意义是：恐惧是由那些相信某事物已降临到他们身上的人感觉到的，恐惧是因特殊的人，以特殊的方式，并在特殊的时间条件下产生的。"显然，恐惧产生于惧怕，但惧怕的形成源于无知，源于对已经历或未经历的事的不认识。

无论作为个人还是作为社会，恐惧都是我们今天面对的最大的挑战之一。恐惧既使我们无法充分地展示自我，同时又阻碍着我们爱自己和爱他人。没来由的、荒谬可笑的恐惧会把我们囚禁在无形的监牢里。然而，恐惧有时也可以为我们所用。某些恐惧对于自我保护乃是必要的。对危险的本能的直觉可以提高我们的警惕，帮助我们调动一切手段来使我们免受伤害。在危险的环境中，倘若我们丧失了警惕，我们就可能闯进"连天使也害怕涉足的境地"。

随着先进的通讯技术把世界各地发生的事件送进每个家庭，我们就能了解到其他地区的文明，于是，我们对不可知物的恐惧与无知的阴影就会逐渐消失。在《文科教育》一书中，托马斯·亨利·赫胥黎曾谈到这一点，他说："世界有如棋盘，棋子是宇宙间的各种现象，比赛的规则就是我们所谓的大自然法则。对弈的另一方是我们没法见到的。我们只知道他的法则总是公道的、光明正大的和耐心的。但通过我们所付出的代价，我们还知道，他绝对不会宽容我们的错误，或对我们的无知做丝毫的让步。"

夏天的傍晚，有个人独自坐在自家后院，与后院相毗邻的是一片宁静的森林。这人的目的，就是要在接近大自然的环境中放松放松，享受一下黄昏时分的宁静。随着天色渐渐暗下来，他注意到，树林里的风越刮越大了。于是他开始担心，这样的好天气是否还能保持下去。接着，他又听到树林深处传来一些陌生的声音。他甚至猜想，可能有吃人的动物正向他走来。

不大一会儿，这个人满脑子都是这种消极的想法，结果变得越来越紧张。这个人越是让怀疑和恐惧的念头进入他的头脑，他就离享受宁静夏夜的目标越远。这个人的体验很好地验证了布赖恩·亚当斯的生活法则："恐惧是无知的影子，若抱有怀疑和恐惧的心理，势必导致失败。"

很多时候，恐惧其实并不能伤害我们。在忐忑不安的心绪的支配下，一种自然而然的焦虑就会在我们的心中积聚起来，转化为恐惧和惊慌失措。在这种情况下，我们就不能充分地享受生活了。面对可能蒙受的耻辱，我们就会退缩和自暴自弃，不去做创造性的贡献；由于害怕遭到拒绝，我们就不敢去努力争取我们真心想得到的东西；由于害怕失败，我们会拒绝承担责任；由于害怕与他人不一致，我们就可能放弃我们自身的个性。因而，区分有助于我们的恐惧和妨碍或伤害我们的恐惧，是十分必要的。

我们也许听说过这句老话："你不知道的东西不会伤害你。"其实完全不是这么回事。无知并不是福气，相反，它往往会引起恐惧和混乱。

勇气帮你跨越恐惧的障碍

恐惧消耗人们的精力，损害和破坏人们的创造力。心存恐惧的人是无法充分发挥其应有才能的，他只会使自己无法做到最好。如果处境困难，他就会束手无策，焦虑不安。

勇气是一切时代伟大奇迹的创造者。无论你需要什么，首先要把它置于勇气之中。不要问怎么办、为什么或什么时候，而一定要全力以赴，一定要有勇气。

在美国19世纪50年代，有一天，黑人家里的一个10岁的小女孩被母亲派到磨坊里向种植园主索要50美分。

园主放下自己的工作，看着那黑人小女孩敬而远之地站在那里求着什么，便问道："你有什么事情吗？"黑人小女孩没有移动脚步，怯怯地回答说："我妈妈说想要50美分。"

园主用一种可怕的声音和斥责的脸色回答说："我绝不给你！你快滚回家去吧，不然我用锁锁住你。"说完继续做自己的工作。

过了一会儿，他抬头看到黑人小女孩仍然站在那儿不走，便掀起一块桶板向她挥舞道:"如果你再不滚开的话,我就用这桶板教训你。好吧,趁现在我还……"话未说完,那黑人小女孩突然像箭镞一样冲到他前面,毫无恐惧地扬起脸来,用尽全身气力向他大喊:"我妈妈需要50美分!"

慢慢地,园主将桶板放了下来,手伸向口袋里摸出50美分给了那黑人小女孩。她一把抓过钱去,便像小鹿一样推门跑了。留下园主目瞪口呆地站在那儿回顾这奇怪的经历——一个黑人小女孩竟然毫无恐惧地面对自己,并且镇住了自己,在这之前,整个种植园里的黑人们似乎还从未敢想过哩。

"跟生活的粗暴打交道,碰钉子,受侮辱,自己也不得不狠下心来斗争,这是好事,使人生气勃勃的好事",正是勇气的支撑,使身体单薄的小女孩选择了抗争,"应当惊恐的时候,是在不幸还能弥补之时;在它们不能完全弥补时,就应以勇气面对它们"。

在著名女作家乔治·艾略特的生活之中,人们终于知道了她为什么没有与赫伯特·斯宾塞结婚。那不是她的错,因为她非常爱他,非常想与他结婚。他们有很多共同之处,他也追求她很多年,很多人都以为他们将要结婚。

有一天,斯宾塞用抛硬币来决定是否结婚,如果是正面就结婚,如果是反面就不结婚。结果硬币是反面,他决定不结婚。这个决定虽然称不上残酷,但是却有点草率。当然,这也深深地伤害了艾略特,因为她深深地爱着他,也期待着他的爱。她很痛苦。

在心碎数月之后。她写信给一位朋友说:"我很好,很'勇敢',我本来想把这个词换成'快乐'的。"当然,她也是幸运的,如果她自己有所察觉的话。斯宾塞冷酷、抽象而又易怒。如果他们结婚,她所受到的痛苦可能更大,更不用说斯宾塞常年有病了。

实际上,这可以称得上是一种幸运的解脱方式。斯宾塞的个性僵硬,很多人认为他的哲学也是僵硬的。毕竟,离她而去的是一个居然会用抛硬币来决定自己终身大事的家伙。这样的行为,如果不是出于自私,他的心理肯定有问题。由于斯宾塞一生未婚，可以说，对于其他女性来说，这也是幸运的。

当我们知道"勇气"可以代替"快乐"时，我们是幸运的，只是因为它揭示了生活中的一个事实。虽然我们失去了一些东西，但是，我们同时也有所得。快乐是不可捉摸的，在我们的面前忽隐忽现。当我们追寻它时，它却不在那里，我们必须费尽心思去寻找它，它是非常害羞和狡猾的。

一个成年人的大部分时间都是不快乐的，但是，即便我们没有运气，我们却可以有勇气。幸运也是变幻无常的，它会赋予一个人名声，赋予另一个人财富，并且可以毫无理由。但是，勇气却是一个稳定而又可以依靠的朋友，只要我们信任它。

有句古老的谚语说："生来就拥有财富还不如生来就有好运。"这句话说得也许正确，但是，如果生来就拥有勇气则会更好。财富可能会挥霍一空，好运可能会掉头而去，而勇气则会常伴你左右。

正像乔治·艾略特面对失恋的痛苦一样，伟大的胸怀，应该表现出这样的气概——用笑脸来迎接悲惨的厄运，用百倍的勇气来应付一切的不幸。勇气在哪里，成功就在哪里；勇气在哪里，生命就在哪里。在勇气的天空下，我们才能美丽地活着……

第二章
压力揭秘

你跟着前面的汽车赶去上班,3小时后到达公司,却得知自己被解雇了;在回家的公共汽车上,你的钱包又被偷了。这时,你会觉得有压力。当你开始热爱生活,实现晋升梦想的时候,感觉如何呢?患花粉症,搬进新居,领养宠物狗的时候感觉又如何呢?大学毕业,开始新的健身计划,大嚼巧克力曲奇饼的时候,是否也有压力呢?当然有!

第一节 压力揭秘

什么是压力

小小的巧克力曲奇饼会带来什么压力呢?如果你每天吃两块,作为正常饮食的组成部分,那就没有压力。如果你一个月不吃甜食,然后吃了一整条双层的巧克力软糖,那就有问题了。你的身体适应不了这么多糖分,这就产生了压力。虽然没有变卖汽车或移居西伯利亚那么严重,但还是有压力。

根据"纽约州居民压力协会"的调查报告,43%的成年人遭受着压力对健康的负面影响,向基础保健医师咨询的人群中,75%~90%的问题都是因为与压力相关的疾病而引发的失调。

同样,任何反常事情的发生都会对身体造成压力。有些压力的感觉不错,甚至非常好。没有丝毫压力的生活必将无聊至极。事实上,压力并非坏事,但也并非总是好事。如果压力发生得过于频繁或者持续时间太长,就会引发严重的健康问题。

然而，压力并非都是反常的事物。压力也能隐藏在你的生活深处。如果你无法忍受中层管理的工作，却又害怕自己创业，也不敢放弃定期的薪水收入，因此，不得不每天上班；如果你与家人的沟通出现严重的问题，或者生活在没有安全感的环境中……遇到这些情况，你会有什么感受呢？也许一切都很正常，可你就是不开心。即使你适应了生活中的某些事情，比如水槽中的脏盘子、对你袖手旁观的家人、每天12小时的办公室工作，你仍然会感到压力。你甚至可能在事情进展顺利的时候感到巨大的压力。也许别人对你很好，你却疑心重重；也许你对过于干净的屋子反而觉得不舒服；你太习惯于困难，反而不知道如何调整。总而言之，压力是一种奇怪而且高度个人化的现象。

除非生活在没有电视机的山洞里（其实这不失为消除生活压力的好方法），否则，你肯定能从媒体、工作休息室、报纸、杂志等处听到或看到有关压力的报道。大多数人对普遍意义上的压力和自己的个人压力都有一个预想的观念。那么，压力对你来说意味着什么呢？

（1）不适；

（2）疼痛；

（3）担心；

（4）焦虑；

（5）兴奋；

（6）害怕；

（7）不确定。

这些情绪使人感到有压力，同时这也是由压力造成的。那么，压力本身是什么呢？压力的含义如此宽泛，又有如此多种的压力以如此多的方式影响如此多的人，以至于压力已经无法定义。一个人的压力可能是另一个人的愉悦。那么，压力到底是什么呢？

压力有很多形式，有些明显，有些剧烈，有些是阶段性的，有些则持续不断。从现在开始，我们将进一步分析各种压力以及压力对你的影响。

当生活改变时：急性压力

急性压力是最显著的压力形式，如果你能联系上这件事情，就很容易鉴别：

急性压力＝变化

是的，这就是全部：变化即生活中出现你不熟悉的事物，包括饮食的变化、锻炼习惯的变化、工作的变化、周围人群的变化，无论失去旧友还是结交新友。

换句话说，急性压力是身体平衡的扰乱因素。你的生理、心理、情绪，甚至体内的化学反应已经适应了事物的某种状态。你的生物钟调好了特定的睡眠时间，你的体能也在特定的时间达到顶峰或跌入低谷，你的血糖也随着每天特定时间的进餐而变化。沿着这条路走下去，在日常习惯和"正常"生活的庇护之下，你的身体和精神将会时刻知道接下来会发生什么。

以下情况都将对你的情绪和身体造成压力：严重的疾病（你的疾病或爱人的疾病）、离异、破产、超负荷的工作负担、升职、失业、婚姻、大学毕业、彩票中奖。

无论是物理变化（比如感冒病毒、扭伤的脚踝），还是化学变化（比如药物治疗的副作用、产后的激素波动），或是情绪变化（比如婚姻、孩子的独立、配偶的死亡），只要我们目前的状况发生改变，平衡就会被打破，生活也会变化。我们的身体和情绪被迫离开了预期的轨道，变化之后就是压力。

人类的习惯意识非常强烈，因此，急性压力对身体和情绪的影响非常之大。即使最随性、最厌恶计划的人也有自己的习惯，而习惯并非只是享受早晨的咖啡或者睡在钟爱的床上。习惯包括物理因素、化学因素，以及情绪因素对身体造成的细微、复杂、相互交叉的影响。

假设你每周工作5天，6点起床，就着咖啡吞下面包，然后挤上拥挤的地铁。每年2周的假期中，你每天睡到11点，享受丰盛的早午餐。这也是压力，因为你改变了以往的生活习惯。

你或许感觉不错，从某种意义上说，假期确实能缓解长期以来的睡眠不足问题。但是，如果突然改变睡眠时间和饮食结构，你的生物钟和血液循环必须做出相应的调整。当你刚刚调整好时，又不得不回到6点起床、享用面包和咖啡的老路上来。

这不是说不应该休假。你当然不能避免所有的变化，没有变化，生活也就没有乐趣。人们渴求也需要一定程度的变化，变化使生活更刺激，更值得留念，在一定范围内，变化就是趣味。

不易拿捏的是：在产生负面影响之前，你能承受多少变化？完全因人而异。一定的压力是好的，太多了就会损害健康、稳定和平衡。没有任何公式可以计算出每个人的承压范畴，你所能承受的急性压力可能和你的朋友或家人所能承受的完全不同（虽然低程度的压力容忍力是可遗传的）。

工作太累、睡得太晚、吃得太多（或者太少）或者时刻担心不已，这些不仅会给你带来情绪上的压力，还会造成身体压力。很多医学专家认为，压力会引发心脏病和癌症，还会提高事故发生的可能性。

当生活成为过山车的时候：阶段性压力

阶段性压力就像很多急性压力，或者说很多生活变化，在一段时期内同时发生。遭受阶段性压力的人都有某些悲痛的经历，他们常常过于劳累，显得紧张、急躁、愤怒和焦虑。

如果你经历过一个星期、一个月或者一年的连续不断的个人灾祸，你或许就知道什么是阶段性压力的痛苦了。

先是炉子坏了，接着是支票被银行退票，然后又因为超速驾驶而被罚款，现在，所有亲戚打算在你家里逗留4个星期，你的小姨驾着你的车冲进了车库，最后是你自己得了流感。对有些人来说，阶段性压力就像是拟定的程序，他们已经十分适应；对另一些人而言，这种压力状态非常明显。

和急性压力一样，阶段性压力也有积极的一面。从狂热的追求，到盛大的婚礼，巴厘岛的蜜月，然后和爱人一起搬进新居，一年之内发生这么多事情，其间的压力可想而知。愉快，那是肯定的；浪漫，也毋庸置疑，甚至还有些惊心动魄。但这就是阶段性压力正面影响的典范，虽然压力程度并未减轻。

有时，阶段性压力会以更微妙的形式出现，比如"担心"。在压力和变化出现之前，甚至不太可能出现的情况下，担心就能将其制造出来。过度的担心与焦虑有关。即使担心没有持续如此长的时间，也会对身体技能造成损伤，而且通常都是没有理由的。

担心不能解决问题，往往只是在杞人忧天。担心使你陷入生活平衡遭到破坏的遐想中，而现实中根本没有发生过这些变化。

你是个自寻烦恼的人吗？以下哪些描述符合你的情况？

（1）你发现自己在担心那些极不可能发生的事情，比如遭遇惨祸、患上没有理由让你相信自己可能患上的疾病。

（2）经常失眠，担心失去爱侣之后自己该怎么办或者爱侣失去你之后该怎么办。

（3）深夜躺在床上的时候，因为放不下狂乱的担心而无法入睡。

（4）听到电话铃声或收到邮件的时候，立刻想到自己即将面对的坏消息。

（5）你总想被迫去控制别人的行为，因为担心他们无法照顾自己。

（6）只要是有可能对你或你周围的人造成伤害的事情，即使危险出现的概率微乎其微，你都过于谨慎，不愿参与（比如驾车、乘坐飞机、参观大城市）。

即使只有一项特征符合你的情况，你也有过度担心的可能。如果具有大多数或者全部的特征，担心对你就有非常严重的负面影响了。担心和由此产生的焦虑能够引发生理、意识和情绪上的各种症状，比如心悸、口干、呼吸困难、肌肉疼痛、倦怠、恐惧、惊慌、抑郁等。总而言之，担心会产生压力。

就像很多别的我们觉得不受自己控制的行为一样，压力在很大程度上是一种习惯。那么，怎样停止担心呢？重新训练你的大脑！下次担心的时候，让自己动起来。当你跟随健身录像进行锻炼或者跑过公园呼吸新鲜空气的时候，能量将被消耗，你就无暇顾及担心了。

当生活变质时：慢性压力

慢性压力和急性压力的差别很大，尽管两者的长期影响相差无几。慢性压力与变化无关，而是长期持续的对身体、情绪和精神的压力。比如，某人常年生活贫苦，这就是慢性压力。患有关节炎、偏头痛等慢性疾病的人也是慢性压力的影响对象。不健全的家庭生活以及让你憎恶的工作环境是慢性压力的引发因素。根深蒂固的自我仇恨和较低的自尊也是慢性压力的来源。

有些人的慢性压力很明显。他们生活在可怕的环境中，必须忍受恐怖的虐待；或者在监狱中，在战火纷飞的国家；或者是生活在种族歧视严重的国家或地区的少数民族。

有些慢性压力没有这么明显。轻视工作，觉得永远无法达成梦想的人处在慢性压力之下，被破裂的感情纠缠不休的人也是如此。

有时，慢性压力是急性压力或阶段性压力的结果。某些急性病可能发展成为慢性疼痛。慢性压力的问题在于人们逐渐适应了压力，往往无法识别和摆脱这种状况。他们认为生活本来就是痛苦和压力重重的。

任何形式的压力都会引发生理、情绪、感情以及精神上的螺旋式损伤，包括疾病、抑郁、焦虑、崩溃等症状。压力过大是很危险的，不仅会磨灭生活中的乐趣，还可能置人于死地，比如心脏病突发、暴力攻击、自杀、中风，还有某些研究中提到的癌症。

《时代杂志》2001年1月的某篇文章称，习惯于久坐的40岁的女性开始每周4次的30分钟快走运动之后，心脏病突发的概率将会降到和坚持终身锻炼的妇女同样的水平。因此，任何时候开始关爱自己都不会太晚。

人类压力的根源

为什么有压力？关键是什么？压力是内部过程和外部过程复杂的交互作用，诱因却十分简单：生存本能。

生活充满了刺激。有些我们喜欢，有些却不喜欢。但是，我们的身体经过几百万年的进化之后，早已学会了如何生存，如何以特定的方式应对那些极端的刺激。我们已经发展到某个阶段，当你突然发现自己处于危险境地的时候，比如站在飞驰的汽车前面，在悬崖上失去平衡就快坠落了，老板站在身后却骂他（她）是老顽固，你的身体将以某种方式做出反应，使你得到最好的保护？你可能飞速跑开；你可能把自己拉到安全的地方；你的脑子可能转得飞快，让自己巧妙地摆脱困境。

无论是在热带草原被饥饿的狮子追赶，还是在停车场被喋喋不休的汽车销售员纠缠，你的身体都将其视为警报，分泌肾上腺素、皮质醇等压力激素，注入血液。肾上腺素产生的结果就是科学家所谓的"打或逃"反应。

这会使你获得额外的动力和能量。只要觉得自己能够赢，你就会转过身来和狮子搏斗（和汽车销售员理论或许更现实）；否则，你就要跑得比马还快（对汽车销售员同样有效）。

肾上腺素能够提高心率和呼吸频率，将血液直接送到关键器官，产生更好更快的肌肉反应和思维能力。肾上腺素还能加快血液凝固，抑制血液向皮肤和消化系统的流动。皮质醇在体内的流动可以在压力存在的时候维持压力反应的进行。

即使在穴居时代，人们也不是整天或连续几周被饥饿的狮子追赶。这种极端的物理反应不会时刻发生。但是，压力反应在紧急情况或别的极端状况下，包括在挚友的婚礼上念祝词等欢快场面，确实很有帮助。压力反应使你更快速地思考，更准确地应对，更显机智和幽默，或者说个恰到好处的笑话，让观众沉醉于你的出色表现。

如果在一切正常的情况下，生活却显得充满压力，最可能的原因就是睡眠不足。即使血清素循环没有紊乱到使你无法入睡的地步，很多人也会看电视到很晚。大多数人确实需要7~8小时的睡眠时间才能恢复精力，沉着处理日常的压力问题。

但是，如果每天都分泌定量的肾上腺素和皮质醇，最后一定会疲惫不堪。你将感到疲倦、周身疼痛、精神涣散、记忆力衰退、沮丧、易怒、失眠，甚至发生暴力事件。你的身体将会失衡，因为我们不是生来就能一直面对压力的。

然而，现在的生活节奏如此之快，科技让我们能在瞬间做完大量的事情。每个人都怀念过去，压力就此产生。过多的压力抵消了科技带来的成效：在你没有能量和动力的时候，任何工作都无法完成，你也将变得疾病缠身。

人人都有压力

那么，谁受到这些压力的影响呢？你？你的配偶？你的父母？你的祖父母？你的孩子？你的朋友？你的对手？旁边工作室的家伙？电梯里的女人？公司的CEO？邮件收发室的职员？

是的。几乎每个人都经历过不同种类的压力，很多人每天都承受着慢性压力或者持续的规律性的压力。有些人将压力处理得很好，即使面对极端的压力也镇定自若；有些人在别人看来微不足道的压力之下也会全线崩溃。差别在哪里呢？

有些人可能学过控制情感过程的技能，可是很多研究者认为，人们具有遗传的压力忍耐力。有些人能够承受巨大的压力，仍然精神奕奕，其实，他们必须在压力之下才能发挥出最佳水平；而有些人则需要低的压力环境才能有效地工作。

无论如何，我们都时不时地遇到压力。现在，越来越多的人始终处在压力之中。由此造成的影响也超出了个人层面。根据"纽约州居民压力协会"的报告：

（1）平均每个工作日，估计有100万人因为与压力有关的疾病而缺勤。

（2）将近一半的美国工人感到精疲力竭，或者因为严重的压力无法正常工作。

（3）工作压力给美国工业界带来的损失每年高达3000亿美元，主要问题是缺勤、生产力耗损、员工离职、直接的医疗、法律和保险费用。

（4）60%~80%的工伤事故与压力有关。

（5）曾经罕见的工人压力赔偿金现在已经很普遍了。仅仅加利福尼亚一个州的员工就支付了10亿美元的与工人压力赔偿金相关的医疗和法律费用。

（6）九成的工作压力诉讼能够获胜，其平均费用是伤害诉讼的4倍多。

压力已经成为很多人的一种生活方式，但是，这并不意味着我们应该对压力坐视不理，任其损伤我们的身体、情绪和精神。虽然你不能对别人的压力做些什么（除非你是导致压力的原因），你却可以控制自己生活中的压力（也是不让自己给别人造成压力的好办法）。

慢性压力能让我们的身体得出处于平衡状态的错误结论。有些事情已经成为日常生活的组成部分，你也认为自己的身体已经适应了这些事情，比如长时间工作、吃垃圾食品、睡眠不足等，然而，无法满足身体需求而导致的压力最终会让你受到惩罚的。

你何时感到压力

压力的形式很多，以致任何时候都有产生压力的可能。生活发生巨变时的压力非常明显，比如乔迁、失去爱人、结婚、跳槽或者经历财务状况、饮食、锻炼习惯、健康状态等的巨大变化。

但是，你也可能因为患轻度感冒、和朋友争执、节食、学习体操、太晚回家、酗酒，甚至由于讨厌的暴风雪，不得不和不用上学的孩子困在家里一整天等事情感到压力。记住，压力通常都是日常生活发生改变而引发的，或者由生活的不快乐所导致。如果是后者，你的整个人生将会是漫长的压力历程。你现在就需要压力应对！

美国人不注意关爱自己，这往往导致身体压力的产生。将近5000万的美国人吸烟，60%以上的人肥胖或超重，1/4的人完全不锻炼。根据乔治亚州亚特兰大疾病控制中心的调查结果，从1999年到现在，成年人的糖尿病发病率已经上升约40%。

第二节 个人压力剖析图

你或许已经尝试过压力应对技巧。可是，你所学的技巧可能并不是为你量身定做的；或者你并未找到适合自己独特生活的压力应对技术。你的性格、面对的压力种类以及处理压力的方法，都是影响压力应对成功与否的重要因素。那么，你应该选择哪种技术呢？首先，必须建立你的个人压力剖析图。

压力面面观

压力本身是一个非常简单的概念：身体对特定程度刺激的反应。但是，压力对你的影响可能与对你朋友的影响完全不同。你的身体会释放肾上腺素和皮质醇应对压力，然而，你的压力可能来自苛求的上司，来自10个难以监督的下属，或者来自不可能达到的最后期限。你朋友的压力可能来自留在家里需要照顾的4个孩子，来自紧张的经济预算。有人或许承受着慢性骨关节炎带来的压力，也有人可能被漫长无期的情感问题纠缠不休。

随意涂鸦！当你被某事困扰，或者急需某种合乎逻辑的解决方法时，就让你的左脑休息片刻，开动你的右脑。涂鸦可以激发创造性思维，使疲劳的大脑获得平衡。你的创造力很快就会找到你苦苦寻求的解决办法。

对于不同的人，"压力"有着千差万别的意义。因此，任何人实施有效的压力应对方案之前，都必须分析自己的个人压力剖析图。只有识别了你在生活中经历的特殊应激物，与你的个性相联系的压力倾向，以及你处理压力的独有方式，才能设计真正适合你的压力应对组合。

比如，本来就被错综复杂的人际关系搞得精疲力竭的人，增加社交活动的方法就没有意义了。相反，那些因为缺乏支持而感到压力的人或许就能从社交活动中获益。有些人通过冥想可以获得深度镇静，有些人却深受折磨。有些人觉得自信训练能够释放压力，真正自信的人却学着把工作留给别人，让自己清闲无事。

你可以把个人压力剖析图看成业务策划书。你就是业务，没有达到最高效能的业务。你的个人压力剖析图就是整项业务的概况，以及阻碍业绩提升的所有因素的具体性质。有了个人压力剖析图，你就能有效设计自己的压力应对组合。不知不觉中，你就已经进入顺利、高效、富有成果（快乐自然不在话下）的轨道。

2~3杯咖啡将使你摄入400毫克左右的咖啡因。这种化学物质会促使身体释放肾上腺素，加剧压力对人体的影响。

那么，你该怎样控制生活中纷繁复杂的压力呢？又该如何一一应对呢？你可以从本部分提供的各项测试中获取关键信息，在此基础之上编制自己的个人压力剖析图。

你的个人压力剖析图由4部分构成：

（1）你的抗压临界点。

（2）你的压力触发因素。

（3）你的压力弱势因素。

（4）你的压力反应倾向。

一旦知道自己能够承受多少压力，哪些事情会引起压力（即使不会对朋友、配偶、兄弟姐妹引起压力），自己的压力弱势在哪里，以及倾向于如何应对压力，你就能建立自己的个人压力应对组合。这就是业务计划。

找到问题之后,就能制定战略。你可以订立计划,通过压力应对来改善生活。

抗压临界点

注意,这里说的是控制压力,不是消除压力,因为消除所有压力是不现实的。在这之前已经提过,有些压力对你是有益的:可以为你补充体能,可以让生活更有趣、更刺激。我们不是都需要一定程度的压力吗?我们厌倦了无聊的日常工作,盼望一次令人兴奋的假期。我们渴望彼此相爱的感觉、结识新朋友的兴奋、晋升的挑战、学习新知识、参观新地方,及在陌生的新城市或镇上不熟悉的地方迷路(很短的时间)时迸发出的火花。

换言之,过度的压力会造成伤害,适度的压力却有益健康。因此,消除生活中的全部压力是没有道理的。适当的压力很有益处,只要不是周而复始,永无宁日。最后,大多数人会选择平衡,或许是例行公事,或许是较早的上床时间,或许是在家用餐。

可能你已经注意到,有些人在持续的变化、刺激和压力之下,仍然能够保持旺盛的精力。想想到处奔波的新闻记者和网络管理员,想想那些能够把平凡生活写成伟大剧作的人。另外一些人却更喜欢高度规范甚至形式化的生活方式。比如那些从未离开家乡又能知足自乐的人。当然,大多数人处在两个极端之间。我们喜欢旅行,希望偶尔经历一些刺激的事情,然后回到家里,恢复以往的常态(常态就是平衡,我们最佳的生活状态)。

无论你是哪种类型的人,让你反应迅速、思维敏捷、产生兴奋感的体内变化只能持续到某一点。超过这一点之后,压力就从积极转为消极。虽然每个人情况有所不同,大体上说,压力也会给你带来良好的感觉,还能改善你的绩效表现,直到某个特定的转折点:你的抗压临界点。如果压力到达这一点后继续增长,你的绩效就会下降,对身体造成的影响也会从正面变成负面。

根据加州大学洛杉矶分校高等教育研究所的最新报告,30%以上的大学生有"频繁的不知所措"的感觉，与1985年相比，上升了16%。

压力触发、弱势因素和反应倾向

如何到达转折点因人而异。每个人的生活都有各自的特点，充满着不同的压力触发因素。有人遭遇了一场车祸，有人即将参加大学入学考试，两者的压力触发因素完全不同，但承受的压力或许所差无几，这取决于车祸的严重性和入学考试的重要性。当然，两个人的抗压临界点可能不同，对应试者而言的高度压力，对车祸受害者来说或许只是中等程度的压力。然而，两者的抗压临界点可能都高过那个一周之内经历3次偏头痛的病人。

换言之，你的压力触发因素就是引起压力的事物，而抗压临界点则决定了你能够承受多少压力，以及达到怎样的程度之前压力所保持的积极作用。总而言之，你的压力触发因素组合是与众不同的。

压力弱势因素使得整个系统更加复杂。有些人能够承受较多的压力（家庭问题除外），有些人可以忽视批评指责或别的个人压力形式（工作问题除外），有些人可以接受朋友和同事的所有指责。

由于个性、阅历、遗传等因素的不同，每个人面对特定的压力形式（不受别的压力影响）时，都会表现出独特的弱势和敏感度。

压力弱势因素决定了生活中的哪些事件会对你造成压力，哪些事件不会使你感到压力（即使会给别人带来很大的压力）。

压力反应倾向，也就是你作为个人将对压力做出的反应，它进一步增加了整个体系的复杂性。遇到困难的时候，你会借助食物和烟酒发泄情绪呢，还是会蒙头大睡，或者向朋友倾吐苦衷呢？也许你会找朋友倾诉，或者进行放松练习和冥想。也许你对自己的弱势因素采取某种应对方法，对那些容易处理的压力又采取另外的方法。

通过压力认知，有意识地追踪压力触发因素，以个性化的方式控制压力，尝试各种压力应对技术并找出适合自己的方法，建立并应用个人压力剖析图，这样，无论是消耗体能还是侵蚀脑力的压力，你都能妥善处理。

让我们从你自身开始，识别你生活中的应激物，以及你对此的反应倾向。以下测试将揭示生活压力的每个细节。基于这个测试，你也能建立自己的个人压力剖析图。

经常超越抗压临界点会造成以下后果：

（1）不良的绩效表现。

（2）注意力不集中。

（3）焦虑或抑郁导致的身体虚弱。

（4）功能薄弱的免疫系统。

（5）疾病。

个人压力测试

现在，不要为测试感到有压力，这是不计分的。把它当成了解生活和个人倾向的机会。慢慢做，不用着急！同时记住，你的回答和整个压力剖析可能随着时间而改变。在今年、这个月、这个星期还是非常沉重的压力，到了明年、下个月、下个星期或许就变得轻松不少。到那时，你可以再做一次测试，看看压力应对的实施效果。至于现在，就你目前的状况回答以下问题。

第一部分：你的抗压临界点

在最适合你目前状况的答案上画圈：

1.以下哪句话最能描述你平时的生活状况？

 A.令人舒心的规律。我每天起床、用餐、工作、娱乐的时间基本相同。我喜欢这种有序的生活

 B.令人愤怒的规律。我每天起床、用餐、工作、娱乐的时间基本相同。枯燥的重复简直要我的命

 C.基本规律，却无次序。大部分日子，我会遵循起床、用餐、工作、娱乐的套路，但我从不关心做这些事情的具体时间，如果有什么新鲜事发生，那就太棒了！我一定会看个究竟

D.极不规律，压力沉重。每天都有事情扰乱我的计划。我渴望规律的生活，可我的努力总是没有结果

2. 饮食或锻炼不规律的时候，将会发生什么？

A.我会伤风、感冒、过敏、浮肿、疲倦，还会出现其他提示我的良好习惯将被打破的信号

B.我并不关注饮食和锻炼，但是大部分时间感觉良好

C.饮食？锻炼？如果我有足够的时间和精力把这些事情安排到日程表里的话，我也许会尝试

D.我很激动，而且兴致高昂。我喜欢打破常规，我想让自己进入不同的状态

3. 如果被某人批评，或者被某个权威人物指责，你会有怎样的感受？

A.我会惊慌、失望、焦虑、抑郁，好像发生了某件不受我控制的可怕事情

B.我会生气，产生报复心理。我会被所有可以或应该的应对方式所困扰。我会精心设计报复计划，即使我并不打算付诸实施

C.我会感到气愤和伤痛，但不会持续太久。我的重点将是如何避免此类情况的再次发生

D.我觉得被大家误解了。我知道自己是正确的，却又无能为力，这就是天才的代价

4. 无论什么原因（音乐会、演讲、演示、讲座），你正在为在众人面前的表演做准备，你此时的感受是什么？

A.我觉得想呕吐

B.我觉得很刺激，有点颤抖和紧张，精力充沛

C.我会避免这种情况，因为我不喜欢在众人面前表演

D.我觉得表现自我的机会到了，跃跃欲试

5. 处在人群中间的时候，你有何感受？

A.高兴

B.惊慌

C.我觉得会有麻烦出现。为什么不报火警呢

D.暂时觉得没事，然后就准备回家

第二部分：你的压力触发因素

在最适合你目前状况的答案上画圈。如果没有一项符合你的情况（比如，你对自己的工作和生活十分满意，没有感到任何压力），请不要做任何记号：

6.关于住所，你觉得哪些问题最有压力？

A.我觉得城市污染/室内过敏原会带来压力

B.我觉得和家人的频繁争吵会带来压力

C.我觉得睡眠不足会带来压力。我的起居环境（新生婴儿、吵闹的室友）根本不让我获得必需的睡眠时间

D.我觉得家人的突然变化会带来压力，比如突然的消失（搬走、去世）和出现（搬来、新生婴儿）

7.你应该改变哪些习惯？

A.我不应该长时间地待在室内，而要经常呼吸新鲜空气

B.我不应该总是压抑自己

C.我不应该吸烟、喝酒、暴饮暴食

D.我不应该太在乎别人对我的看法

8.哪些事情可以改善你的生活？

A.离开城市，离开乡村，离开小镇，离开郊区，离开这个国家

B.认清自我

C.更健康，精力更充沛

D.更多的权力、更高的声望、更多的金钱

9.你真正害怕的是什么？

A.我害怕节日，节日的喜庆气氛使我沮丧

B.我害怕失败

C.我害怕生病和疼痛

D.我害怕在很多人面前讲话

10. 你对自己的生活和事业有何感受？

A.我觉得如果换个完全不同的工作环境，我会更开心

B.我觉得很失望。我不能充分施展个人技能

C.我觉得压力很大。由于各种轻微的病痛，我已经用完了所有的病假

D.我觉得被迫遵循同事的工作方式和上级对我的期望，即使感觉不舒服也无能为力

放松。这或许能挽救你的健康！根据马里兰大学医药中心在美国心脏病协会2000年的年会上披露的研究报告，患有心脏病的人出现笑容的可能性比没有心血管疾病的人低40%。

第三部分：你的压力弱势因素

在最适合你目前状况的答案上画圈：

11. 你将怎样描述自己？

A.我很外向，和别人接触的时候就会精神奕奕

B.我很内向，独处的时候精力旺盛

C.我是个工作狂

D.我喜欢照顾他人

12. 什么使你感到紧张？

A.我想到财务状况时会感到紧张

B.我想到家庭问题时会感到紧张

C.我想到爱人的安全问题时会感到紧张

D.我想到别人对我的看法时会感到紧张

13. 当生活的大部分受你控制的时候，你会在哪些方面突然失控？

A.吃太多东西，喝太多酒，花太多钱

B.异常担心

C.不断地打扫或整理房间

D.总是闭不上嘴！不断地惹恼甚至侵犯他人

14. 你怎样描述自己的工作情况？

A.我很有动力，踌躇满志

B.我在混日子。工作很无聊，却难以完成

C.我很满意，也为工作以外的生活感到高兴

D.我非常不满。只要有机会尝试，我可以把事情做得更好

15. 你在人际关系方面的能力如何？

A.我总是受人控制

B.我是个跟随者

C.我总是在追寻自己没有的东西

D.我有些离群

不作为人为干预的态度可以大大降低你的压力水平。任其自然或者忽视事件的重要性在某些情况下或许显得冷酷无情，但是，这种完全放开的态度往往能够抵御失控的感觉。如果不能控制，就任其自生自灭；如果不能改变，就接受原来的样子。

第四部分：你的压力反应倾向

遇到以下情况时，你最可能采取哪种行动，圈出相应的答案：

16. 如果生活十分繁忙，又有很多社会责任和社会工作，每天都在为日程表中的事情到处奔走，遇到这种情况，你会怎么做？

A.我会觉得手足无措、焦躁不安，失去控制能力

B.我会增加体重

C.我会精心设计详细的运作系统，保持生活的各个方面井然有序，我会坚持几个星期，直到最终放弃

D.我会削减现在的任务，同时拒绝新的任务

17. 如果醒来时发现自己感冒了（喉咙痛、流鼻涕、四肢发冷、周身酸

痛），你会怎么办？

　　A.我会请病假，休息一天，享用蜂蜜茶

　　B.我会吃些感冒药，正常上班，装出没有生病的样子

　　C.我会去体操馆，参加跆拳道班，在踏车上跑几千米，好好出身汗

　　D.我有这么多事情要做，怎么可以感冒呢！我会担心生活中很多事情都会因为我的生病而变得混乱不堪

18. 你将怎样处理人际关系问题？

　　A.我会装作没有任何问题

　　B.我会要求讨论这个问题，而且立即讨论

　　C.我会感到沮丧，认为是自己的错，弄不明白自己为什么总会破坏人际关系

　　D.我会花些时间思考自己应该说些什么，怎样说才不会有责备的语气。然后和对方讨论具体的问题。如果没有效果，我至少能对自己说：我试过了

19. 如果上司告诉你某个客户对你不满，然后叫你不要为此事担心，但要多加注意在客户面前的言行，遇到这种情况，你会有何感受？

　　A.我会觉得自己被严重侵犯，连续数天被猜测客户和实施报复的思绪所困扰，还会因为他（她）让我在老板面前难堪而耿耿于怀

　　B.我觉得无关紧要，有些人就是过于敏感

　　C.如果冒犯了某人，我会觉得很惊讶，更会对整件事情如何发生的迷惑不解。然后我会异常礼貌地对待别人，甚至迎合他们，但我的自信心必定深受打击

　　D.我会觉得受到伤害，或者有点生气，但会听从上司的劝诫，不再担心此事。之后，我会更加注意与客户的言谈

20. 如果第二天早上有一次大型考试或演讲，结果非常重要，睡觉之前你会有何感受？

　　A.我会有点紧张，又非常兴奋，因为我已经准备充分。我将美美地

睡上一觉，使自己处于最佳状态

  B.我会很紧张，甚至会呕吐。我需要烟酒和饼干让自己镇静下来，尽管这些通常都没什么效果。我会睡得很不安稳

  C.即使已经牢牢记住，我还会熬夜检查笔记，总觉得多看几遍不会有坏处

  D.想着考试或演讲会让我紧张，我就故意装出若无其事的样子，尽量不去想它

就这些！你完成了。现在，按照下面的规则统计各个部分的得分。

第一部分：抗压临界点分析

在下面的表格中圈出你的答案，找出答案出现频率最高的纵列：

	略低	略高	太低	太高
1	A	C	B	D
2	A	B	D	C
3	C	D	B	A
4	C	B	D	A
5	D	A	C	B

抗压临界点表示你能够承受多少压力。如果你的答案在多个类别均匀分布，说明你在某些方面可以承受很多压力，在别的方面只能承受少量压力。或者说你生活的某些部分压力太大，其他部分压力适中甚至太低。以下就是抗压临界点揭示的内容：

（1）如果你的大部分答案集中在略低纵列，说明你不能承受太多压力，你也知道这个事实，能够有效采取限制压力的各种措施。当你为自己设计的安逸规范进行顺利，而且没有太多意外发生的时候，你将会表现得最好，也会最开心。你可以在短期内面对压力环境，但是每次休假之后，无论假期多么完美，你总会期盼着回家，总会回到自己的轨道上，遵循每天（早晨开始工作，晚上一边吃饭一边看新闻）、每周（每个星期五和挚友在咖啡店约会）、每年（永远不变的感恩节菜单、情人节聚会和系统的春季大扫除）的计划。

你已经有了适合自己的规范,如果某事超出了规范,你就会感到压力。认识到自己较低的抗压临界点,你就有很多保持生活低调和有序的工具可以运用。

或许你很轻易就能拒绝生活中多余的事情;或许你可以在假期的周末去度假,却整个寒假都待在家里,因为这就是传统。

当生活发生巨变,或者失控的环境扰乱了你的日常计划,你必须掌握一定的技能来处理这些情况,这就是现在需要培养的技能。如果你或某个家庭成员生病了,如果你被迫换工作或搬到另一个城市,如果你踏进校园或从学校毕业……无论你喜欢与否,变化总是不可避免的。面对长期或永久性的变化,你的日常规范必须足够灵活,才能适应新的环境,这种调整可能是暂时的,也可能是永久的。对于短期变化,你或许只要临时搁置钟爱的日常规范就行。

当你感觉即将崩溃的时候,压力应对技术可以帮助你进行适当的调整,使你更有效地处理各种变化。

(2)如果你的大部分答案集中在略高纵列,说明你能够承受相当高的压力,你还是喜欢多些刺激的生活。没有太多日常规范的时候,你的表现会更好,也会更开心。你或许逍遥自在惯了,喜欢观赏下一个生活弯道即将发生的变化。严格的规律会使你无聊至极。当然,在生活的某些方面,你也喜欢传统和礼节性的东西。你或许有喝早茶的习惯,关注报纸金融版的同时,还兴味盎然地看卡通漫画。也许今天在厨房喝,明天在院子里享受,后天却为了多睡45分钟不得不把早茶带到地铁上。

你或许不会按时用餐和锻炼,而这正是你所喜欢的状态。你已经有意或无意地设计了能够让自己开心和兴奋的生活方式。你喜欢有趣味的事情,因而抗拒规范,并且允许足够的压力进入生活,使你保持高效运作。在混乱喧哗的活动中,你的效率有时可能会下降,但是,只要有压力能让你开心,你仍能集中精力。

多少压力能让你满意,必定有一个最高点。你的最高点也许比别的人高。也许你比朋友更能承受压力。然而，即使是你，也存在某一最高点，超过之后，压力就会太多，你的情绪、身体和精神也会遭受损伤。

当然，不是所有的变化都能令人愉快。你能够成功掌握的压力应对技巧恰恰能帮助你应对那些令人讨厌却又难以逃避的变化，比如疾病、伤痛、爱人的去世等。即使你不会一直想着这些事情，你也会发现自己很难集中精神。冥想和其他类似的技巧可以带来外表和内心的平静，让你学会自律和放慢速度（无论喜欢与否，任何人都有需要放慢速度的时候）。学习如何规范自己的生活也能让你获益。虽然你没有选择这种方式，但是，当你生病了，有了小孩，或者和抗压临界点较低的人一起生活，学会规范必定大有裨益。你已经相当灵活，学习各种压力应对技巧（不只是那些你现在感兴趣的技巧）将使你更灵活、更自律、更能妥善处理各种各样的情况。

当你思想负担过重的时候，可以亲手做些事情。很多人能够从烤面包、绘画、园艺、修理家具、做木工等活动中获得解脱。做事能够让你思想集中，当你制作鸟笼或装饰生日蛋糕的时候，大脑就没有多余的空间去担心别的事情。

（3）如果你的大部分答案集中在太低纵列，说明你的抗压临界点很高，现在承受的压力远远低于这一点，也可能是你的抗压临界点相对较低，但是你目前的状况仍然处在该点之下。既然你还没找到最佳的压力水平，任何人都无法给出确定的答案。总之，必须增加刺激，你才能达到最理想、最开心的状态。

或许你的生活高度规范，使你无法忍受。你渴望刺激、变化，渴望任何东西，即使挪动起居室的家具也能在死寂中激起少许波澜。

没有达到抗压临界点会使你沮丧、愤怒、充满敌意和抑郁。你没有发挥出潜能，但是你可以采取行动！害怕换工作吗？准备充足的储蓄，然后做一次大冒险。学习一项新技能，加入一个新组织，为生活添加自己感兴趣的社交活动。如果觉得婚姻缺乏情调，千万不要正面冲撞，找个咨询专家，请他帮你为感情加料。你总是待在家里照管一切吗？学习上网吧，你会发现计算机以外的精彩世界。打电话问候一下老朋友，也可以画画，或者写你心中的那本小说。

无论你是否相信，压力应对技巧会给你带来帮助。其实，缺乏足够的压力达到抗压临界点也是压力的表现形式之一。让有趣而积极的变化来满足你的需求，让压力应对技巧帮你摆脱沮丧、敌意和抑郁。压力应对本身就是充满刺激和困难的学习过程。比如，学习各种形式的冥想技术就能让你大展拳脚，兴奋异常。

（4）如果你的大部分答案集中在太高纵列，你或许非常清楚自己已经处在高于正常压力的位置。你或许正遭受着压力带来的负面影响，比如频繁的疾病、无法集中精神、焦虑、抑郁、自我迷失等。你或许经常觉得生活失去了控制，自己的处境又毫无希望。

第二部分：压力触发因素分析

统计你在这部分选择A、B、C、D的次数。对于选择多于一次的字母，请参阅以下内容：

（1）两次或两次以上的A：你正在遭受环境压力。这是来自周围世界的压力。你可能住在污染严重的地区，比如吵闹的街区旁边，或者和吸烟的人住在一起（也许你自己就是个烟鬼）；你也可能对周围的某些事物过敏。总而言之，你深受环境压力的影响。环境压力还包括环境变化给你带来的压力。或许在过去的几年中，你的邻居变更频繁；或许你的房子正在重新装修，或许你即将搬入新居或搬到别的城市。家庭成员甚至宠物的变化也是相当大的环境压力因素。婚姻和分居也是如此。虽然也有来自个人和社会的压力因素，但是家庭成员的组成发生了变化，因此也被纳入环境压力的范畴。

有些人对天气很敏感。暴风雪、雷阵雨、台风或者绵延数日的阴雨都能成为压力来源。每次听到隆隆的雷声时，你是否感到焦虑和惊恐？看天气预报的时候，你是否担心暴风雨的到来？

大多数环境应激物都是不可避免的，但是某些技巧能够帮助你把应激物看成普通的客观事件。

（2）两次或两次以上的B：你正在遭受个人压力。这是来自个人生活的压力，包括个人情感认知的各个方面，以及自尊和自我价值的体现。如果你对自己的外貌不满，觉得没有能力达成目标或实现理想，感到害怕、羞涩，缺乏毅力和自控能力，饮食不规律，有不良嗜好（也是生理压力的来源），以及别的使你不开心的个人问题，就说明个人压力的存在。即使极端的喜悦也会造成压力。假设你疯狂地坠入爱河，闪电式地结婚，最近又被提升，赚了一大笔钱，还开始了自己梦想的事业，你同样会感到个人压力。这种情况下，很容易产生自我怀疑、不安全感，甚至足以破坏成功的过分自信。

换言之，个人压力产生在你的意念之中。但是，这并不意味着个人压力比环境压力或生理压力更加虚幻莫测。如果有区别的话，只会是个人压力更真实。处理个人压力最有效的技巧就是控制自己的思想和情绪。

（3）两次或两次以上的C：你正在遭受生理压力。这是针对身体的压力。虽然各种形式的压力都会引起生理反应，但有些压力却是来自纯粹的生理问题，比如疾病和疼痛。

扭伤的手腕或脚踝也会使身体感到压力。关节炎、偏头痛、癌症、心脏病突发、中风……无论轻重缓急，都是生理压力的表现形式。

生理压力也包括体内的激素变化，比如经前综合征、怀孕期和更年期的波动，以及失眠、慢性疲倦、抑郁、极端无序、性功能障碍、饮食不规律、不良嗜好等引起的各种变化和失衡。对有害物质的沉溺是生理压力的来源之一。酒精、烟碱（俗称尼古丁）以及其他药物的错误使用也会造成压力，就连处方药都可能成为生理压力的来源。治疗某种病痛的时候，其副作用往往会引起严重的压力。

你可以控制生活中的压力循环。疾病和疼痛能够引起压力，很多专家认为，压力也能引起疾病和疼痛，然而，压力应对可以打破循环，生病的时候应该关注自己的身体，担心或焦虑的时候则要关注自己的情绪。只要中断一个环节，另外的环节也就不攻自破。

虽然很多生理压力无法控制，但不良的生活习惯却是可控因素，这是重要而又常见的生理压力形式。熬夜造成的睡眠不足、不良的饮食习惯（过量或不足）、运动过度或缺乏锻炼、自我关爱意识的普遍缺乏，诸如此类的因素，都能对身体造成直接压力。

缓解生理压力的最佳途径是追根溯源。很多压力应对技巧都是直接针对生理压力的，很多都可以尝试。

（4）两次或两次以上的D：你正在遭受社会压力。宣称不在乎别人如何看待自己的人往往都口是心非。人是社会动物，我们所处的社会复杂多变，相互联系，而且正在向全球化发展。我们当然在乎别人的看法。我们必须在乎，我们不能脱离整个体系。当然，为了健康，我们不应该在乎太多，但是，正如大多数事情一样，最理想的状态是达到平衡。

社会压力与你在他人面前的表现有关。别人是怎样看你的？他们对你的所作所为和发生在你身上的事情是如何反应的？订婚、结婚、分居、离异……既是个人压力的来源，也是社会压力的来源，因为人们必将对婚姻关系的形成和破裂产生各自的观念和反应。这在成为父母或祖父母、升职、失业、婚外情、盈利、损失等情况下也同样成立。社会总是密切关注这些事件，并且影响他人对你的看法。你受到社会压力的影响程度取决于你对公众舆论的容忍能力。

过度的压力可使你精疲力竭，失去动力、兴趣和能量，不再关注工作、家庭和个人保健。如果你发现自己有此征兆，应对压力就已经刻不容缓！不如先美美地睡上一觉，补足长期以来缺失的睡眠。

第三部分：压力弱势因素分析

和压力触发因素不同，压力弱势因素与你的个人倾向有关。每个人的压力触发因素不尽相同，此外，每个人的性格和对特定压力的弱势因素也互不相同。你和某个朋友的工作或许都很紧张，你可能对工作压力特别敏感，由此产生的困扰使你感受到的压力远远超过实际情况；与此相反，你的朋友也许能够妥善处理压力。另一方面，你们都有两个孩子，你的朋友总是为此操心劳累，而你却能很好地控制压力。

在此部分，每个答案都能揭示你最容易受到哪类压力的影响。根据下面对答案的分析，你可以找出自己的弱势因素。

独处的时间太长，缺乏满意的人际交往：11. A，13. D

外向的人会偶尔享受独处的乐趣，但是时间一长，就会觉得精神萎靡。他们需要保持与外界的充分接触，才能精神奕奕、意气风发。他们在团队工作中表现最好，个人工作则几乎不可能完成，因为得不到足够的鼓励和动力。对他们而言，人际交往至关重要，如果没有伙伴，就会觉得生活不够完整。他们有很多朋友，他们从朋友那里获得能量、支持和满足。

外向的人在说话之前往往不知道自己在想什么，他们直言不讳，从不遮掩。

与人相处的时间太长：11. B，15. D

内向的人喜欢偶尔的人际交往，但是不能太多，否则就会精力枯竭。和他人相处之后，他们需要独处的时间来恢复精神和体力。他们在人群中很难有出色的表现。

他们在家庭办公室或远程工作时的效率最高。尽管他们不一定害羞，人际交往也能让其获益匪浅，但是，他们仍然需要独处的时间。内向的人在说话之前肯定会深思熟虑。他们有时看起来很冷漠，与外界的联系好像被一片宽阔的海湾所阻隔。这或许是需要独处的信号，你的身体需要补充能量；有时候，这也可能是独处时间太长的信号。必须找到平衡！

看护人的难题：11. D

自寻烦恼的人喜欢担心需要自己赡养的人。如果你为人父母、祖父母，或者是年迈的双亲或祖父母的看护人，你就面临着巨大的压力，你必须保障他们的健康和安宁。这个负担并不轻松，即使你已经做好承接的准备，也会感到压力重重。如果你是疼爱孩子的父母,你的一切辛劳当然物有所值。但是,赡养对象的存在让你更容易担心,而担心又会使作为看护人的压力更加沉重。

学会处理看护人的压力首先必须承认压力的存在,然后就要像关爱赡养对象那样关爱自己。这绝对不是自私。如果忽视自己的身心健康,你就不可能成为合格的看护人。自我关爱的压力应对工具有多种形式,比如为创造力和自我表现开辟空间等,这对看护人尤其重要。不要害怕承认对于看护责任的复杂感情:热爱、气愤、开心、厌恶、感激、沮丧、恼怒、快乐……成为看护人听起来就像成为一个充满七情六欲的自然人,不是吗?有些人或许认为比自然人更自然。

如果你有照顾他人的责任,无论是孩子还是年迈的父母,满足自身需求对成为优秀的看护人是必不可少的。每天都给自己留点时间,即使只有15分钟,也可以舒舒服服地洗个热水澡,或者入睡之前读一本真正的好书。把自己所有的精力都奉献给别人只会导致自身的崩溃,此时,你对别人也就失去了价值。

财务压力:12. A

有些人无论赚多少钱,总会莫名其妙地从指间溜走,或者从那个众所周知的"衣袋破洞"漏掉。钱财是很多人的压力来源,也是常见的压力弱势因素。你觉得足够的钱财真的可以解决所有问题吗?你每天都会担心是否有足够的钱财满足自己的需要和愿望吗?你是否被怎样存钱、怎样赚钱、怎样花钱等问题所困扰?你是否非常看重他人的经济状况?

如果钱财是你的弱势因素,能够让你承担自己的财务责任(如果这就是问题所在)和从生活大局看待财务问题的压力应对技巧就是你的选择了。钱财确实买不到快乐,但是摆脱财务压力却能让你获得更多的快乐!

不知道自己有多少钱或者不知道钱放在哪里是财务压力的重要来源。无论多么严酷,必须面对现实,弄清楚自己在任何时候拥有多少钱财。知道这些情况之后,你才能控制自己的财务状况。

家庭动力学:12.B

你爱他们,你恨他们。他们知道你好的一面,也清楚你坏的一面;无论喜欢与否,你和他们有着千丝万缕的关系,即使你决定不再和他们说一句话,也无法逃避这种关系。是的,这里说的正是你的家人。

对很多人而言,这是压力的一大来源。家人清楚地知道我们现在是谁,曾经是谁,这会给我们带来沉重的压力,尤其是我们想逃脱过去的阴影的时候。众所周知,家庭成员最清楚我们的弱点。谁会比兄弟姐妹更能让你生气?谁会比父母更能让你陷入尴尬局面呢(即使你已经长大成人)?

家庭总会给人们造成一定程度的压力,但是对某些人来说,家庭的压力尤其沉重,可能是因为人员的混乱,也可能是因为过去的痛苦。如果家庭对你有压力,不妨做些改变,或者继续前行。你可能每天都被家人疏远,或者被他们纠缠不休,无论怎样,识别家庭压力都是处理的第一步。处理的方法取决于你的个人情况,你可以考虑发挥人际交往能力的技巧,也可以尝试增强自尊基础的技巧。日志法和别的创造性技巧对家庭压力的处理非常有效,还有,千万不要忘了朋友疗法。朋友的好处之一就是他们不是你的家庭成员!

在很多人眼里,家庭都是神圣而充满温情的生活部分。是的,家庭也是压力的温床,但这无关紧要。你深深地爱着家人,牢牢地黏附着他们,同时,你不得不承认家庭是生活压力的重要来源。谁说生活很简单?任何情况下,记着家庭的正面因素,记着家人对你的积极影响,这是减轻家庭压力的好方法。

强制性担心:12.C,13.B

如果你是这种类型,就再清楚不过了。你担心每一件事情,对此又无能为力,面对选择的时候,你就成了"担心专家"。你担心自己的体形、留给别人的印象,担心你的子女、孙子和孙女,总之,你就是不停地担心。

担心天气，担心家庭，担心宠物，担心学校、工作、社交圈。你的朋友可能瞪大眼睛，愤愤地说："不要再担心了，行吗？"然而，直到此时，他们仍是你的担心对象。

但是，停止担心并不容易，不是吗？自寻烦恼是个容易造成巨大压力的坏习惯。学会停止担心可以让你平心静气，使你每天的生活发生难以想象的奇妙变化。控制思想和停止担心是值得学习的重要技能。锻炼有助于摆脱忧虑，尤其是具有挑战性的锻炼，当你专注于瑜伽动作和跆拳道的套路时，就没有担心的空闲了。不要因为戒除每天看新闻的习惯而担心，你担心得已经太多了，如果真有重要的事情发生，你迟早都会知道的。最重要的是，学习如何提高担心的效率，担心那些你有能力改变的事情，设法找出改变的途径。担心那些你没有能力改变的事情完全就是浪费时间，生命有限，经不起这种无谓的浪费。

需要时时得到别人的确认：12. D，15. B，15. C

有些人从来不曾意识或关心自己有多"酷"，另外一些人却在建立和维护个人形象的劳碌中度过一生。如果你的形象比形象背后的自我更重要的话（即使某些时候有这样的感觉），形象压力可能就是你的弱势因素。如今，不关注形象已经很难了，外貌、魅力、"酷"……一切都难以抗拒，然而，过于关注是要付出代价的。一辈子都活在向他人展现自我的追索中，反而会丧失真实的自己。你会时常担心除了世人眼中的"你"之外的自己究竟是谁吗？形象困扰很有压力。即使一定程度的"酷"对你的失业和个人满足感的影响也很大，正确看待形象和正确看待其他事物一样，都是至关重要的。

形象压力是青少年面临的大问题，也是成年人不容忽视的问题之一。你必须寻求能够帮助你接触内在自我的压力应对技巧。你对内在的自己了解越多，就越会觉得外在的自己多么肤浅，对形象也会丧失兴趣。认识自我，形象反而会得到提升。

或许你已经注意到了：内心安宁，满足真实自我的人看起来都相当的

"酷"。

缺乏自控、动力和条理性：13.A，13.B，13.C，13.D

你给自己带来的压力已经超过了必要的程度，因为你没能控制好自己的习惯、思想和生活。当然，你不可能控制所有事情，如果你试图控制所有事情，就会滑到另一侧的控制问题。但是，在很大程度上，你可以控制自己的言行、反应、思想以及对外界的认知。这是对万物的有力控制，也是你真正需要的控制。很多人却忽略了，反而找些"生活受命运和他人摆布"的托辞。

那么，生活中有哪些事情是我们可以比较容易地加以控制的呢？饮食习惯、锻炼计划、言辞刻薄的冲动、愤怒、咬手指甲、嚼铅笔上的橡皮、用完东西从不放回原处……这是我们能够控制的。这些都是简单的习惯，如果某个习惯给你造成压力，何不改变这个习惯呢？打破习惯很困难吗？活在长期压力之中可要难受得多。找些可以帮助你获得控制力的压力应对技巧：让自己更有条理、更健康、更有责任感，甚至更像一个成年人。

> 沉溺于不良嗜好，习惯于某些特定行为并不是自我控制。如果你沉迷于某些东西，比如尼古丁、毒品、酒精、食物、赌博、性欲等，想要戒除并不容易。你会面临痛苦的挣扎，你可能需要帮助。不要害怕寻求帮助！这不是软弱的标志。

需要控制：14.A，15.A

你已经控制了范围之外的事物。你知道做事的最佳方式，没有人能超过你。你喜欢控制，因为你相信自己知道得最多，大多数情况下也确实如此。现在的问题是，使每个人都听从自己是很有压力的。

那个家伙竟然在高速公路上超你的车！你走的是通行道！同事竟然不采用你提出的关于改进团队绩效的绝妙建议！他一定会后悔的！你也许承认需要一定的个人表现。人们应该尊重你的权威，不是吗？要求应得的尊重难道不对吗？

当然不是。我们都希望自己的成就得到认可。你的优势之一就是高度的自尊。但是，就像别的事情一样，自尊也可能超过一定的限度。记住，保持平衡！知道自己正确是一回事，要求每个人承认你正确却是另一回事。你可以从有助于放开统治缰绳、保持中立、跟随大众的压力应对技巧中获益。你不需要被告知"做事"；你不像别的懒鬼，你一直都在"做事"。你的招数是"随它去"。现在是接受挑战的时候了。你时刻都准备着迎接挑战，不是吗？我们知道你行，你也知道自己行。根据自我意识的定义验证你的个人主义，你的压力必将大大减轻，卸下重压的生活更有趣味。

你的工作与失业：11. C，14. A，14. B，14. D

你可能喜欢自己的工作，也可能厌恶这份工作。但是，有一件事是肯定的：工作使你感到巨大的压力！对工作压力抵抗力较弱的人可能有着压力特别大的工作，比如，被最后期限催逼的工作，充斥着难以打交道的同事的工作，承受着成功压力的工作。即使在某些人看来没什么压力的工作，对另一些人来说却有很大的压力。某个人轻描淡写地说："嘿，我肯定能做好的。"但只要另一个人稍稍提及最后期限，他就会陷入无底的焦虑深渊。

如果工作压力对你影响很大，可以尝试适用办公室环境（包括家庭办公室）的压力应对技巧，以及针对你可能遭遇压力的各种技巧，比如，与难以相处的人共事的技巧，坐了很长时间之后有助于缓解和释放压力的技巧，应对高压情况的深呼吸和放松技巧，以及任何与工作相关的技巧。

此外，应该特别关注工作之前的准备时间和工作之后的解压时间。每天工作前后，花15分钟的时间应用你所选择的压力缓解技巧，给自己建立缓冲保护。这样，你的业余生活就能与工作完全分离，你就不会觉得工作压力吞噬了生活中的一切。即使你在家里工作，也应该设置工作时间界限（甚至可以简单到"周五晚上完全不工作"），时间到了就"下班"。记住，重要的是找到平衡！

低水平的自尊：13. D，14. D

即使你能沉着应对工作压力，也有可能会受到自尊的袭击。一句对体重或年龄的评价或许就能让你情绪失控。逛街时偶尔从玻璃窗中看到自己的糟糕形象或许也能让你一整天都没有自信。

自尊不仅仅是外貌问题。如果发现有人质疑你的能力，你会失去理智或觉得没有安全感吗？你渴望从周围的人那里得到经常性的安慰、赞扬以及别的能够增强自尊的言行吗？很多压力应对技巧可以增强自尊。最重要的是，必须记住，自尊和身体一样，需要维护。关注自尊，关爱自己，不断提醒自己，你是多么特别，即使你并不这么认为。

不在乎自己或许能够帮助你忽略自尊问题，但是无法解决问题，也无法"修复"自尊。寻求自信和积极自我交流的源泉，保持良好的自我感觉。

自信训练有助于降低对别人无意评价的关注程度。你可以成为自己最好的朋友。这确实需要一些联系，但是请相信，没有人更适合这份工作。你有特殊的价值，必须认识自己的价值。你能够带来无穷无尽的神秘和新奇，你异常迷人，异常可爱。你只有先赞赏自己，别人才会赞赏你，这虽然已是陈词滥调，却是至理名言。

完美的冥想是怎样的？

舒适地坐着或躺着，闭上双眼。放松全身，关注呼吸。每次呼气的时候，想着把所有的消极因素从体内排出；每次吸气的时候，想着获得纯洁的阳光和充沛的体能。呼吸的同时，对自己不断重复"完美"，当你说出这个单词的时候，应该知道是在描述自己。那些所谓的缺陷无论来自公众的评价标准还是来自你个人的评价标准，你的灵魂都是完美而纯洁的。

第四部分：压力反应倾向分析

这个部分将分析你应对压力的倾向。在下列表格中圈出所选的答案，计算出每个纵列被圈的次数。

	忽视	反应	攻击	控制
16	A	B	C	D
17	B	D	C	A
18	A	C	B	D
19	B	C	A	D
20	D	B	C	A

你选择最多的类型就是你的压力反应风格。每个类型的详细说明如下所示：

（1）忽视：如果你的大多数答案都属于忽视纵列，你就有忽视压力的倾向。有时忽视是绝妙的处理方法。有时却会进一步加重压力。有些问题在早期可以轻松解决，如果置之不理，只会变成越来越沉重的压力来源。注意自己的忽视倾向，这样才能有意识地运用这种策略。因为没有意识到而忽视压力是没有用的，本来应该承认和宣泄的情感也会就此掩埋。有效忽视压力的关键是学会充分认识压力的存在。然后，你就能决定什么时候忽视它们，什么时候控制它们。

（2）反应：如果你的大多数答案都属于反应纵列，你就有对压力做出反应的倾向，而这些反应轻则无害，重则会使压力升级。每次压力失控的时候，你或许会把冰箱里的冰激凌洗劫一空，或许会变得抑郁、气愤、恼怒、焦虑、惊恐，或许会没完没了地担心，或许会吸烟、喝酒，或者借助别的药物忘记压力的存在。无论何种情况，这样的压力反应只会让你成为受害者，你觉得压力被自己控制，实际上却深陷压力的魔爪。不要成为压力的俘虏。面对压力，偶尔放纵一下自己也未尝不可，可以看成沉湎和自怜，甚至是关爱自己的一种方式，当然，这必须在一定范围之内。控制压力总是比不去控制它有效得多。

（3）攻击：如果你的大多数答案都属于攻击纵列，说明你不仅能够处理压力，手段还很粗暴，而且发自内心地全力扼杀。你不想让压力损害自己的最佳状态，但是，在你的从容和健康背后，也隐藏着不足的危险。有时，你对控制压力的有效方法置之不理，而有时你却从各种角度、用各种方法将压力碾为尘土。当然，这可能是高效的应对方法。难以解决的工作问题、经营的失败甚至体重问题，都能通过快速、猛烈、直接的攻击方式得到妥善解决。这种能量可以有效缓解某些特定压力。对于别的压力，攻击方式可能就不怎么理想了。学习应对不同压力的各种压力应对技巧，可以丰富你的处理方式清单。当然，清单的第一项应该是放松。

（4）控制：如果你的大多数答案都属于控制纵列，说明你已经能够很好地处理生活中的压力。面对刺激因素，你会采取温和的处理方式，绝对不会走极端。行动之前，你会给自己充分的时间来分析压力状况，你也不会为自己无法控制的事情过分担心。当然，有些事情偶尔会让你难受，可是你知道，不是每个人做的每件事情都是针对你的。然而，能够有效控制压力不代表没有改进的余地。学习更多更好的压力应对技巧能够让你对将来的应激物做好充分的准备，这些应激物在每个人的生活中都有可能出现。

第三节 压力应对的主要战略

现在是学习压力应对战略的时候了。掌握的压力应对技术越多，当你真正需要的时候，选择的余地就越大。本部分将介绍从"今天"开始缓解压力的基本内容，也会设计一些简单的战略，使身体和精神能够应对那些生活中不可避免的压力。

睡眠解压

修炼抗压体质的第一要务就是保证有规律的、充足的睡眠。2000年，美国国家睡眠基金会全美公共汽车睡眠测试的结果显示，被调查的人群中，有43%的成年人说每个月都有几天感到特别困顿，而且干扰了日常的生活和工作；20%的成年人每周都有类似的经历。

睡眠有障碍吗？"睡前喝杯温牛奶"的说法是有科学依据的。牛奶富含色氨酸和钙质，两者都能刺激血清素的生成。血清素是由身体分泌的化学物质，具有促进睡眠和舒缓心情的作用。但是，如果你对身体对牛奶的消化存在疑问，这种方法不但不能促进睡眠，反而会让你难以入睡。

如果你仍然怀疑睡眠不足对生活的影响，可以看看国家睡眠基金会的调查结果：

（1）美国有超过一半的工作者（51%）认为工作时的困顿干扰他们的工作完成量。

（2）40%的成年人承认，在他们困顿的时候，工作质量显著下降。

（3）至少有2/3（68%）的成年人表示困顿使他们无法集中注意力，另外有66%的人说困顿使他们更难处理工作压力。

（4）将近1/5（19%）的成年人表示，困顿使他们的工作偶尔或者经常出现错误。

（5）总体而言，工作者估计，在自己困顿的时候，工作的质量和数量会下降30%左右。

（6）2/3以上（68%）的轮班工作者有着不同程度的睡眠问题。

（7）接近1/4（24%）的成年人每周都有2天或2天以上很难起床。

（8）如果允许的话，有1/3的成年人会在工作时小睡片刻（然而，被调查的人群中只有16%的人说小睡是被允许的）。

此外，超过30%的美国司机承认曾经不止一次在开车时睡着。根据国家睡眠基金会的报告，大约1万起的交通事故和1500例与交通有关的死伤事件都是因为司机在开车时睡着造成的。

年轻一代（18~29岁之间的青少年）中的数字更为惊人，根据测试的统计结果，超过50%的年轻人在醒来时感到精神萎靡，33%的人在白天会严重困顿，这个比例比众所周知的昏昏欲睡的轮班工作者还高出一筹！

与处方药或非处方药相比，草药具有更天然、更温和地治疗偶发性失眠的功效。英国的一项研究表明，从扩散通道中释放出来的薰衣草精油有着和处方药一样的治疗失眠的作用。

很多年轻人承认自己看电视或上网到很晚,53%的人承认减少睡眠时间是为了获取更多的成就。年轻人同样因为睡眠不足遭受严重的工作压力:

18~29岁的人群中,超过35%的人起床上班有困难(相比之下,这个比例在30~64岁的人群以及64岁以上的人群中分别为20%和9%)。

将近25%的年轻人偶尔或者经常因为嗜睡而上班迟到(相比之下,这个比例在30~64岁的人群以及64岁以上的人群中分别为11%和5%)。

40%的年轻人每周会有2天或2天以上在工作时感到困顿(相比之下,这个比例在30~64岁的人群以及64岁以上的人群中分别为23%和19%)。

60%的年轻人承认在过去的几年中有过在昏昏欲睡时驾车的经历,24%的人甚至在驾车时睡着。

睡眠不足对身体健康有着特殊而重要的影响。平均来说,成年人每天需要8小时的睡眠时间,青少年需要8.5~9.25小时的睡眠时间。如果得不到充足的睡眠,就会出现以下症状:

(1)更容易恼怒。

(2)抑郁。

(3)焦虑。

(4)难以集中注意力和理解信息。

(5)犯错误和发生事故的概率不断增加。

(6)变得迟钝,反应速度变慢(驾车的危险因素)。

(7)免疫系统功能衰退。

(8)恶性的体重增加。

不幸的是,即便准时上床休息,睡眠障碍也会影响我们的睡眠质量。睡眠障碍包括失眠、打鼾(你自己或者旁边的人使你无法入睡)、呼吸暂停(睡眠时呼吸受到干扰)、梦游、呓语、腿部运动综合征(双腿处在不适状态,有被迫移动的感觉)。此外,时差和值夜班也会导致睡眠的紊乱。

保证充足的睡眠必须双管齐下:

（1）安排睡眠时间。

（2）消除睡眠障碍。

如果没有睡眠障碍，但是需要睡眠时间；或者有足够的睡眠时间却存在睡眠障碍，你当然只需要一种方法。总而言之，睡眠不足会增加压力、损害健康、限制潜力的发挥。补充睡眠非常重要，应该成为压力应对列表的首要任务。

无论你处于何种状态，以下的压力应对战略能让你迅速进入梦乡。

腿部运动综合征是影响睡眠的障碍之一。国家睡眠基金会的研究指出，腿部运动综合征的症状表现为移动双腿的强烈欲望，同时伴有蠕动、麻痹、抽筋、灼热、疼痛等不舒服的感觉。有些患者只有移动的欲望，躺下或坐直的时候，症状会进一步恶化。针对此症的治疗方法有很多，比如放松技术、冥想等。

压力应对战略一：睡眠

如果你已经获得一夜高质量的睡眠，你会发现自己的压力应对能力有所增强。这些建议可以引领你踏上8小时高质量睡眠之路：

（1）找出睡眠不足的原因，然后下定决心改变一贯的生活方式。白天哪些时候有浪费时间的情况存在？如何才能重新安排日程表，使该做的工作早些完成，以此获得较早的上床时间？你能够安排较晚的起床时间吗？如果你每天都看电视或上网到很晚，不如在接下来的几天里放弃这些娱乐项目，看看多出来的睡眠会如何改变你的心情和体能。

（2）规定自己的上床时间。父母常常建议厌恶睡觉的孩子保持规律的生活状态，这对成年人也是适用的。你的生活规律应该包括获取放松的一系列步骤，比如沐浴或冲凉，然后可以是几分钟的深呼吸或别的放松活动；一杯草药茶，一本代替电视和网络的好书，找一个伙伴交换按摩背部、颈部和足部，写日记，然后熄灯睡觉。

（3）尽量不要养成在电视机前睡觉的习惯。一旦养成这种习惯，脱离了电视就很难入睡，而且睡眠质量也会降低。如果不幸有此习惯，可以尝试一些放松技巧和活动。

如果你觉得睡觉是在浪费珍贵的时间，使你无法完成该做的事情，那么，就要不断提醒自己，睡觉本身就是做事。当你睡着的时候，你的身体正忙着修复、保存能量、为你充电，并促进细胞的生长和再生、增强记忆力、通过做梦释放情绪。其实，睡眠是高效的机体运作，获得高质量的睡眠之后，你的工作能力和效率都会大幅提高。

不要因为睡眠不足而感到有压力。只要平时保持充足的睡眠时间，偶尔的熬夜不会对身体造成多大的伤害。与其在黑暗中辗转反侧，难以入睡，不如打开台灯，找点有意义的阅读材料，让自己感到舒适。喝点温热的牛奶或菊花茶，试试冥想。抛开那些烦心的琐事，想想开心愉快的事情（不是睡眠），调整呼吸。这样，即使不睡觉，你也能得到休息和放松；或许你很快就会昏昏欲睡了。

法茜女士在《呼吸法》中推荐了一种治疗失眠的方法：入睡之前，在前额、双眼和太阳穴的地方缠绕一条柔软的棉质绷带，以此产生的对面部肌肉的压力，能够使你迅速进入放松状态。

如果你有睡眠问题，可以尝试以下方法：

（1）如果入睡有问题，建议你在午饭过后就不要喝含咖啡因的各类饮品，包括咖啡、茶、可乐以及苏打水（注意检查成分标签），某些止痛剂、感冒药等非处方药（注意检查成分标签），用于提神的刺激物，甚至可可和巧克力。

（2）食用健康、清淡、低脂肪、低碳水化合物的晚餐。用新鲜水果、蔬菜和全粒谷物代替精细加工、蛋白质含量低的食品，鱼、鸡、豆类、豆腐等都能使你在入睡时达到更镇静、更平衡的状态。避免在晚间摄入脂肪含量高、加工过细的食物，这些可能引起消化问题，从而导致睡眠障碍。（你知道这种感觉：在凌晨3点惊醒，发现腹中饥肠辘辘……）

（3）晚餐保持清淡。过晚和过量的晚餐会给消化系统造成负担，为了保证整晚的安稳睡眠，尽量减少晚餐的分量。

（4）对于晚间的零食，可以吃些色氨酸含量较高的食品，这种氨基酸能够刺激机体分泌血清素，从而促进睡眠。血清素还能调整情绪，使你感觉良好。富含色氨酸的食物包括牛奶、花生、大米、枣椰、无花果、酸奶等，上床前30分钟到1小时适量食用上述食物有助于提高睡眠质量。

（5）不要在晚上喝酒精类饮料。很多人认为酒精有安眠功效，其实，酒精只会扰乱睡眠，使你难以安稳入睡，还可能增加打鼾和呼吸暂停的概率。

（6）增加白天的运动量。充分的锻炼能够使你快速入睡，延长睡眠时间，提高睡眠质量。

（7）如果你仍然存在睡眠问题，可以向医生咨询。研究显示，2/3的美国人不曾被医生问及睡眠状况，但是，80%的人也没有和医生谈及有关睡眠的问题。告诉医生，你很关注自己的睡眠情况，他或许会有简单的解决办法。

如果压力过重，难以入睡，可以借助草药茶放松自己，草药茶有3种放松的功效。柠檬、甘菊和促进放松的混合茶可以镇静机体，注水和倾倒茶叶的缓慢过程有助于缓和你的动作，使你得到放松，同时提高注意力。然后，饮茶过程需要静坐和细细品尝，让自己彻底放松，好好享受夜间的美好时光，很快，睡意就会悄然降临！

压力应对战略二：水合作用

当你感到焦虑的时候，喝水或许是缓解情绪的最佳方法。我们体重的2/3都是水分，但是，很多人都处在轻度的缺水状态（由于体液流失而含水量低于正常水平的3%~5%），并且对此一无所知。

重度缺水（10%或更高程度的体液流失）具有显著症状，甚至可能导致死亡。与此相反，轻度缺水或许不会引起注意，而且常常发生在剧烈运动处于高温之后，节食、呕吐、腹泻（疾病引起的、食物中毒引起的或者过度饮酒引起的）等都会导致缺水。

如果在身体缺水的时候到处走动，就会感到有压力，而且，抵抗其他压力源的能力也会降低。

你存在缺水状况吗？缺水症状包括：

（1）口干舌燥。

（2）头昏眼花。

（3）尿液发黑（本来应该是淡黄色的）。

（4）难以集中精神。

（5）心理混乱。

缺水对婴幼儿非常危险，对处在肠胃病发病期间的人群也非常危险。如果发现孩子有口干、双眼内陷、尿液发黑、情绪低落、囟门（婴儿头部会动的部位）凹陷等症状，必须立即实施治疗。对老年人来说，缺水也是相当危险的，尤其是那些没有意识到缺水症状、饮水又相对不足的人群。

含有咖啡因的饮料也是导致缺水的原因之一。当你喝完一罐可乐，觉得口渴得到缓解的时候，咖啡因反而充当了利尿剂的角色，促使水分排到体外。

引起缺水的另一个原因非常简单，那就是饮水不足。在过去，水是大多数人主要的甚至唯一的选择。如今，很多人觉得可乐、加糖果汁、热腾腾的或冰镇的咖啡更有滋味，这些饮品也比以前更容易获取。有些人几乎不再饮用清水。

除了抵抗压力之外，水还能为身体带来诸多益处。如果处于缺水状态（根据统计数据，这种可能性相当之大），你的压力应对就会缺乏能量，因为机体忙于补充缺水造成的体能损失。

多喝水是控制压力最简单易行的方法。水分充足，自我感觉就会有所改善，肤质也会变好，体能也会提高，因此，多多喝水吧！

和其他事情一样，喝水也是一种习惯。如果不能养成习惯，喝了几天清水之后，你就会回到每天5罐可乐的老习惯中去。以下建议可以帮助你养成这种健康的习惯：

（1）如果你实在不喜欢喝清水，可以试试几种添加矿物成分的瓶装水。这些矿物成分能够形成多种口味。或者可以添加少量柠檬、酸橙或橙汁。如果你就是喜欢气泡，可以用苏打水代替碳酸水。还不够有滋味？试着用等量的清水或苏打水稀释纯果汁（没有添加糖分的加工果汁）。

（2）理想状态是每天饮用1800毫升（8杯左右）的清水。听起来似乎很多，如果在一天之内间隔开来，也就不多了。清晨喝450毫升，午餐时喝450毫升，晚餐时喝450毫升，晚上再喝450毫升。出汗或剧烈运动的时候，可以再加450毫升甚至更多。

（3）我们对饥饿的知觉已经退化，常常把口渴当成饥饿，我们在仅仅需要一杯凉水的时候却乱吃东西。吃饭前和平时感到饥饿的时候喝杯水，不但可以满足机体对水分的需求，还能有效抑制过度饮食。

控制坏习惯

坏习惯会使我们自己和他人感到不适，也会产生压力。很多坏习惯会影响生理健康、情绪稳定和意识的敏锐度。为了增强机体控制各种生活压力的能力，首先必须控制你的坏习惯，这些都是不必要的压力。

习惯会以3种方式造成压力：

（1）直接的。很多压力对身体有直接的负面影响。吸烟、酗酒、吸毒（合法的或非法的）会将毒素或有害物质引入体内，扰乱机体的正常运作，使人们渐渐上瘾，还会引发各种疾病。习惯对精神和情绪也有直接影响。醉酒、过度的心烦意乱、体能削弱等使人更容易生气、出错、发生意外。当你的身体和情绪受到某种习惯的负面影响时，你的压力水平就会提高。

（2）间接的。习惯也会间接影响压力水平。知道自己喝得太多、睡得太晚、吃得太多等，可能会引起挫败感和自尊心的丧失，从而影响第二天的工作和生活。如果前一天晚上受到坏习惯的控制，你的压力就会高出正常的水平。可能会有人说你的指甲太过粗糙，使你感到尴尬，甚至生自己的气，你或许会因为失控而斥责朋友。当我们受制于不良习惯，就会变得很无助，因为担心自我控制能力会丧失，担心这些习惯对自身健康以及对他人产生的影响。

（3）综合的。有些坏习惯既有直接的负面影响，也有间接的负面影响。其实，大多数的坏习惯都属于这个类型。任何有害的、我们能够控制而又不愿意控制的事物，或多或少都会对情绪和自尊心造成伤害，并且引发各种压力。

比如，情不自禁的暴饮暴食对身体伤害很大，因为机体的生理构造不允许一次摄入过多的食物。暴饮暴食还会对精神造成负面影响，可能引起挫败感、抑郁、焦虑等情绪。即使不甚严重的坏习惯，比如习惯性的凌乱，也会产生综合的影响。如果周围的物品混乱不堪，你可能就会因为找不到需要的东西而焦躁，也会因为凌乱而遭受经济损失，甚至可能因为别人的整洁而使自尊心受到伤害。

态度和性格决定了行为，反之，行为也能决定态度和性格。不要屈服于"我就是这个样子了"，不要觉得吸烟、暴饮暴食、打断别人说话是改变不了的。抽出一天的时间，让自己不要成为"这个样子"，假设自己没有这些坏习惯。这或许比你想的容易，很快，你就会发现自己完全可以是"另外一个样子"。

当然，有些习惯是好的。如果你总能保持整洁，总能礼貌待人，还能每天坚持吃些新鲜蔬菜，你或许已经知道这些习惯是健康的守护者了。

有些习惯是中性的。比如，你总是吃同样口味的燕麦片，或者总是去同一个加油站，或者洗碗的时候喜欢哼着小曲，只要这些行为不影响他人，就没问题。

别的习惯就没有这么好了。那么，坏习惯到底是什么呢？坏习惯会降低你的健康和开心程度，即使沉溺于这些习惯的时候感觉良好，你或许已经知道这仅仅是暂时的现象。就像你在购物中心花了400元买了并不十分需要的物品，你很冲动，但是刚回到家，你就开始后悔，觉得内疚，甚至气愤。习惯成了你的主宰，而非其他。

你或许对咬指甲、卷头发、懒惰、看电视、拖延等习惯毫无办法。即使如此，你也应该认识到这些仅是习惯而已，而习惯是可以打破的。

那么，如何纠正坏习惯呢？首先，确认这些是不是真正意义上的坏习惯。如果你确实因为喜欢咖啡的味道而每天早上喝一杯，这就不算坏习惯。如果你每天必须喝好几升的咖啡，否则就会有恐惧感或者无法工作，这就是坏习惯了。

确认自己的行为是坏习惯之后，就要分析这些习惯，找出它们形成的原因。一旦认识并承认了自己的坏习惯，你就能慢慢获得控制力。

如果你已经对坏习惯上瘾，典型的习惯控制法或许就没有效果了。对香烟、毒品、酒精、赌博、性生活等的沉溺比单纯的习惯复杂很多，甚至会对生命造成威胁和伤害。如果是身体的化学系统或者复杂的心理问题，你可能需要额外的帮助，比如尼古丁、咨询、复职限制等。和自己的医生或咨询师多交流，寻求处理不良嗜好的最佳方法。

个人习惯

个人习惯是指你所做的、可能把他人"逼疯"的行为，或者你从来不在他人面前做的、担心会把他们逼疯的行为。个人习惯包括咬指甲、卷头发、挤压指关节、吐唾沫、发牢骚、习惯性的咳嗽或清嗓子、习惯性的咒骂、吹口香糖等，诸如此类，不胜枚举。如果某种个人习惯使你自己和周围的人（至少那些你不愿打扰的人）感到厌烦，使你产生不良的自我感觉，或者对自身不利，就要全力摆脱这种习惯了。

毒品："合法毒品"和其他毒品

毒品可以是维持和恢复健康的重要工具。但是，除了治疗健康问题的使用目的之外，毒品还可能引起身体的失衡，从而酿成疾病。有些人使用的是"合法毒品"，比如酒精、尼古丁、咖啡因和处方药；有些人用的却是非法的，因为毒品能带来快感，增加体能，同时还有镇静作用。

有些偶尔用在镇静剂中的物质（比如酒精和咖啡因）对某些人或许并无伤害，但是别的毒品（尤其是可卡因和海洛因等烈性毒品）对身体就非常有害。对于那些没有酒瘾或者没有上瘾倾向、却又喜欢喝酒的人，晚餐时喝一小杯是没有问题的。大麻香烟对哮喘患者十分危险，并且对任何人都会立刻产生暂时的生理压力。非法毒品会导致诸多风险，法律纠纷只是最轻微的问题，除此以外，还会引起巨大的压力。

任何试图改变情绪的人造物质，如果摄入太多或太频繁，都会对身体造成不同程度的影响：轻则抑制控制压力的能力，重则形成巨大的压力。虽然合法，但是很少有人会质疑过度饮酒造成的危险。当你感到压力或生活无望的时候，或许会借助药物引开自己的注意力，忘记那些烦心的事情，但是，采取积极的改进措施（控制压力，而不是将压力暂时隐藏起来）在长期看来更有效果。如果你依靠改变情绪的药物规避生活中的烦恼，那么现在应该重新思考这个有害的习惯了。

暴饮暴食

暴饮暴食使人过度忧虑，动作迟缓。晚上摄入过量的食物会延长消化系统的工作时间，从而影响睡眠质量。摄入过多的单糖会提高胰岛素的含量，使人兴奋，造成暴饮暴食的恶性循环。暴饮暴食还会导致体重超标，据统计，现在已经有一半以上的美国人超重了。

很多情况下，饮食疾病是产生问题的根源。易饿和厌食是众所周知的病症；对于狂食症，人们不是那么熟悉，但却十分常见，通常具有复杂的心理原因和生理原因。一旦发现自己或爱人有饮食疾病，请尽快联系医生、咨询师或别的健康专家。如果置之不理，连易饿和厌食等轻度病症都会产生致命的危险。

有些时候，暴饮暴食仅仅是习惯而已，可能和崇尚饮食的文化有关，也可能因为长得太瘦。享受丰盛的美食是人生乐事，好东西到处都有，而且价格便宜，在电视机前待一个小时，你就会看到很多令人馋涎欲滴的美食广告。此外，处在过重的生活压力之下，你会觉得自己应该得到糖果和比萨的慰藉，你如此努力地工作，难道不该得到回报吗？

工作过度

对你来说，努力工作可能是一种需求，而非习惯。有些人和你的情况类似，有些人可能将其当成习惯。你或许工作到忘记社交生活的存在，或许迫于升职而努力工作，或许因为对同事和工作环境产生了家的感觉，以致产生依赖感。只要你对同事的依靠没有达到他们承受不了的程度，这种家庭意识是没有问题的。

无论怎样，如果你已经习惯于过度的工作，而且工作已经影响到你的业余生活，你觉得没有私人时间，无法抛开工作，因为同事不停地往你家里打电话，这时，过度工作就是一种习惯了，当然，你还有改变的机会。

媒体过多

数字电缆、卫星电视、电影频道、随处可见的影碟租借商店、在线广播、车内CD机、高速网络、DVD……我们所处的是一个诱人的技术世界。有些人很难抗拒窝在床上抱着笔记本计算机看电影、享受高级音响设备、在互联网上游荡好几个小时的诱惑。如果你有依赖媒体的习惯，就不会觉得孤独。"电视自由的美国"（TV Free America）的调查数据表明，98%的美国家庭至少拥有一台电视机，40%的家庭拥有3台甚至更多的电视机！平均来说，电视机每天使用7小时20分钟，66%的美国家庭边吃晚饭边看电视。84%的人至少拥有1台录像机，每天租出的录像带高达600万，而图书馆借出的图书只有300万。将近一半（49%）的美国人承认自己电视看得太多了。

就和别的事情一样，适度地利用技术和媒体才是好的。即使是好事，超过限度也可能变成坏事。如果对媒体的依赖占用你过多的时间，让你不得不牺牲做其他重要事情的时间，这样的习惯就是坏习惯了。

想想每天的新闻节目。人们借助新闻了解发生在世界各地的事情，知道第二天的天气情况，保持对当地事务的熟悉程度。但是，心不在焉地看新闻会让你的注意力转移到与日常生活毫无联系的事情中，担心整个世界的状况（很多情况下，你确实可以做些贡献，但是不值得为此彻夜难眠），甚至因为所有的坏事情烦恼不堪。遗憾的是，新闻通常都很关注悲剧事件。不要过分沉溺于媒体，设置界限，不要让网上冲浪、频道搜索妨碍你的睡眠和正确饮食，也不要为此牺牲锻炼的时间。

喧闹习惯

喧闹习惯往往与依赖媒体习惯有关。如果你总是开着电视机或广播，如果没有背景音乐或电视节目你就难以工作，如果你几经尝试都无法忍受寂静，如果你常常在看电视或听音乐的时候睡着，你就可能有喧闹习惯。

寂静不仅有治疗作用，还能增强体力。每天找个安静的地方让自己静静思考，可以为身体不断充电。喧闹本身没有问题，但是，持续的噪音会影响你的注意力。你或许能在电视机前完成各项工作，可是你花费的时间会更长，工作质量也会有所下降。

尝试安静。坚持一天或一个小时不说话。这种经历在某种程度上会使你局促不安，但是对他人大有裨益。好好欣赏安静的魅力，学习倾听的能力。可以将尝试安静看成精神戒律，同时又是一项完美的技术，让你放慢思考的速度，关注自然界的声响。

独居的人往往喜欢生活空间中有一些背景音乐。喧闹可以暂时掩盖你的孤独和紧张，它能够镇静情绪，或者分散注意力。

持续的喧闹或许能使自己获得放松，却可能妨碍你的思考能力和绩效表现。如果喧闹使你无法处理和控制压力，甚至无法面对自己，就应该试着为生活增添几许安静了。太多的噪声对身体和精神都有伤害。让自己休息一下，每天享受至少10分钟的安静时光。不要害怕安静。正如玛莎·斯图尔特说的："这是一件美妙的事情。"

购 物

有人喜欢美食，有人喜欢购物。购物虽然会给很多人带来美妙的感觉，但是也可能成为你的坏习惯，甚至是不良嗜好。如果你喜欢在感到挫败、抑郁、焦虑、担心（甚至担心没有足够的钱付款）的时候去购物，如果单纯的购买东西可以改善你的心情，你的购物理由就可能是错误的。

我们生活在消费导向的社会，面对着来自各方面的购物刺激。然而，我们应该具备理性的购物理由，比如确实需要某些东西。只想买"任何东西"不是购物的好理由。你努力工作，辛辛苦苦赚钱，难道就忍心花在那些堆在家里，你从来不穿、不用、不吃，甚至连看都不看一眼的废物上吗？

就像暴饮暴食的习惯一样，购物习惯也可以纠正。如果你觉得自己的购物原因有问题（这是十分常见的习惯），就在购物欲望高涨的时候做些别的有趣的事情。试试那些不用花钱的事情怎么样？可能开始的时候感觉不是很好，当你摆脱这个习惯之后，你会对自己在这些废物上花费了这么多钱而感到吃惊。你会发现：生活中最美好的事情并不是物质。

拖 拉

哪个人不曾有过一两次的拖拉？但是，如果你总是不能按时完成工作，无论你的准备如何充分，无论工作本身多么简单，你可能已经养成拖拉的习惯。有些拖拉是因为家事、私人生活、办公室的混乱造成的；有些拖拉则是自己形成的，无论你多么整洁，拖拉总是不可避免的，你去任何地方、做任何事情都存在情绪上的阻碍。

拖拉完全存在于你的脑海里，这也意味着拖拉具有强大的影响力。当你觉得某件事情很难做的时候，这种思想就会妨碍你采取必要的行动。解决办法之一就是深刻思考这种想法本身。坐下来，保持安静和舒适，将注意力集中在自己惧怕的事情上。想象着把这些事情锁进肥皂泡中，这只是一个想法，没有任何实质的东西。看着它慢慢飘走。最后留下什么呢？需要做的事情。那么，就快去做吧！

对于习惯拖延的人来说，拖延已经成为性格中根深蒂固的部分，很难改变，他们往往为此感到沮丧。然而事实并非如此！拖拉也是一种能够改变的习惯。当然，努力也是必需的。摆脱任何坏习惯都不容易，但不是不可能。记住，你并不需要一次性纠正所有的拖拉行为。先选择从何处着手，比如按时上班。你打算如何重新安排早晨的琐事，如何督促自己起床？你也可以从按时清偿账单开始，或者规定自己在睡觉之前整理好东西、洗完所有的盘子。相信自己，你做得到的！

压力应对战略三：改造坏习惯

想着自己必须做出改变或许让你难以承受，但是，有些具体的策略却能帮助你建立目标，然后一步一步地达成这些目标。按照下面的指导建立你的目标。每周尝试一种策略，不要泄气。冰冻三尺，非一日之寒，要改变这些习惯也需要很长的一段时间。但是，你是可以做到的！

（1）学习停顿。知道自己的习惯，每次出现习惯行为之前，学着停顿，然后思考片刻。问问自己：这对身体有好处吗？这对精神有好处吗？这对我有好处吗？事后我会为此感到开心吗？事后我会为此感到内疚吗？这值得回忆吗？这真的值得回忆吗？

（2）不要让引发坏习惯的物品出现在你的家里。如果糖类使你兴奋，就不要把甜食放在周围。如果你难以抵挡购物的诱惑，去商店的时候就不要把信用卡放在皮包里，或者干脆放在家里，只带你必需的现金在身上。如果酒精是你的薄弱之处，就不要在家里储备酒精饮料。如果特别喜欢晚间的电视节目，就把电视机搬出卧室，或者干脆打包藏起来。

（3）如果你依靠不良习惯缓解压力，奉劝你用其他等效或更好的"慰劳"方式代替这些习惯（如食物、香烟、长时间的网上冲浪）。让自己在陷入坏习惯的泥潭时，能够轻而易举地采取这些"慰劳"方式。比如，如果你下班回家的第一件事就是打开电视机，就给自己20分钟的时间，安静地整理思路。不要让任何事情打扰自己！放些轻松的音乐，调整呼吸，静静地思考，喝杯茶，读本书，看看杂志或者小憩片刻。同肥皂剧和脱口秀相比，这些更能有效恢复你的体力。

（4）把习惯变成特长，让自己成为某个领域的专家！让食物变成真正的享受，追求质量，而非数量。如果你很想吃东西，可以尝尝少量的美食，仔细品味每一小口，不要在大量的低质量食品上浪费时间、体能和健康。酒精也是同样如此。与其尽情畅饮唾手可得的劣质酒，不如品尝一小杯高品质的美酒。购物也是一样，不要看到什么就买什么。收集那些有价值的东西，全面了解这些商品的详尽信息。比如，学习美国早期制陶业、古董车、维多利亚式帽针、小狗雕塑等的相关知识，你可以在全球范围内学习你所感兴趣的一切事物。

如果你喜欢看电视，就看些高质量的节目。让自己成为经典影片或独立影片的评论专家。看些介绍自然、科学、艺术、烹饪等的电视节目，只要有兴趣，你就能从中学到有价值的东西。你甚至可以学习制作自己的电影。如果你难以忍受寂静，可以学着欣赏古典音乐、爵士乐、经典摇滚或者你喜欢的其他音乐。美好的事物如此之多，相比之下，人生反而显得过于短暂。

当然，变成专家不是对所有的习惯都行之有效。比如，不会有人成为拖拉的专家。但是，小小的创意仍然能使习惯变成一种爱好甚至一项专长。如果你有拖拉的坏习惯，可以让自己变得简单而淳朴，你要做的事情和要去的地方都会变少（拖拉的机会自然也会减少）。

你也可以让自己转到习惯的反面。喜欢咬指甲？那就学习修甲吧。你很懒吗？那就找找最轻松、最简易地完成家务的办法吧。很多自称懒汉的人已经成了整理专家，甚至有了成功的事业。

补充营养物质

创造能够抵抗压力的健康体魄的另一途径是保证维生素、矿物质和植物化学物质（从植物中提取、有助于增强免疫系统功能的化学物质）的充分供给。并不是每个人都认同补充制剂的重要性，遗憾的是，大多数人的日常饮食都存在或多或少的失衡和营养素的缺失。因此，不妨将各种补充制剂作为自己的保险策略。

为了借助营养物质达到抵抗压力的最佳程度，请遵循以下建议：

（1）保持饮食平衡。

（2）每天食用多种维生素剂和多种矿物质制剂，增强体能，补充营养。

（3）维生素C、维生素E、胡萝卜素（维生素A的一种形式）、硒、锌等都是抗氧化剂。研究表明，增加饮食中的抗氧化剂可以降低心脏病、中风、白内障等疾病的发病率，还能减缓衰老。从柑橘类水果、椰菜、西红柿、多叶绿色蔬菜、暗橙色蔬菜、黄色蔬菜、红色蔬菜、坚果、植物种子、植物油中提取的抗氧化剂对身体都是有益的。

（4）B族维生素对人体也有诸多好处：可以增强免疫功能，改善肤质，抵抗癌症，缓解关节疾病，提高新陈代谢的效率，增加体能，甚至能够帮助机体减轻各种压力的影响。

（5）钙是一种矿物质，在维持骨骼重量、预防癌症和心脏疾病、降低血压、治疗关节炎、改善睡眠、代谢铁质、缓解月经不调等方面起着关键作用。

（6）还有很多微量元素可以保持身体的健康状态和正常运作，包括铜、铬、铁、碘、硒、钒、锌等。

（7）氨基酸和必需的脂肪酸对身体的健康运作也是不可或缺的。

（8）很多补充制剂是由别的物质制成的。有些可能具备上述功效，有些可能是错误的。如果感兴趣，可以研读有关补充制剂的书籍。但是记住，最重要的仍然是保持饮食的健康、平衡和多样化。

预防性的维生素养生法

研究显示，增加某些特定维生素和矿物质的摄入量可以增强体质，还能治疗某些特定的疾病。额外的维生素C（每天摄入500~1000毫克）和锌锭剂能够减轻感冒症状，并能缩短感冒的康复时间。这些治疗方法对很多人都是有效的。额外的钙质可以缓解妇女的月经不调。维生素C、维生素E和其他抗氧化剂具有预防某些癌症和心脏疾病的功效。

草药疗法

草药医学是经过时间的检验而延续至今的古老艺术。很多人都尝试过草药疗法，从用紫锥菊治疗感冒，到更为复杂的对各种疾病的治疗。优秀的草药医生能够帮助你采用自然方式解决健康问题，以此弥补传统药物的不足之处。

草药可以添加在茶水、煎药和注射剂中；可以加入果汁，改善口味；可以添加到酒精中，制成碘酒；可以混入油霜，直接擦在皮肤上；可以制成片剂或胶囊，方便吞咽；甚至可以放入洗澡水中。

虽然可以在药店或食品店买到多种草药，但你最好找那些名声较好、有质量保障的草药医生。他们知道各种草药的副作用以及和其他药物的交互作用。可以借助电话簿寻找合格的草药医生，也可以请教当地药店的职员或朋友。

很多处方药是由草药制成的，或者是草药的提取物。草药医生的治疗方法是针对整个人体的，而非某些特定的部位。他们认为药物治疗至少应该顾及那些可能的干扰因素，应该致力于增强机体的康复能力。

压力与轻松的平衡

为身体补充睡眠、水分和营养物质，同时采取全面的健康疗法，这将帮助你保持良好的状态，提高控制压力的能力。活跃的思维、紧张的肌肉、充斥在脑海中的焦虑像录音带似的反复纠缠，这会是怎样的情景啊！

当压力开始侵入，或者身体开始遭受压力影响的时候，在负面作用尚不严重之前就知道如何应对和缓解压力，这是非常有用的技能。

当你感到有压力的时候，身体就会释放某些具有特定作用的压力激素。那么，你应该做些什么呢？早餐的时候喝一碗燕麦粥。燕麦有维持神经系统稳定的功效，把燕麦粥作为早餐可以帮助你保持一天的镇静。研究表明，相对别的早餐食物（比如冷的谷类与燕麦粉混合而成的食物）来说，燕麦粥更能提高运动员的耐力，也更能降低你的胆固醇水平。 放松的时候，身体的反应就完全不同：

（1）氧气的消耗量减少。

（2）肌肉得到放松。

（3）新陈代谢的速度减缓。

（4）脑电波出现变化。

医学博士赫伯特·本森在其畅销书《放松反应》中阐述了自己的研究结果：有意识地借助冥想法获取放松反应必定涉及下述4个环节，而且与所采取的冥想技术没有关系：

（1）安静的环境。

（2）关注的焦点（声音、物体、思想等）。

（3）舒服的姿势。

（4）被动的态度。

在营造放松状态的4种方式中，最重要的是被动的态度。被动的态度可以沿用到生活的很多方面，当压力开始积聚的时候，也可借用这种方式。在人们主动追求或非常在意某件事情的时候，他们就会感到沉重的压力。客户的尖锐评价、孩子对你的不尊重、发现牙膏盖又一次掉到了抽水马桶的后面，做事笨拙，比如不小心把咖啡泼到了键盘上、打翻了祖母的水晶大浅盘，或者倒车时撞到了别人的车……这些都可能是你过于关注的事情。

这种情况下，尤其当这些成为最后的救命稻草时，你就可能遭遇爆炸性的压力。你的皮质醇分泌量急剧上升，肌肉极度紧张，呼吸也开始加速。最近的研究表明，突然增加的皮质醇会引起血管的小面积破损。

当你恼怒、情绪激动、极度失望和恐惧、破口大骂的时候，最好的克制方法就是有意识地采取被动态度。你或许无法停止暴怒；或许找不到安静的地方进行一次专注的冥想（冥想的时候反复念诵的单词或声音，有助于清理思想，带来平和的感觉）；或许感觉不怎么舒适，但是，你可以采取被动的态度。怎么做呢？默念两个字：还行。

这两个字的力量非同小可。真的！有人斥责你了？还行。咖啡泼到键盘上了？还行。东西坏了？还行。孩子和你顶嘴？还行。

这种反应方式看似对你有害无利。还行？这难道不会阻止你从错误中吸取教训吗？难道不会让别人轻视你吗？当然不会。如果孩子和你顶嘴，这并不意味着他无须承担必要的后果，但也并不意味着你必须全力处理这件事情。平和的父母比情绪激动的父母能更好地处理此类事件。

如果你犯了错误，就应该吸取教训，下次就会变得更加小心。觉得"还行"意味着你已经认识到，面对错误如果产生过多的负面情绪，只会扰乱你的思想，而不是帮助你解决问题。

只要不是盛怒状态，你就能做出更好的反应。你会镇静而礼貌地应对客户；你会冷静地清理键盘，而不是把整个笔记本计算机摔向墙壁；你会给祖母写一封诚恳的道歉信，说明大浅盘没有破裂；你会买自己的牙膏，而不会为了伴侣丢了牙膏盖而愤怒不已。

"还行"本身已经成了一种颂词，在你情绪爆发的时候提醒自己缓解和控制压力。这并不意味着忽视所有的经历，而是保护身体，使之免受毫无必要的压力激素大量分泌造成的伤害。除非你需要打斗或逃跑，否则，最好抑制皮质醇的大量分泌。

放松，说句"还行"，你将平衡压力反应和放松反应。

第四节 其他压力应对方法

我们已经介绍了很多有效的压力应对技巧，然而大千世界如此丰富多彩，除此以外，还有更多的压力应对工具。本节将列出那些不属于前面章节论及的种类的技巧。带着寻求压力应对工具的兴奋之情阅读以下内容，你或许会发现一些自己正在寻找的东西。

调整态度

本部分所讲的态度调整与暴力毫无关系，这里的态度调整是指慢慢改变一个人的态度。

消极情绪贪婪地吞噬着你的体能，不断增加和放大压力，直至压力达到难以控制的程度。很多人都有消极的倾向和习惯，你呢？

你的态度是怎样的？你看到的是"还有半杯水"还是"只有半杯水"？你最先想到的是积极的方面还是消极的方面？

消极是一种习惯，可能是过去的遭遇造成的，这不难理解。但是，习惯是可以改变的，消极也能就此停止。即使遭遇不幸，你也不必消极。有些人在困苦中仍然保持积极的情绪，有些人却彻底绝望。差别在哪里呢？态度。

怎样改变消极的态度呢？首先，注意自己在什么时候会变得消极，记录消极日志。在感觉消极的任何时候，不要随性地表现出来，将其记到日志里。当你将内心的情绪记录在纸上之后，就能进行客观地分析。最后，你将找到其中的规律。

压力使你不再具有幽默感了吗？面对生活压力，试着保持自己的幽默感。愉快的方式往往压力较小，有时候，有趣的表情或及时的笑话，就能立刻终止不断升级的险情。

当你知道哪些事物会触发你的消极情绪（或许有多种触发因素）之后，就能开始掌控自己的行为。碰到出乎意料的情况时，从你口中迸出的第一句话是不是"噢，不会吧"？如果是，在"噢"之后就让自己停下来。注意自己在做什么。告诉自己："我不必采取这种反应方式。我应该等等，看看是否真的需要如此夸张的'噢，不会吧'。"这种对思维过程和消极反应的阻断能够使你变得更客观，对各种情况的态度更积极。

即使在停止之后，你发现确实需要"噢，不会吧"，你也不必对每次小灾祸都大惊失色。你可以将"噢，不会吧"留到真正需要的时候。

你越是习惯于阻止消极反应，采取中性或积极反应，消极反应本身就会越来越少。不要说"噢，不会吧"，试着沉默，采取"等等看"的态度；或者告诉自己："哦，我能看到积极的方面！"

你或许会遇到很多阻碍，这也是意料之中的事情。你也许会在消极日志中发现自己享受着消极带来的快乐和安全感：如果你永远做最坏的打算，就永远不会失望。但是，你必须克服这些阻碍。虽然消极在某些方面能够为你带来慰藉，但值得为此失去你的体能和快乐吗？坚持下去，诚实地面对自己。你也许会发现所有的消极反应都是出于对自己的保护，而你完全可以找到比这更好的防护方式。好朋友、给人带来满足感的业余爱好、有规律的冥想练习……这些都是不错的选择。

如果你认真戒除这些消极反应，就能调整自己的态度。但是，必须多加注意。

你可以通过对自己感受的评价，制止自己不理性的思维倾向。问问自己下面这些问题：

1. 是环境还是我的认知造成了压力？
2. 我是不是把事情想成了脱离实际的样子？
3. 我是不是因为别人的错误而感到压力？
4. 两个人之间才会发生冲突，我是不是其中的一方？
5. 我是不是在白费时间寻找导致这种状况的原因，而不是改变自己的行为？

自发训练

自发训练是不需要催眠师和催眠时间的催眠疗法，而且功效显著。

自发训练采用放松的姿势，并对肢体的温度和重量进行口头提示，使练习者深度放松，缓解压力。自发训练被用来治疗肌肉紧张、哮喘、肠胃病、心律不齐、高血压、头痛、甲状腺炎、焦虑、易怒、倦怠等疾病和情绪问题；此外，还有增强抗压能力的作用。

自发训练的口头提示用于改变身体对压力的反应。提示包括6个要素：

（1）重量。放松四肢部位的随意肌，缓解四肢肌肉的紧张，尤其是压力导致的肌肉紧张。

（2）温度。扩张四肢部位的血管，阻止在压力状况下血液向身体中心的流动。

（3）规整的心跳。使心跳正常，防止压力造成的心跳加速。

（4）规整的呼吸。使呼吸正常，防止压力造成的呼吸加速。

（5）放松与腹部的保暖。阻止压力造成的血液向消化系统的流动。

（6）镇静头脑。阻止压力造成的血液向头部的流动。

换言之，压力激素对循环系统的主要影响已经被全部涵盖了，并通过口头提示在自发训练中被有效制止。

如果在自发训练中感到压力或不适，可以跳到下一个部位。如果你患有溃疡或其他肠胃疾病，可以跳过温暖腹部和胃部的步骤。

你可以自己进行自发训练，在专业教练的指导下学习正确的做法也是不错的选择。如果找不到适当的教练，也可以找些相关方面的书籍，根据书上的指示进行练习。

更简单的做法是：找个安静、不受外界打扰的地方，让自己彻底放松；营造舒适而温暖的氛围，调暗灯光，坐下或平躺；将注意力集中到6大要素上，反复吟诵下面的口头提示，注意你在对自己说什么。但是，不要强迫自己集中思想。保持态度的被动性和吸纳性。无论发生什么都没有问题，自发训练是不会错的。如果想听取专家意见，可以咨询当地实施催眠疗法的精神治疗医师，或者咨询具有执业资格的整体治疗医师，比如脊椎指压治疗医师、草药治疗医师、按摩疗法医师等。

你可以将这些提示录在磁带上，也可以记在心里。每句提示重复4遍，放慢语速，然后诵读下一句：

我的右手臂有重量感，我的左手臂有重量感。我的右腿有重量感，我的左腿有重量感。我的右手臂感觉温暖，我的左手臂感觉温暖。我的右腿感觉温暖,我的左腿感觉温暖。我的手臂有重量感,而且感觉温暖。我的双腿有重量感,而且感觉温暖。我的心跳缓慢而轻松,我的心脏感觉平静。我的呼吸缓慢而轻松,我的呼吸感觉平静。我的胃部感觉温暖,我的胃部非常放松。我的前额感觉凉爽,我的头皮非常放松。我的全身非常镇静,我的全身非常放松。我很镇静,也很放松。

瞧!你可以和压力反应道别了。

创造疗法

创造疗法将绘画、写作、雕刻、演奏等作为缓解压力的一种形式,以及处理情绪和心理问题的一种方法。历史悠久的艺术疗法通过特殊的技术,能够开启病患者的创造力。但是,艺术疗法需要训练有素的专业医师。创造疗法是一个更为宽泛的概念,旨在让病患者利用自己的创造力缓解自身压力。艺术疗法是创造疗法的一种,但不是唯一的一种。在创造疗法的过程中,你可以写诗、弹钢琴,甚至浇铸家用的面团模型,这些都有助于缓解压力和发挥创造力。

创造疗法是缓解压力的绝好方式。当你沉浸在创造乐趣中的时候,就能获得和冥想练习所能达到的高度集中。让自己与你的创作(绘画、诗歌、小说、日志、雕塑、音乐等)融为一体,能够有效缓解(即使是暂时的缓解)生活中的各种压力。你的身体将通过放松抵制多种压力引起的负面影响。

创造疗法与冥想类似,旨在使你的思想在较长时间内关注某个单一的事物。这是很好的练习方式,也是磨炼情绪的好办法,创造疗法还能提升你的自我感觉。你不必整天从事应该做的工作,或者别人希望你做的工作。创造疗法将给你一个私人空间,让你抒发内心深处的想法、感受、问题、焦虑、快乐,以及深藏在潜意识中急待释放的想象力。

怎样实施创造疗法呢?每天抽出30分钟到1个小时的时间,选择自己发挥创造力的渠道,你可以写日志、拉大提琴、画水彩画、种植花草、听古典音乐、跳舞等。无论你选择什么，必须像冥想那样全身心地投入到这段练习中去，将其看成不容改变的约定。在安静并且不受外界打扰的地方坐下，开始尽情创造吧（做任何你想做的事情）。

开始创造疗法的一个月内，不要观赏自己的作品，也不要分析自己的表现，至少不要仔细地观赏或分析。一个月之后，仔细看看自己的创作成果。看到模式了吗？基调如何？主题如何？文章中的词句和绘画中的图案都是你个人的主题，舞蹈和演奏中的动作、声音等对你来说也有重要的个人意义。仔细思考这些成果对你的意义，你的潜意识到底想告诉你什么？

将创造疗法看成私人事务。无论是绘画、写作、雕刻，还是演奏，千万不要想着自己是在创造"巨作"。这是私人的创作，只有你自己知道。允诺自己，不要在他人面前展示这些作品，至少在一个月之内不要展示，之后，你就可以自己决定了。目前，你要做的就是让内心的想法通过某种媒介释放到体外。

即使你不懂绘画，不会创作诗歌，或者对你选择的艺术形式一无所知，也没有关系。这些作品不是用来评价、分析和展示的，这是潜意识的直接反映，是抒发内心感受的过程。这种感觉很不错。

这里有些关于创造疗法的建议：

（1）开始之后就不要轻易停止，不断地写或画。如果停下来，很可能就会评价自己的作品。

（2）不要评价自己的作品！

（3）在疲惫的时候进行创造疗法。有时候疲倦会使清醒、规整、敏锐的思想变得迟钝，此时，潜意识中将产生更多的意象。

（4）允诺自己，在疗程结束之前，不要读自己的文章，也不要看自己的绘画。否则，你可能会不自觉地进行评价。

（5）对自己获得的成果不要太苛刻，也不要失望。进行创造疗法不会出现错误，除非你对自己妄加评论。

（6）卡住了？面对白纸无从下笔？开始的时候，可以随意涂写，不需要任何想法或计划。即使写了满满3张纸的"我不知道写什么",或者画了整页整页的直线,也没有关系。最后,你必将感到疲倦,新的东西就会出现了。

(7)遵从治疗的程序。即使开始的时候效果甚微,只要每天坚持30分钟(初学者可以减至10~15分钟)的练习,最后的效果将使你惊诧不已。

(8)不要因为自己"缺乏创造力"就觉得无法进行创造疗法。无稽之谈!每个人都极富创造力。有些人的创造力得到了很好的发展,有些人却没有。创造疗法就是要帮助不是艺术家的普通人意识到自己的创造力。

(9)最重要的是好好享受这个过程!创造疗法趣味无穷,很能给人启示。

朋友疗法

朋友疗法很简单:让朋友帮助你进行压力应对。研究显示,没有社交关系和朋友的人往往觉得孤独却又不肯承认。孤独将导致压力,抑制感情造成的压力则更为严重。

有些人在遇到困难的时候自然而然就会向朋友求助;有些人却将自己孤立起来,独自面对压力,给自己寥寥几句鼓励而已。

有些人已经拥有一群可以求助的朋友,但是当压力事件发生的时候,他们往往会中断和朋友的联系。当你感到压力时,会不会停止回复电子邮件、中断和好友的电话联系、不再参加任何集体活动?采用朋友疗法吧,给他们打个电话,告诉他们你的压力状况。请他们聆听你的倾诉。如果你不需要建议,也可以请他们不要发表意见。当然,如果需要的话,也可以请求他们的帮助。

如果你没有现成的朋友群,或者已经和他们失去联络,可能就要从头开始了。结交朋友最简单的方法之一就是参加各种活动。上课、加入俱乐部、寻找支持性的组织。你可能需要尝试多种方式,才能找到真正能够依赖的朋友。但是,只要坚持不懈,就肯定可以获得成功。

不要用日程表安排不下别的事情作为搪塞的理由。和你喜欢的同事多联系，在孩子的校园活动中和别的家长切磋经验，邀请很久没有联系的朋友共进午餐，饭总是要吃的，不是吗？

采用朋友疗法缓解压力并不意味着坐在家里，等待朋友的到来，而是主动出击。有时候，只需要几句话，就能找到和你处于同样困境、需要朋友疗法的朋友。

朋友疗法并不复杂，唯一的要点就是人与人的接触，不是基于网络的虚拟接触。电话联系很有帮助，但是触及不到真正的问题。和朋友一起聊天（即使与你的问题毫无关系），给日常工作安排一段小小的插曲，这将是放松和提升自尊的绝好方法，也是帮助他人的机会。

在朋友疗法中，你无须做任何特别的事情，你需要的只是社交生活。

当然，朋友能够和应该为你做些什么也有一定的限制。朋友疗法应该是接受和付出相互平衡的过程。有效的朋友疗法必须是互惠的。如果只有你向他们倾吐苦恼，却从不分担他们的苦恼，他们是不会成为你长久的朋友的！

建立友谊的方法之一就是请求帮助。熟人和邻居之间往往不愿意请求对方的帮助，但是，请求帮助却是建立互惠友谊的好方法。如果你向邻居借用雪铲或糖罐，他们日后向你借东西的时候就会觉得轻松很多。请求帮助比给予帮助更为有效，因为人们通常更愿意提供帮助，而不是请求帮助。去吧，请别人帮助自己吧，一段友谊可能就此开始了。

催眠：刺激还是缓解

人们对催眠似乎存有偏见：不断摇摆的钟锤，拥有超强控制力的催眠师，被催眠的人却像小鸡那样在台上乱跑乱叫。诚然，催眠确实被某些寻求放松的人误用过，但是，催眠和催眠疗法却是用于调整情绪的合法方式。催眠的实质是伴随着可视化的深度放松。

催眠不是任由催眠师控制的神秘状态。催眠之后，你并没有失去意识，可是身体极度放松，甚至无法移动，你的意识变得狭隘，思维也会变得简单，此时的你比非催眠状态时更容易接受建议。催眠的作用就是这种对建议的可接受性。

在我们的一生之中，我们常常希望改变自己，比如习惯、对压力环境的反应方式、忧虑倾向、失眠症状等。仅仅对自己说"不要这样""快点入睡"是没有用的。我们要做的事情太多了，我们的行为已经形成惯性。

我们的思想失去控制，变得急躁不安，我们非常紧张。正是这些问题阻碍了我们做自己应该做的事情，比如戒烟、不要过分担忧等。

催眠是一种近似于睡眠的状态：身体得到彻底放松，不再受到外界的干扰；思维反而高度集中，更能完成我们想做的事情。这种集中使我们对行为和感受的控制更真实，甚至连身体都会作出相应的反应。这并不是什么新东西。看电影或听故事的时候，我们的身体常常会有反应，好像自己就是情节中的人物。激动的场面使心跳加速，刺激的情节引起情绪反应的高潮，出现不公平时，我们就会愤怒不已。

催眠使用特殊的方法指导思维，使身体在完全放松的状态下对思维做出各种反应。这就是催眠的本质。

催眠疗法是专业治疗师通过催眠术的运用，帮助病人消除过去的创伤，改变不良的生活习惯，或者重新获得对某些行为的控制力。催眠疗法常常被用来帮助人们戒除吸烟和过度饮食等习惯，也是治疗慢性倦态的常见方法。此外，催眠疗法还能有效提升自尊、自信，以及对社会的渴望和热爱。

处于催眠状态的时候，不能让你做伤害自己和他人的事情，也不能让你做违背自己意愿的事情。催眠只是一种高度放松的状态，此时的思维更容易接受来自视觉和听觉的建议。

不是每个人都能接受催眠，然而，你确实可以催眠自己。当然，你必须愿意，并且遵循专业建议。下面的练习改编自玛撒·戴维斯博士、伊丽莎白·罗宾斯·艾谢尔曼和马太·麦克基博士合著的《放松和减压手册》，可以用来训练思维对建议的反应。你可以通过这些测试判断自己是否适合催眠。如果尝试几次之后没有产生任何反应，催眠对你可能就没有什么帮助了。

练习一

1. 双脚分开站立，与肩同宽，双臂悬于体侧。闭上双眼，放松。

2. 想象右手提着一个小箱子。感受箱子的重量和对身体的侧拉作用。

3. 想象有人拿走你的箱子，然后给你一个中等大小的箱子。这个箱子更重、更大。感受手柄和箱子重量对右侧的压力。

4. 想象有人拿走你的箱子，然后给你一个大箱子。这个箱子非常沉重，你几乎拿不动。箱子将你的整个身体拉向右侧，箱子本身的重量似乎在向地面下沉。

5. 继续感受大箱子的重量，坚持2~3分钟。

6. 睁开双眼。你仍然笔直地站着吗？还是微微向右侧倾斜？

练习二

1. 双脚分开站立，与肩同宽，双臂悬于体侧。闭上双眼，放松。

2. 想象自己站在大草原中间的小山上。微风习习，阳光灿烂，天气非常晴朗。

3. 突然，风变大了。你迎风站着，觉得风在把自己往后推，头发也被往后吹，甚至连手臂都似乎被吹向后方。

4. 风很大，你几乎无法站立。如果你不倾斜，就会被风刮倒！你从未见过这样的大风，每一阵狂风都几乎可以把你吹倒！

5. 感受风的强劲。坚持2分钟。

6. 睁开双眼。你仍然笔直地站着吗？还是顺着风向微微倾斜了呢？

练习三

1. 双脚分开站立，与肩同宽，双臂前举，与地面平行。闭上双眼。

2. 想象有人在你的右臂上系了一件重物。你的右臂必须承受这个物体的重量，觉得非常紧张。感受重物，想象它挂在右臂上的样子。

3. 想象有人在你的右臂上系了另一件重物，两个物体把右臂往下拉。它们非常沉重，为了举起重物，你的肌肉非常紧张。

4. 想象有人在你的右臂上系了第三件重物。三个物体太重了，你的手臂几乎举不起来了。感受重物将手臂往下拉的样子。

5. 想象有人在你的左臂上系了一个巨大的氦气球。感受气球在将左臂不断往上拉。

6. 感受右臂的重物和左臂的气球，坚持2~3分钟。

7. 睁开双眼。你的手臂仍然对称吗？右臂有没有稍稍下落，左臂有没有稍稍上升？

这3套练习尝试几次之后，如果你的身体始终没有任何反应，说明催眠对你可能没有帮助。当然，如果你仍然想尝试的话，尽管尝试好了。人的意念力量非常强大，想让意念发挥作用就已经成功了一半。很多研究者认为，几乎每个人都能进行自我催眠。

研究表明，自我催眠是缓解儿童和青少年偏头痛最有效的方法之一。

自我催眠的方法与催眠别人几乎没什么差别。如果专业的催眠治疗医师和催眠师可以催眠你的话，你也可以使用同样的方法催眠自己。你必须想清楚需要治疗的问题，比如戒烟、每次岳母来访的时候不再局促不安等。

自我催眠有着详细的过程，包括呼吸、肌肉放松、假想走下一段楼梯，然后从10倒数到1。细节性的可视化练习可以促使思维高度集中。最后，催眠以提醒自己采取所希望的行动而结束。提示的措辞必须积极，比如"我觉得很强健，也很自信，岳母来访的时候我将控制好整个局面"，而不是"我不想在每次岳母评价我料理家务能力的时候哭出来"。

提示之后，就可以一边数数一边让自己慢慢退出催眠状态，并告诉自己，数到10的时候就能恢复清醒和警觉了。

有几本关于自我催眠的书很不错，有如何催眠的详尽解释。如果你觉得自我催眠不舒服，可以请教催眠治疗医师。无论怎样，催眠都是一种有效的深度放松技术，帮助你控制原来觉得难以驾驭的压力。

千万不要在需要警觉的情况下进行自我催眠，比如开车的时候。深度的放松状态将阻止身体做出能够保障安全的迅速反应。

乐观主义疗法

你觉得自己是根深蒂固的悲观主义者吗？乐观主义疗法类似于态度调整，但是更关注作为乐观主义者的反应重塑。乐观主义有着透过玫瑰色玻璃歪曲世界的恶名。然而，乐观主义者确实更开心，也更健康，因为他们觉得自己能够掌控命运，而悲观主义者却觉得自己被命运所掌控。

心理学家根据人们对不幸事件的描述来判断他们是乐观主义者还是悲观主义者。描述风格包括3个部分：

（1）内部/外部描述。乐观主义者更相信不幸是由外部原因导致的，而悲观主义者倾向于责备自己（内部原因）。

（2）稳定/不稳定描述。乐观主义者觉得不幸是暂时的（不稳定的），而悲观主义者认为不幸是永恒的（稳定的）。

（3）普遍/特殊描述。乐观主义者觉得问题是特殊环境造成的，而悲观主义者认为问题是普遍存在的，不可避免。

那么，乐观主义者的身体状况和悲观主义者的身体状况有什么差别呢？完全不同。研究表明，乐观主义者普遍比较健康，拥有强健的免疫系统、更快的伤痛恢复能力，以及比悲观主义者更长的寿命。

你可以运用称为"思维停止"的有趣的行为技术，遏制自己的悲观主义倾向和别的情绪压力反应。练习"思维停止"的时候，想好某个经常出现的悲观想法，将这个想法与某个清晰的形象联系起来。定时3分钟，闭上双眼，将注意力集中在这个形象上。3分钟后大叫"停止"，重复几次。无论这个形象何时出现，就轻声对自己说"停止"。这将遏制悲观想法的延续，给自己有意识地用乐观想法替代悲观想法的机会。

由于倾向的不同，即使面对同样的压力，悲观主义者也会比乐观主义者感到更大的压力。对压力的感知将直接影响身体的反应，因此，悲观主义者的压力反应更为严重。

乐观主义者也更可能采取积极的行为，比如锻炼和健康的饮食。悲观主义者可能持有宿命论的观点，他们认为吃什么和保持多少运动量并不重要，因此总会选择最简单的行为方式。悲观主义者往往自我封闭，倍感孤独，他们缺乏社会交际，或者有几个会带来负面影响的朋友。

如果你是悲观主义者呢？你能改变吗？当然可以。你需要的就是乐观主义疗法！研究表明，即使在不开心的时候，微笑也能让你开心起来，而乐观主义者恰恰拥有很多真诚的笑容。装成乐观主义者将使你觉得自己真的成了乐观主义者，也使你的身体学会乐观主义者那样的反应。

如果你的悲观主义是暂时的，或者是最近才产生的，或许就可以独立完成自己的乐观主义疗法。每天醒来的时候，在你起床之前，在你还没有时间变得悲观之前，大声诵读几遍下面的提示：

"不论今天发生什么，我都不会评判自己。"

"我的生活将出现由内而外的改善。"

"我将用健康的方式愉快地度过今天。"

"不论身边发生什么，今天都将是个好日子。"

"这可能是愉快的一天，也可能是糟糕的一天。我选择让它成为愉快的一天。"

选择一天中的某个段落或部分，立誓在这个段落中成为一名乐观主义者。你可以选择午休时间、员工会议，或者晚餐前与孩子共处的时间。在这段时间里，每次想起或说起悲观的事情时，立刻用乐观的想法和语言代替原来的内容。比如，咖啡洒出来的时候，不要说"我真蠢"，可以换成"哇！杯子正好从我手里滑走了"；面对挑剔的上级时，不要想"他总是讨厌我的工作"，可以想成"他不喜欢这次任务的这个部分，别的工作没有问题"。

刚开始练习的时候或许有些不自然，但是做得越多，就越会成为习惯。你可以养成乐观的生活习惯，这对你的健康大有裨益！

如果你的悲观主义思想根深蒂固，而且患有抑郁症，就应该请专业的心理治疗医师采取意识疗法。意识疗法的治疗师将帮助病人认识悲观和抑郁对情绪的影响，并帮助他们看清这些想法的本质，让他们在悲观行为中悬崖勒马。意识疗法对抑郁非常有效，有些研究表明，意识疗法有着与抗抑郁药物同样的疗效。对很多抑郁症患者来说，意识疗法和药物治疗的结合将达到更好的效果。

第三篇

人生各阶段的心理危机与应对之道

第一章
不同人群的心理点金术

人生要经过各个时期，每个年龄都要走过，要想让每个年龄都有声有色、多姿多彩，一定要保证各个阶段的心理健康。因为只有健康的心态才能看到天上的繁星，才能从肥皂沫里看到彩虹。

第一节 关注儿童的心理健康

儿童是祖国的花朵，是未来的希望，所以，保证儿童的健康成长是任何时代不可替代的历史责任。而健康既来自身体也来自内心，随着社会的发展，人们把更多的视角投在了儿童的心理健康方面。的确，只有心理健康的儿童才能茁壮成长，将来才能为祖国的发展做出贡献。

儿童心理健康的测试

儿童时期是人生开始的一个重要年龄阶段。大脑结构在不断完善，儿童时期的心理健康将在人生中有重要影响，所以，家长应尽可能地多了解儿童心理特点及有关儿童心理疾病的知识，并对孩子有全面的了解，以下就是一个关于儿童心理健康的测试，能够帮助家长更清楚自己孩子的健康情况。

测试：你的孩子心理是否健康

问　题	是	否
1. 孩子能否轻易被逗笑		
2. 孩子是否经常耍脾气		
3. 孩子能否安静地躺下睡觉		
4. 孩子是否总把家人激怒		
5. 孩子是否挑食		
6. 孩子的饭量是否稳定		
7. 孩子吃饭时是否经常耍脾气		
8. 孩子有没有要好的小朋友		
9. 孩子是否经常失去自制力		
10. 孩子是否总是需要看管		
11. 孩子是否做到夜间不尿床		
12. 孩子是否有吮手指的习惯		
13. 孩子是否经常抽噎、啜泣		
14. 孩子能否安静地独自待一会儿		
15. 孩子是否有恐惧心理		

评分分析

以下选择加1分：1.是，2.否，3.是，4.否，5.否，6.是，7.否，8.是，9.否，10.否，11.是，12.否，13.否，14.是，15.否。

如果为11~15分，心理状态较好；6~10分，心理状态正常；0~5分，心理状态较差。

多动儿童的表现与调适

活泼好动是每个儿童的天性，也是儿童的可爱之处，但是日常生活中有些孩子不是简单的灵活好动，而是不听家长、老师的劝阻，不分时间、不分地点地乱动乱跑，这些儿童就是患上了儿童多动症。多动症又叫注意缺陷障碍，是儿童常见的一种以注意力缺陷和活动过度为主要特征的一组综合征。其症状一般在学龄前出现，但9岁是儿童多动症的症状最突出的年龄，患病率为3%~5%，男孩多于女孩。

儿童多动的原因主要有：

（1）遗传因素。

多动症患儿的一级亲属中在童年患有多动行为的较多见，母亲或双亲患多动症，其子女患同病的危险性增高。单卵双生子同病率明显高于双卵双生子。

（2）神经心理学因素。

本症可能是由于中枢神经系统成熟延迟或是由于大脑皮质的觉醒不足。

（3）轻微脑损伤因素。

（4）生物化学因素。

本病可能与中枢神经递质代谢缺陷有关：患儿尿MHPGSO4明显低于正常儿童；血小板单胺氧化酶（MAO）降低。另外也因锌、锰缺乏，铅、镉过多所致。

（5）心理社会因素。

多动儿童主要有以下表现：

1. 活动过度

这是多动症儿童的主要特征之一。这种现象在婴儿期就有所表现：好动、不安宁、爱哭、常兴奋尖叫、爱翻能看得见的东西；上学后就更加突出，不分场合地过多行动，不仅自己不好好学习，还影响全班同学的学习；晚上睡觉也不安稳。

2. 注意障碍

这是多动症儿童的另一个主要症状。与同龄儿童相比，患儿的注意力显得极不集中、不稳定，极易受外界刺激的干扰而分散注意力，做事常常有头无尾，总是不停地从一个活动转向另一个活动。

3. 情绪不稳、冲动任性

患儿的自控力明显低于同龄儿童，经常是先行动后思维，从不考虑其后果，做事缺乏条理性，易激怒、爱发脾气、倔强，常为一些小事而哭喊吵闹、好冲动、不服约束，甚至突然做出一些危险举动，有伤人和自伤行为。

4. 行为异常、适应困难

80%的多动症儿童都好顶嘴、好打架、横行霸道、恃强凌弱、纪律性差，有的甚至还有说谎、偷窃、离家出走等行为。

5. 学习困难

儿童多动症不等于儿童好动：多动症儿童的活动是杂乱的、无目的的，而好动的儿童其活动则是有目的的、有序的；多动症儿童是在各种活动中表现出来多动、注意力不集中，而好动的儿童则只是在某一个活动场所或场合下有多动表现；多动症儿童的多动不分场合，一些举动难为人们所理解，而好动的儿童，即使特别淘气，其举动也不离奇，能为人们所理解；多动症儿童不能专注于某一项活动，没有什么活动内容能使他们静下来投入进去，而好动儿童对他们感兴趣的活动则能静下心来投入进去。

以往认为，多动症是一种自限性疾病，即随年龄增长，症状会自然消失。但是经过专家们长期临床跟踪观察发现，仅有部分多动症患儿可以自愈，而多数患儿的症状可能会延续至成年。治与不治，早治与晚治，在疗效和愈后状况上有显著的差异。因此，目前医生一致的看法是：应该及早治疗多动症。要取得良好的疗效，家长、教师必须和医生互相配合。

对多动症症状明显，严重影响到学习的患儿，应进行药物治疗。常用的药物有右旋苯丙胺、利他林、米拉脱林等中枢兴奋剂。这些药的有效率一般为70%~80%，因此是治疗多动症的首选药物。患儿在用药1~2周后，一般会表现出安静，不再怎么好动，注意力较集中，能按大人的要求行动，易于管理等。当然，有的儿童在用药后不久，多动和激动的表现可能会加重，但继续用药后症状即可改善。这些药的副作用有食欲不佳、体重减轻、睡眠障碍。因此家长不可以自行滥用，而应该在专科医生的密切观察下进行。傍晚时尽量不给孩子吃药，以免孩子晚上不能入睡；同时要遵从医嘱，根据儿童行为的改善情况逐渐减量或停药。当使用中枢兴奋剂治疗无效时可改用其他药物治疗，如三环类抗抑郁药或小剂量氟哌啶醇等治疗。

药物不能代替教育，只能为教育提供良好的条件。家长和教师不能歧视多动症患儿，更不能损伤其自尊心，对患儿良好的行为应给予及时地表扬和鼓励。同样，对患儿的打架伤人等攻击性行为、破坏公物等破坏性行为以及说谎逃学等不端行为，不可以患病为理由进行袒护，而应像对待正常儿童一样坚决制止。

孤独儿童的表现与调适

儿童孤独症，多发生在婴幼儿期，是一种比较严重的儿童精神障碍，这种病涉及感知、语言、情感、智能等多种功能的损害。

孤独症一般起病于3岁以内，男孩多于女孩。主要表现有：

（1）孤独离群。

患儿没有与人交往、交流的倾向和要求，对集体生活环境不适应。症状较轻者，看别的儿童玩而自己不参与；对周围发生的事情不闻不问，漠不关心，甚至当别人喊他时也不理不睬。

（2）情感冷淡。

患儿对人缺乏相应的情感体验，常常是毫无面部表情。

（3）缺乏社会交往的技巧，整日不言不语，只顾自己玩。

（4）言语障碍。

大多数患儿言语发育迟缓，平常话很少，显得很安静。有的即使会说，也不愿说，常常是用手势来表达自己的愿望和要求，以致让人误以为是聋哑儿，严重的病例几乎终生不语。

（5）脑部智力大多低于正常人，只有20%的患儿智商高于正常人或与正常人相当。

（6）对某些物件，如一只杯子、一块砖，表示出特殊兴趣，甚至产生依恋，而对亲人却不产生依恋。

此外，有的患儿还可能有感知障碍，对视、听、触等多种感觉迟钝或过敏。有的存在认知障碍，智力低下，抽象思维能力很差，少数患儿可能伴有癫痫发作。患孤独症的孩子有时会聋，对声音没反应。正常孩子会被声音例如狗叫惊吓，而孤独症小孩会无动于衷。他们对疼痛、冷热也不太敏感，不爱交朋友，宁肯独自一人，很少会凝视别人的眼睛或对别人笑。

就儿童孤独症而言，目前尚无十分系统的治疗方法。多数专家主张解铃还需系铃人，用心理调适治疗心理障碍孤独症通常十分有效。比如带孩子回访老家，或看望以前的小朋友；多让他参加集体活动；同时带他去逛逛公园、看看小动物，或旅游等。这样就会使他渐渐从孤独症中解脱出来。国外也有专家发现，温柔而有趣的动物对治疗孤独症非常有效。例如墨西哥已开设的高智能动物海豚治疗儿童孤独症的康复中心等。

但是孤独症可以预防。预防儿童孤独症的发生，不妨从以下几个方面入手：

1. 别把孩子过分封闭于一味学习的小圈内

城市居住的现代化使许多人搬进了高楼，而一户一门的高楼容易给孩子造成封闭的环境。因此，应允许或鼓励孩子从高楼走下来到庭院中，与邻居或附近小朋友玩耍、交往，建立友谊。

2. 注重情商培育

情商即社会适应的综合能力。孩子仅仅学习成绩优良是不够的，还须懂得接受别人并让人接受自己，这也是爱的基本含义。在培育孩子良好品德的同时，要教导孩子形成好的性情和情感。

3. 尽量让孩子参加集体活动

集体活动包括邻居小朋友相邀的游戏、做作业；包括学校、班级统一组织的文体活动；包括祝贺同学生日、欢送老师等。从集体活动中培育孩子的性格，从集体活动中体验友谊、智慧和温暖。

4. 为孩子的交友创造条件

不仅应允许孩子走下高楼、走出家门，也应允许把小朋友请进家门。为孩子提供交朋友的机会，教给他们交朋友的艺术、方法和技巧。

5. 培育孩子的自立能力，切忌父母事事包办

让孩子学会自己的事情自己做，而且有意让孩子碰碰钉子、尝尝苦头，以磨炼孩子的意志力。

儿童恐惧症

儿童恐惧症是指儿童对日常生活一般客观事物和情境产生过分的恐惧、焦虑，达到异常程度。

恐惧是正常儿童心理发展过程中普遍存在的一种情绪体验，是儿童对周围客观事物一种正常的心理反应，也是儿童期最常见的一种心理现象。曾有人对一组儿童进行纵向追踪调查到14岁，发现90%的儿童在其发育的某一阶段都发生过恐惧的反应。儿童期的恐惧是十分短暂的，有研究表明，儿童恐惧在一周内消失的占6%，在3个月内消失的达54%，在一年内可全部消失。当然也有消失的时间要长一些的。许多恐惧不经任何处理，随着年龄增长均会自行消失。另外，惧怕的内容反映了儿童所处的环境特点及年龄发展阶段的特点。如9个月前的婴儿怕大声和陌生人；1~3岁的儿童怕动物、昆虫、陌生的环境和生人、黑暗、孤独等；4~5岁的儿童怕妖怪、鬼神，怕某些动物或昆虫，怕闪电雷击等；小学生则怕身体损伤（如摔伤、动手术等），怕离开父母、亲人死亡，怕考试、犯错误和受批评等；青年期则产生对社会环境、社会交往的恐惧。一般来说，惧怕与儿童的身体大小和应付能力有关，也反映了儿童的智力发展水平。惧怕的内容常常具有不稳定性，而恐怖障碍则不然，恐怖障碍患儿恐怖的内容各不相同，且较稳定，不会泛化，如怕猫的不会变为怕狗，怕闪电打雷的不会泛化为怕黑。恐惧症患儿由于对某一事物现象的恐惧，进而产生回避或退缩行为，如由于怕考试成绩不好被老师父母批评，发展到怕上学、见老师和同学，产生学校恐惧症。恐怖障碍持续的时间较长，不易随环境年龄的变化而消失，而且任何劝慰、说服、解释也无济于事，严重影响着儿童的正常生活和学习。

儿童恐惧症产生的原因

儿童恐惧症产生的原因主要是因环境、教育造成的，而其中又以父母的行为方式、教育方法的不当为主：父母对孩子溺爱，过于保护，限制儿童的许多行动；父母用吓唬威胁的方法对待孩子的不听话、不乖顺；有的父母当着孩子的面毫无顾忌绘声绘色地讲述自己所见所闻或经历过的一些可怕的事情；有的父母对某一事物或现象存在恐惧，在孩子面前毫不掩饰地表现出来，使孩子也深受其害；有的父母对孩子过严过高的要求；家庭成员关系不和睦或对孩子缺乏一致性、一贯性的教育等。

儿童恐惧症的表现与治疗

儿童恐惧症的表现形式是多种多样的，按其内容可分为以下几种：

（1）动物恐惧。如怕猫、狗、蛇等，有的甚至害怕到精神失常的程度。

（2）社交恐惧。怕与父母分离、怕生人、怕当众讲话、怕拥挤、怕上幼儿园和学校、怕考试。目前发现怕考试、怕见老师、怕上学的儿童有增多趋势。

（3）自身损伤恐惧。怕出血、怕鬼怪、怕流氓、怕传染病、怕生病、怕死等。

（4）对自然事物和现象的恐惧。怕黑、怕闪电雷击、怕独自关在室内、怕登高等。

对儿童恐惧症的治疗，应主要采用"心理分析疗法"等心理治疗和教育治疗，以及系统脱敏疗法等疗法，并且要从学校和家庭两方面着手。

上学恐惧症产生的原因与治疗

每到开学，就有家长领着刚上学的孩子尤其是低年级的孩子到医院，反映孩子情绪不稳定、心烦、无缘无故发脾气、对学习无兴趣，甚至上了学就肚子疼。经心理医生诊断，孩子患了"上学恐惧症"。

其实所谓的"上学恐惧症"并非专业的医学术语，只是对儿童和青少年某些心理问题的描述。它的主要症状表现为：情绪低落、心慌意乱、注意力降低、疲劳、失眠，有时伴随头痛、胃痛、肚子痛等身体上的不适。这种"上学恐惧症"不仅常发生在学习成绩跟不上的孩子身上，有很多聪明的孩子也有"恐惧"情绪。

一般来说，"上学恐惧症"是不分年龄段的，但性格内向、心理承受能力差的孩子更易产生这种心理障碍。通常由如下原因引起"上学恐惧症"：

1. 母子分离焦虑

这类儿童从小过分依赖母亲，在陌生环境下感觉不适应。他希望以"得病"等方式满足和母亲在一起的需要。而不懂孩子心理的母亲往往请假陪伴孩子，正好强化了孩子的这种需要，使之变本加厉获得新的机会。这样的"上学恐惧症"通常发生在年龄较小的儿童身上，尤其是刚入园不久的幼儿和入学不久的小学生。

2. 孩子不适应老师

通常是因为惧怕，这类儿童对老师有过高的期望，通常他们会在学习上努力，行为上克制、忍让，老师一般很少批评他们，在他们心中，老师是爱的使者和保护神。但当老师偶尔因某件事严厉批评他们时，这类儿童会一下陷入焦虑和无助的境地，这类儿童往往缺少伙伴，没有可以诉说或解脱的对象、场所，所以不愿意上学。

3. 存在学习障碍

更多的孩子对上学产生恐惧是因为学习成绩不好，经常受到老师家长的批评，存在一定学习障碍的孩子，特别是经过一个假期的放松，更不愿重返有各种约束的校园了。

目前因为学习困难就诊的有50%~60%，其中在神经内科就诊的占了1/3~1/4。很多家长都忽视了这样问题的存在，可实际上因此而患上"上学恐惧症"的不在少数。避免孩子患这类心理疾病的前提是，在日常生活中父母不要只一味关注孩子的衣食住行，也要有意识地给他们补充"心理营养"。

对于已经患上这类心理疾病的孩子，要对症下"药"，采取有效手段进行治疗。首先，父母要与校方沟通，采取正确积极的教育方式，尽量维护孩子的自尊心，因为有这类心理疾病的孩子内心是非常抑郁和脆弱的，如果用不良的方式疏导孩子的心理，就会适得其反，对孩子的心灵造成更大的伤害。其次，父母要学会让孩子"收心"，培养孩子的学习兴趣，不要给孩子太大的压力。再次，可请专业心理医生进行心理治疗，如心理疏导、暗示疗法，急性发作时，可配合使用小剂量的抗焦虑药物。只要相关各方密切配合，就会减轻孩子的紧张心理，就会有效地预防和治疗恐学症。

儿童焦虑症

儿童焦虑症指孩子因担心达不到目标或克服困难而产生的过度焦虑表现。过度焦虑的儿童往往老实温顺、自尊心强，是家长眼中的"乖孩子"。他们通常会很在意老师、家长的批评、说法及同伴的看法，因为相对敏感、多虑，自信心的缺乏，而使他们常常有无根据的烦恼，出现焦虑和恐慌。特别是在陌生的环境里，处理陌生事情时，他们会很担心和紧张，过分焦虑，害怕不能把问题处理好。

长期过度焦虑会影响儿童正常的人格、智力和身体发展。容易引发儿童退缩、过度顺从、暴怒、恐惧等行为的发生。患有焦虑症的儿童往往过分敏感、自我评价低，做事优柔寡断、谨慎等。

儿童焦虑症产生的原因及表现

儿童焦虑症的发病原因一方面可能由遗传因素影响，但是家庭环境、父母老师的教育方式都会诱发儿童焦虑情绪的产生。例如，如果老师和家长给予孩子过多的苛责、禁令、嘲笑、过高要求及负面言语等信息的传递，都会使孩子处于焦虑状态中。还有一部分家长对孩子过分溺爱，满足孩子的一切愿望，使孩子养成自我中心的性格特点，一旦当他们独自面对新的环境，遇到挫折时，易引发孩子的焦虑情绪。另外，在学校中一切向分数看齐的教育方式,当孩子面临学习的不如意时,也会使孩子产生焦虑。

焦虑症主要表现有焦虑情绪、不安行为和自主神经系统功能紊乱三方面的症状。小儿在情绪上多表现为烦躁、哭泣或吵闹,无论在饥饿或饱餐、寒冷或温暖、倦怠或清醒之时均哭闹,难以安抚和照料,不易抚养。大一些儿童常表示害怕、恐惧,或有大祸临头的不祥感觉,在行为上表现胆小、不愿意离开亲人、惶恐不安、哭泣、拒绝上学。自主神经系统功能紊乱症状,以交感神经和副交感神经兴奋症状为主,多有呼吸急促、闭气、胸闷、心慌、头晕、头昏、头痛、出汗、恶心、呕吐、腹痛、口干、四肢发冷、腹泻、便秘、尿急、尿频、失眠、多梦等。

儿童焦虑症的类型

1. 分离性焦虑

分离性焦虑多见于学龄前儿童,当与亲人分离深感不安而产生明显的焦虑情绪,甚至多数病儿常无根据地担心亲人会离开自己发生危险,将会发生意外的事故,会有大祸临头使自己与亲人失散,或自己被拐骗等,因此不去幼儿园或拒绝上学,即使勉强送去,也表现哭闹、挣扎,出现自主神经系统功能症状(如呕吐、腹痛等)。病程可持续数月至数年。

2. 过度焦虑反应

病儿表现对未来过分担心忧虑、不切实际的烦恼,如担心完不成学业,担心考试成绩差,怕黑暗,怕孤独,常为一点小事影响情绪而惴惴不安、焦虑烦恼。本症多见于学龄儿童和少年,女孩较多,其病前个性胆小、多虑、缺乏自信心,对事物反应敏感,同时有自主神经系统症状。

3. 社交性焦虑

病儿每当与人接触或谈话时会紧张、害怕、局促不安,尤其是当接触陌生人或在新环境,表现持久而过分紧张不安、烦躁焦虑,并企图回避。此类儿童从小恐惧上幼儿园,年长者怕上学,怕见老师和同学。若勉强到校也不与同学接触,单独一人站在墙角边,明显有社交和适应方面的困难。

儿童焦虑症的治疗

1. 心理治疗

（1）查明发病原因，解除诱发焦虑症的心理应激因素，如家庭环境因素、家庭或学校教育因素或"母爱"缺乏因素。

（2）采用支持、认知的心理治疗，着重于将焦虑思维重新调整至正确的结构，从而形成明确的适应的行为方式。

（3）家庭辅助治疗，父母应提高对疾病的认识，了解产生疾病的因素，并应配合医生的治疗，消除家庭环境或家庭教育中的不良因素，克服父母自身弱点或神经质的倾向。

2. 生物反馈疗法

帮助儿童进行自我全身的放松训练，可以使用生物反馈治疗仪。放松可以使生理性警醒水平全面降低，也有相应的心理效应，借以治疗紧张和焦虑不安。对年幼的儿童配合游戏或音乐疗法进行练习，效果更好。

3. 药物治疗

药物治疗以抗焦虑药为主。一般来说，急性焦虑反应发作并较严重时，应当根据患儿的病症、发作等情况，在医生的指导下服用抗焦虑药物。而慢性焦虑反应发作时，以心理治疗最为适宜。满灌疗法是治疗焦虑症的常用方法。医生在治疗过程中，使用对患儿来说能引起最强烈的焦虑情绪的刺激以"冲击"患儿，使患儿克服对某些情境、事件的焦虑反应。放松疗法是治疗儿童焦虑障碍常用的一种方法。通过对患儿进行渐进性放松训练，对减轻、消除儿童焦虑障碍有较好的疗效。

当我们的身边有了焦虑患儿的时候，家长和老师都应该认真对待。首先，应该用和睦的家庭气氛，轻松愉快的师生关系，给孩子营造一个良好的生活环境。其次，家长和老师应该改善教育态度和教育方法，注意循循善诱。对于孩子的学习要求，应注意到孩子的年龄、智能水平，对孩子既不能期望过高，也不能放纵溺爱。再次，要保证孩子有足够的睡眠时间和充分的娱乐时间，并时常与孩子谈心，帮助孩子树立克服困难、搞好学习的信心，让孩子渐渐培养起坚强的意志和开朗的性格。

儿童攻击性行为

儿童攻击性行为是指儿童受到挫折时，由愤怒情绪表现出来的用言语或身体向一定对象攻击的行为。儿童的攻击性行为可分为两类。其一是直接攻击。即对构成儿童挫折的人或事用言语、表情、手势等方式立即做出反应，直接攻击。其二是转向攻击。转向攻击一般在两种情况下发生：一是慑于对方的权势而不敢直接攻击，或碍于自己的身体不便进行直接攻击；二是挫折的来源不明，如莫名的烦恼或内分泌失常等因素引起的情绪冲动，将怒气发泄在他人或其他事物上。在儿童成长发育的过程中产生攻击性行为是一个普遍现象，不足为奇，但儿童攻击性行为的持续不断，次数增多，强度增大，既会影响儿童当前的生活和学习，更会影响儿童一生的发展。

儿童产生攻击性行为的原因

1. 多动症

患有多动症的儿童，他们的注意力维持时间很短，也很难控制自己的行为。他们常常挑衅同伴，无故对同伴动手动脚，或突如其来地推撞、咬伤、抓伤同伴。

2. 自卑、嫉妒与骄横

有的儿童由于长期得不到成人的赞扬或关心，或认为自己很笨、很丑，缺乏自信心，产生自卑感，同时又嫉妒同伴，于是，常常产生攻击性行为，如推倒同伴刚搭好的积木，或踩坏同伴的手工作品，等等。有的孩子从小"唯我独尊"，不愿意与别人分享，于是常发生争玩具、抢座位等现象。再有一种儿童，因父母离异等原因而长期得不到家庭的温暖，他们不知道怎么去爱人，也不知道如何正确地与同伴交往，因此常常为维护自己的"自尊心"去攻击同伴。

3. 模仿

儿童好模仿，如果他们周围常有攻击性行为发生，或者他们看了电影、电视里的暴力镜头等，他们就会去模仿类似的攻击性行为，并将同伴作为目标。

4. 错误引导

有的家长教孩子"别人打你，你就打他"，使孩子从"以牙还牙"发展到欺侮弱小。有的家长要求孩子能崭露头角，对孩子的任性、粗暴表现视而不见，不加以约束，以致出现了教育上的误导。

无论是哪种原因造成的儿童攻击性行为，其危害都是极大的，都会影响到儿童道德行为的发展。因此，对儿童的攻击性行为，应针对不同的类型，及时采取相应的教育方法，使有攻击性行为的儿童有所改变。

儿童攻击性行为的表现

（1）言语较多，喜欢与人争执，好胜心强。往往是非争不可，并时常讲粗话、骂人。

（2）情绪不稳定，脾气暴躁、任性执拗、喜欢生气，时常乱发脾气，稍不如意就可能出现强烈的情绪反应，如哭闹、叫喊、扔东西或以头撞墙等；有的还可能表现出一种屏气发作，即大声号哭之后，呼吸短暂停止，严重时可伴有紫绀和痉挛现象。

（3）易冲动，自控能力差。经常向同伴发起身体攻击，惹是生非，戏弄、恐吓、欺负同龄儿童或比他小的儿童，强占、抢夺别的儿童的玩具和物品。

儿童攻击性行为的矫治

儿童的攻击性行为不仅影响了其他儿童的生活和学习，而且还会影响自己一生的发展，延续到青年期以后，会出现人际关系紧张、社交困难等问题；做人父母后，会影响其子女的发展；同时，还会引起一系列的社会问题，如影响社会治安、提高犯罪率等。有资料显示，70%的暴力少年犯在儿童期就被认定有攻击性行为，因此，对儿童攻击性行为必须予以彻底矫治。其方法有：

（1）减少环境中易产生攻击性行为的刺激是很必要的。例如，给儿童提供较为宽敞的游戏空间而不是提供繁杂、拥挤的活动空间，提供各种娱乐玩具、书、丰富的营养食品等供儿童选择，而尽量避免有攻击倾向的玩具（如玩具枪、刀等）和含糖量高的食品。使他们得到情感的满足，减少冲突，从而减少攻击性行为的产生。

（2）启发儿童对攻击性的理解和思考，以便从动机上反思其攻击性倾向。例如，可设法让他明确打人、推人、抢夺等攻击性行为是不对的，小朋友、老师和家长都不喜欢。儿童一般不能对自己的行为进行反省。为此，我们可以通过故事教育、角色扮演等途径，让儿童认识到他人对其攻击性行为的不满，从而使其对自己的攻击性行为产生否定情绪，更为重要的是一定要进一步与其共同设想受人欢迎的儿童形象，增强孩子向榜样学习的愿望，从而减少攻击性行为。

（3）给予榜样示范，向儿童提供谦让、互动、享受、合作的榜样。既然儿童能通过模仿去学习攻击性行为，那么同样可以通过模仿去学会谦让、互助、合作等良好的心理品质，教育者应当提供合作互助的榜样，通过模仿加以学习，通过强化而去形成固定的适应社会的正确行为模式。特别是教育者本人及父母家人更应该起榜样作用，言行一致、以身作则，做儿童的表率。

（4）对儿童的攻击性行为表现出"不一致反应"，即对其攻击性行为不予强化，不予注意，而对被攻击对象却给予充分的关注。儿童有可能以攻击性行为来引起他人的注意，因此，成人可以不予理睬其攻击性行为和言语的方法，使其达不到目的，同时用温柔亲切的态度安抚被攻击对象。成人这种一冷一热的不同态度，实际上也为有攻击性行为的儿童提供了非攻击性行为的榜样。对比较冲动的儿童必要时可采取"冷处理"，让其单独待会或暂时剥夺其参加某项活动的权利，但必须因人而异，适可而止，注意安全。

综合起来看，对有攻击性行为儿童，我们应更多地强调用爱打动其心和平静温和的教育，特别是注意在平时培养他们的爱心和善良的品格，彻底铲除孩子攻击性行为产生的土壤。另外，我们还要多注重其非攻击性表现，即时加以表扬和奖励，这样才能使他们成为具有健康心理的、能适应未来社会需要和挑战的新一代。

儿童学习能力障碍

学习能力障碍又称特殊发育障碍，是指言语、学习技能（包括阅读、拼音、书写、计算等）、运动技能等方面的发育延迟，表现与其实际智力水平有明显差距。然而学习能力障碍不是由于严重的智力低下、感觉器官的缺陷、情绪障碍或缺乏学习机会所造成。学习能力障碍在小学生中比较多见，约占学龄儿童的5%~10%，且男孩多于女孩。

儿童有学习能力障碍的原因

引起儿童学习能力障碍的原因较多，归纳起来主要有生理因素和环境因素两方面。

1. 生理因素

（1）器质性因素。儿童在胎儿期、出生时、出生后由于某种伤病而造成轻度脑损伤或轻度脑功能障碍，都可能影响儿童的学习技能的发育。

（2）遗传因素。有些学习技能障碍具有遗传性，例如，阅读障碍可以遗传好几代，从患儿的父亲、爷爷或其他亲属处也可见到类似的情况。

（3）营养因素。如人体必需的微量元素锌、铁等缺乏对儿童发育及学习能力有明显影响。

2. 环境因素

（1）不良的家庭环境。

（2）儿童在幼时未得到良好教养。在儿童早年生长发育的关键期，没有为儿童提供丰富的环境刺激和教育。

（3）不适当的学习内容和教育方法使儿童产生一种厌学情绪。由于有些家长不懂得儿童身心发展的特点，在为子女安排学习内容或进行教育时常出现学前儿童小学化，小学儿童成人化的现象，从而影响了儿童的学习兴趣；有些老师对学生存有偏见，特别是对成绩差的学生，经常予以批评指责，大大伤害了儿童的自尊和自信。

儿童学习能力障碍的表现及类型

儿童学习能力障碍主要有以下表现特征：注意力不集中，学习成绩差；在读、写、算等方面的记忆弱；写字时看一眼写一笔，做作业时间长；写字常常多一笔少一画，部首张冠李戴，左右颠倒；运动技能差，动作协调不良；阅读时常常出现增字、漏字、前后颠倒、跳行等现象；对数学应用题理解困难；计算过程常常忘记进位和错位，忽略小数点或不理解运算符号；说话、写作文内容单调重复、逻辑混乱；语言发展迟缓，表达能力不足。

研究表明，5%~10%的在校生属于学习障碍儿童。学习障碍是由若干不同类型所构成的。

（1）书写障碍。小丽就是典型。她写作业十分粗心，经常多一撇少一画，把答案写错，有时难题可以解出来，简单的计算题却错了。学习障碍儿童的眼睛似乎与别人的不一样，被称为懒惰的眼睛，漏掉许多明显的信息。这种人学习时视而不见，考试时竟然可以把整个题丢掉，事后他们说自己没看见这道题。这种问题体现的是儿童的视知觉的分辨力、记忆力和视—动统合能力相对落后造成的。这种孩子最易受到老师和家长的误解，因为大人认为他们学习态度有问题，是故意的，要给予惩罚。其实这是一种特殊的学习能力障碍。只有进行有关的视知觉训练才能见成效。

（2）阅读障碍。阅读障碍是学习障碍中人数最多的，男生多于女生。这类孩子往往记不住字词，听写与拼音困难，或朗读时增字减字，写作文语言干巴巴，阅读速度特别慢，逐字地阅读。他们在下棋和玩计算机游戏方面头脑很灵，但在温书和写作业及听讲方面成绩极差。这种落后可能与左脑有关。家长应给予极大的警惕，因为这类孩子由于不能有效地阅读，随着年级增加，会在各门功课上都出现困难。

（3）数学障碍（非语言学习障碍）。这类孩子在机械图形与数学任务上能力落后，记不住他人的面孔，交往能力差，在运动和机械记忆方面也存在困难。男女无差别，0.1%~1%的儿童有此障碍。这一障碍可能与右脑落后有关。家长应重视逻辑推理能力的开发，在空间想象力和数量关系方面进行培养，要利用孩子的语言优势，进行某种补偿。

儿童学习能力障碍的治疗

遇到孩子学习表现不佳，家长和教育工作者应当首先了解孩子的学习心理出现了什么问题，严重到什么程度。应当善于为孩子设计一个个别化的教育方案，针对特殊的学习能力不足进行培训。

对学习能力障碍的治疗主要是教育训练、心理治疗和家庭教育。

1. **教育训练**

这一治疗工作可在条件较好的心理咨询机构（如大学的咨询服务中心）的指导下，由有经验的教师利用寒暑假进行集中治疗训练。治疗的基本程序是针对每位患儿的具体技能障碍，制订出专门的训练计划，然后在治疗教师的示范下进行个别矫治。如对有视觉空间障碍的儿童，可以进行系列视觉空间能力的训练；对听觉困难者，可给以系统的音调、节律训练；对语言表达困难者，可由字到句逐步进行训练。

2. **心理治疗**

心理治疗主要采取正强化法，在对患儿进行教育训练时，对患儿每一个微小的进步都要及时进行表扬和奖励，以强化儿童新技能的获得，提高儿童的自信心。

3. **家庭教育**

父母不要歧视这类儿童，要给予更多的关心、同情和帮助，为其创造良好的生活学习环境。

第二节 以健康心理迎接青春期的朝阳

有人说，青少年是早晨八九点钟的太阳。的确，青春，确是让无数人向往、追求和留恋，但一种病态的青春期是没有一丝让人遐想的欲望的，青少年成长过程中也会遭遇困惑、迷茫，甚至更为严重的心理障碍，这不能不说是青春期如画的风景中的一道败笔。所以，珍惜青春、把握青春、让青春健康，一切由心开始。

青少年心理健康有标准

青少年期是人生的黄金阶段，是个体从儿童、青少年期过渡到成年，逐步走向成熟的中间阶段。从年龄上看，一般指18~35岁左右，甚至到40岁的时期。青少年期是个体发育、发展的最宝贵、最富特色的时期，然而这个时期却同时又是人生的"暴风雨时期""危险期"。在这时期，生理上要经历一个逐渐发育成熟、稳定的过程，而生理变化则是心理变化的物质基础。随着生理的变化及社会环境的影响、教育的作用，在心理发展上就产生了许多不同的特点。青少年期是个体从心理尚未完全成熟而逐渐走向成熟的时期，在心理发展方面是错综复杂的。

人的健康心理活动是十分复杂的，是气质、情感、思想、性格、能力的综合体现。各国各学派有不同的青少年心理健康标准，我国通行的青少年心理健康标准如下：

（1）情绪稳定，能承受一定压力，能不断调节自我心理平衡。健康人有丰富的思想感情，在强大的刺激面前，能镇静从容，不会因为过度兴奋而忘乎所以，也不会因突然的悲伤事件而一蹶不振。

（2）能正确认识自己的人总以为自己是了解自己的，其实真正客观地认识自己并不容易，包括自己的长处和弱点。心理健康者不目空一切，也不自卑、自苦、自惑，更不会自毁。

（3）能面对现实。不管现实对自己是否有利，都勇敢面对，不逃避，不超越。

（4）具有爱和被爱的能力。有感情，爱祖国、爱他人、爱事业，也爱家庭、爱父母、爱配偶、爱子女及朋友，并接受他们的爱。

（5）具有一定的组织能力。能在复杂的人际关系中从容自若、应付自如、不亢不卑。

（6）有独立性。不依赖于他人，办事凭理智，有独立见解，并能听取合理建议。在必要时，能做出重大决策，而且乐于承担责任。

（7）有计划性。做事有计划性，有长远打算。青年学生拟订学习计划、制定奋斗目标、树立远大理想就是良好心理素质的体现。

（8）有自我控制能力。用自己的意志努力服从理智，自觉支配自己去实现预期目标，这是心理成熟的最高标志。

以上是心理健康表现的众多方面，它们之间也是相互影响、相互促进的。但是由于青少年在各自的年龄、生理、身体健康状况和具体生活条件、文化教育程度等各方面存在着差异，所以要用发展的眼光去分析，要求初中生、高中生和大学生一样成熟是不可能的。

青少年心理健康的误区

青少年正处于确定人生观的时期，然而也是心理误区容易产生的危险时期。为了使青少年更健康地成长，我们一起识别以下几个青少年容易陷入的心理误区。

1. 惧怕交往

有些青少年每当看到其他同学有说有笑、非常开心时，心里既羡慕又嫉妒。他们也渴望与人交往，也想成为被同学们重视的人，但是他们做不到，他们每天独来独往，不敢与同学交往，不敢住集体宿舍，不敢去食堂打饭，不敢抬头听老师讲课，即使在自己家里也不敢去阳台晒衣服，只能偷偷在家里照镜子，心中十分痛苦。

这些青少年的错误在于他们没有能够正确地评价自己和周围的同学，也没有准确地认识周围的环境，于是产生了强烈的自卑和害羞心理。而在人际交往中自卑和害羞常常使人处于孤独状态，往往独处一隅，过分敏感，不愿主动与人交往，一旦受到外界刺激，即使刺激很小，也会不知所措，或者是无法忍受而产生恐惧感。

克服此种心理障碍的关键在于正确地对待自己，找出自身的优势，克服自卑心理，想想自己在学习上的优点，调整一下心态。除此之外，还应该从自己封闭的小天地走出来，注意和同学们多接触，只有在与他人的交往中，才能逐渐培养起相互之间的友好的感情，才能消除害怕别人的恐惧心理。

2. 自我要求过高

有些青少年总是故意给自己制定一个较高的目标，以为只有这样才能更好地激发出自身的潜能，激发出更大的干劲。他们明知目标不能实现，但仍然坚持那个目标，以为只有这样才能有突出的表现。

其实，期望值太高，实现起来的难度相对就会大，如果头脑里总是装着一个不能实现的高目标，那无异于顶着一块石头，早晚会被压垮。他们之所以定出一个很高的期望值，无非是为了证明自己比别人优秀，他们也固然在力图实现它，带有一丝不达目的誓不罢休的味道，但这个期望值如果不切实际，太不合理，就会带来许多的失望和沮丧，反而会影响自我的发展。

真正的成功是由明确、合理的目标开始的。首先你应该对自身的真实情况有所了解，然后依据自身条件制定合理的目标，为了确保目标的实现，你可以把大目标分成若干小目标，再制订好计划一步步地去实现它，这样你干起来才真正会有劲头。

3. 排斥异性

有些青少年学习非常认真，为了不让自己的学习受到干扰，坚决不交异性朋友，以为如果结交异性朋友会产生严重的负面影响，使自己的学习变得一塌糊涂。

其实，将自己的学习状况与异性朋友挂起钩来，这一认识太偏激，心理学家认为，和异性朋友交往不但不会影响学习，而且还会产生促进作用，因为人都有在异性面前竭尽全力表现自己的魅力和良好的一面的心理。为了学习而抑制交异性朋友，只能使自己变得孤僻和枯燥，因为你封闭了展现自我魅力的舞台。

只有以一个健康、纯洁的心态接纳异性朋友，才能使自己的生活更加丰富多彩，还可以不断地促使自己提高学习成绩。与其一味地排斥异性而使自己陷入空虚和不满的状态，还不如让异性看到自己的魅力，这一魅力的展现在学习上将体现为：你为了不让异性嘲笑你、小看你，会更加积极学习，因为现在最可以体现实力的便是学习成绩了。这样一来，你的学习自然会突飞猛进。但是，你在明白了异性朋友将是学习动力的同时，切记不要再有过于亲密的交往，如果发展到对异性朋友念念不忘的地步，那就糟糕了。

4. 狭隘

有些青少年总觉得别人和自己作对。对一个问题的看法，自己提出了意见，而别人提出不同的看法，虽然心里认为他说的也有道理，但却还是觉得那是在故意挑你的毛病。

这种总认为别人和自己过不去的想法，在心理学上被称为反社会型人格心理障碍。这种障碍的直接后果是导致自律神经系统缺损。这对正值青春发育期的青少年危害尤其严重。这种心理会让他们无法正确对待自己和别人的分歧，从而妨碍健全人格的形成，影响别人的正常交往。另外，这种心态还可能会对你的行为产生不良引导，在这种心理的支配下，你很可能会做出偷窃、破坏公物、打架滋事等报复性行为。

胸襟开阔和信赖别人是克服这种心理误区的最好办法。要知道，在日常交往中，和别人发生分歧是很正常的，得不到预期的评价也不代表别人在故意和你作对。不要以为任何人都在反对你，其实，在成长过程中，多听一些与自己相左的意见是没有什么坏处的。它能丰富自己的知识面,更能增强自己把握问题实质的能力。

积极培养自己的进取心,也能有助于走出这种心理误区,一个不断进取、奋发拼搏的人是不会害怕别人的负面评价的。同时,积极的进取还能帮你学习更多的知识,让你更有自信,更能够容纳。即使是面对最尖锐的批评,也能坦然接受。

青春期的心理综合调适

青少年是世界的未来,是人类的希望。但青少年正处于个体发育的特殊阶段,是一个充满着错综复杂的心理矛盾的阶段,如果这些矛盾处理不当,往往会导致后果严重的心理问题,威胁其身心健康。

首先,青少年必须时时注意心理保健,让身心健康发展。

1. 正视理想和现实的矛盾

青少年大多有远大的理想,对未来充满幻想和希望,对一些具体事情,如求学、谋职、恋爱、婚姻等方面,常会对自己"设计"一番,然而最终能否实现却受到诸多现实条件的限制。因此,青少年必须正视理想与现实的矛盾,提高自己的心理素质和社会适应能力。

2. 学习人际交往

人际交往是人与人之间传递信息、沟通思想和交流情感等的联系过程。法国作家罗曼·罗兰说过:"有了朋友,生命才显示出它全部的价值。智慧、友爱,这是照亮我们黑夜的唯一光亮。"可见友谊在人生中的分量。确实如此,良好的人际关系和正常的人际交往能消除人的孤独感,缓解心理压力,振奋精神,培养其自尊心和自信心,提高社会价值感,增进社会适应能力,形成乐观豁达的人生观念,实现个性的全面健康发展。

3. 丰富业余生活

青少年平日里学习、工作紧张,其间难免要遇上不顺心、不如意的事情。排解这些心理压力的一个重要法宝,就是过好业余生活,让生活变得充实而有意义。

要抽出足够的时间来进行体育锻炼，最好能根据自己的身体状况和客观条件制订出一个体育锻炼的计划，务必拥有一个健康强壮的身体。要知道，身体是从事一切活动的本钱，也是心理健康的一个物质基础。

恋爱心理

青少年时期由于各器官组织的发育日趋成熟，由性生理成熟引发的性意识也逐渐觉醒，因而会产生恋爱行为，这是任何人也无法阻止的。而当恋爱行为受到家庭、社会、道德，以及个体自身因素的制约而适应不良时，就会产生恋爱心理问题。

单 恋

单恋是指一方对另一方的以一厢情愿的倾慕与热爱为特点的爱情。单恋在很多时候是一场情感误会，是青少年"爱情错觉"的产物。"爱情错觉"是指因受对方言谈举止的迷惑，或自身的各种主观体验的影响而错误地主动涉入爱河，或因自以为某个异性对自己有意而产生的爱意绵绵的主观感受。

单恋有两种情况：一种是毫无理由的，对方毫无表示，甚至对方还不认识自己，而自己执着地爱对方，追求对方，这种恋爱是纯粹的单恋；另一种是自认为有"理由"的单恋，错认为对方对自己有情。

青少年心理尚未完全成熟，所以单恋现象比较常见，而且较多地出现在性格内向、敏感、富于幻想、自卑感强的人身上。首先是自己爱上了对方，于是也希望得到对方的爱，在这种具有弥散作用的心理支配下，就会把对方的亲切和蔼、热情大方当作是爱的表示，并坚信不已，从而陷入单恋的深渊而不能自拔。

解决单恋的痛苦关键是要防患于未然。首先是要避免"恋爱错觉"，能够准确地观察和分析对方表情，用心明辨；要视其反复性，某种信息的反复出现可能意义很深，而仅仅一两次就不足为凭了；最后就是要把被认为是重要的信息与其他所有相关的信息结合起来分析,用联系的观点看待问题。

陷入单恋的人,需要拿出十足的勇气,克服羞怯心理和自我安慰心理的折磨,勇敢地用心灵去撞击。如果对方有意,心灵闪现出共同撞击的火花,爱的快乐就会取代爱的痛苦。如果是"落花有意,流水无情",则应该面对现实,勇敢地抛弃幻想,用理智主宰感情进行转移,通过思想感情的转换和升华来获取心理平衡。

失 恋

爱情是美妙的,但当一场爱情走到了尽头,曾经相爱的双方如何化解矛盾、和平分手,失恋后如何调节自己的心态,周围的人如何帮助恋爱双方摆脱困境,这些既是感情上的问题,又是知识性、技术性的问题。

1. 失恋后有哪些心理与行为特征

失恋者由于失去了对方的爱情,其他感情又不能替代,会产生极度的绝望感、孤独感和虚无感。在此危险时刻,失恋者往往有以下不良的心理和行为特征:

(1)自杀。失恋者的自卑、悲观、厌世、空虚、羞辱、悔恨等各种负性情绪极端强烈,想摆脱心理负荷,就会导致自杀。

(2)报复。这是一种较常见的发泄手段,是极度的占有欲受到挫折而唤起的报复心理,通常会导致过激行为。

(3)抑郁。其主要表现为焦虑、冷漠、痛苦、颓废等,严重者导致精神分裂症。

2. 失恋后如何进行心理调适

失恋的痛苦深沉而剧烈,为了使自己尽快从失恋的痛苦中挣脱出来,恢复心理平衡,保持心理健康,失恋后应注意以下几点:

(1)克服"爱情至上"的观点。爱情是重要的,但它不是生命的全部,人生还有事业、亲情和友情。

(2)进行环境的转移。失恋后即刻换个环境,暂时与能触动恋爱痛苦回忆的情景、物、人隔离,不失为聪明之举。

(3)进行情感转移。站在对方的角度想一想:如果我遇到这样的情人,犯了这样的过错,我能不能容忍?从自责、自恨到发誓改正缺点,以崭新的姿态去寻求新的爱情。

如对方因见异思迁、喜新厌旧、水性杨花或其他消极情绪与你决裂,你不妨这样想一想:既然恋爱时就对我这样,结婚后更不知会是什么样了。抱着"天涯何处无芳草"的信念,以诚心寻觅你真正的爱人。

(4)多为对方着想。既然对方觉得这样更幸福,就让他或她离开你吧。不然,两个人的生活,有一个人觉得不幸福,这样的生活既不幸福,也不稳定。

早恋

恋爱是人正常的心理反应和行为,在少年男女之间出现过早恋情的现象,就是所谓早恋。在青春期阶段,早恋是最令家长和老师感到困扰和担忧的问题。而且,更令家庭和老师感到困扰和担忧的是,近年来学生早恋现象开始出现低龄化的趋势,不仅高中生早恋的比率居高不下,初中生早恋的比率也大幅度增加,甚至有些小学生也开始谈"恋爱"了。

恋爱本身是无害的,但是在心理不成熟,缺乏教育和引导的情况下过早地"恋爱"是有害的,至少对青少年的成长会弊大于利。尽管陷入早恋状态的中学生会认为自己对爱情是认真的、严肃的,不是"闹着玩儿的",但是他们对什么叫真正的爱情以及爱情所包含的社会责任和义务却一无所知或知之甚少。加之青春期的少年道德观念还不完善,不大懂得在异性交往中如何自制及尊重对方,不大清楚自己的异性交往活动会导致什么严重后果,以致情感一冲动就忘乎所以,造成许许多多的社会问题。而且,由于早恋具有朦胧性、冲动性和不稳定性的特点,一旦失恋,会导致严重的失落感和不正常心态,对早恋者的心理产生旷日持久的消极影响,甚至会给早恋者成年后的爱情生活造成某种驱不散、抹不去的阴影。

对于被"爱情"冲昏头脑的少男少女来说,要懂得"没有看到问题,并不等于问题不存在"。对待与异性伙伴之间的情感一定要理智、冷静。有了苦恼和困惑,不要拒绝向家长、老师请教。更重要的是,不要让冲动的感情支配冲动的行为,要明白对任何人而言,只有真正的尊重、爱护对方,才能收获美好的"爱情"。

对于青少年的早恋,家长和老师可以从以下方面着手进行干预:

1. 晓之以理

在遇到孩子早恋的事情时,无论情况多么糟糕,也不要大喊大叫、训斥打骂,而应该克制自己,保持沉着、冷静,以机智诚恳的态度向孩子讲明学业的重要性、早恋的后果及危害、改进的方法等。只要父母、老师坚持摆事实讲道理,以理服人,孩子是能够接受教育和劝告的。但是中学生的意志较为薄弱,自觉性和自我控制能力还较差,只讲清道理是不够的,还必须约之以规,对孩子采取行动上的约束,使孩子感到父母、老师对早恋坚定、明朗的不支持态度,对其心理上起到警示和威慑作用,以致最后中断早恋双方的联系、来往。

2. 转移注意力

青少年活泼好动,精力充沛,如果没有丰富多彩的课余生活,他们旺盛的精力难以发泄,无聊之余,难免想入非非,让各种低级庸俗的东西乘虚而入,陷入早恋。因此,父母、老师要鼓励孩子多参加班上的文体活动、科技活动,发展广泛的兴趣爱好,把剩余的精力和时间放在追求高尚的精神生活,丰富文化知识,发展智力,强壮体魄上来。这样能够转移孩子对恋情的注意力,帮助孩子克服精神上的空虚,减少青春期的生理变化给孩子带来的较大波动和冲动。

此外,还应鼓励孩子与德高望重的成年人结成"忘年交",介绍他认识品学兼优的同龄伙伴,既可以减少两人单独相处的机会,分散对"恋人"的注意力,又可扩大孩子的交际范围,让孩子在交往中,不知不觉地拓宽眼界和胸襟,激发上进心,让孩子感到局限于个人狭小的交际空间、卿卿我我真是相形见绌。

总之，对孩子的早恋行为，切忌态度粗暴，处理方式简单化。父母、老师既要表明自己坚决反对的态度，又要和风细雨，尊重孩子的人格和自尊，寻找早恋发生的主客观原因，对症下药，耐心疏导。

逆反心理

近几年来，常见报端出现以中小学生为主角的家庭悲剧：有中小学生砍杀父母、爷爷奶奶的；也有中小学生自杀、自残的；也有与学校老师发生矛盾的……一宗宗骇人听闻的报道，让读者触目惊心，让家长、教师、教育者大感寒心。青少年学生可是祖国未来的希望啊，他们究竟怎么了？

青少年学生出现上述不可理喻的行为，源于青少年学生的逆反心理得不到及时合理的调适，进而发展成与家长、教师、教育者之间的矛盾，当矛盾得不到化解时，它会逐步上升，最终酿成悲剧。

逆反心理是指人们彼此之间为了维护自尊，面对对方的要求采取相反的态度和言行的一种心理状态。逆反心理在人的成长过程的不同阶段都可能发生，且有多种表现。如对正面宣传做不认同、不信任的反向思考；对先进人物、榜样无端怀疑，甚至根本否定；对不良倾向持认同情感，大喝其彩；对思想教育及守则消极抑制、蔑视对抗，等等。

由于青少年学生正处在身心发育成长的不稳定时期，大脑发育成熟并趋于健全，脑机能越来越发达，思维的判断、分析作用越来越明显，思维范围越来越广泛和丰富。特别是思维方式、思维视角已超出童年期简单和单一化的正向思维，向着逆向思维、多向思维和发散思维等方面发展。尤其是在接触社会文化和教育过程中青少年渐渐学会并掌握了逆向思维等方法。正是青少年思维的发展和逆向思维的形成、掌握，为逆反心理的产生提供了心理基础和可能。因此，逆反心理在成年前呈上升状态。

青少年学生正处在接受家庭、学校教育阶段，由于阅历和经验的不足，在认知事物和看问题时常出现认识上的片面和较大偏差，因而易与家长、教师、教育者的意向不同。当人们的意向不一致时，彼此之间为了维护自尊，就会对对方的要求采取相反的态度和言行。

青少年产生逆反心理的原因

1. 好奇心的驱使

青少年学生的好奇心强，由于阅历和经验的不足，他们不迷信、不盲从，具有较强的求知欲、探索精神和实践意识。但家长或教师在教育孩子时，为了让孩子不走弯路，常用自己的所得经验阻止孩子的好奇心。孩子受好奇心的驱使，听不进大人们忠告，对于越是得不到的东西，越想得到；越是不能接触的东西，越想接触。这样，孩子不听劝告的逆反行为就形成了。

2. 独自意识的增强

孩子的逆反心理从小学进入中学是一个飞跃。他们有较强的行为能力和自理能力，认为自己已经长大了，不是小孩，独立活动的愿望变得越来越强烈，他们想摆脱父母，自立自强。但俗话说："在父母面前，你永远都是孩子。"父母却无法相信孩子已经长大，仍然要主宰孩子的大部分行动。因而孩子会渐渐地疏远父母、教师，对师长的要求会置之不理，我行我素。

3. 教育方法不当

在当今，各行各业竞争激烈，家长为了让孩子打好基础，教师为让学生出成绩，多方加压，恨铁不成钢，教育方法失当。这样青少年学生的成长压力很大，成长历程被压变了形，失去了自由、失去了欢乐、失去了童趣。当压力超过青少年学生的承受能力时，矛盾必然产生，就会产生出逆反行为，甚至敌视父母、教师。

4. 自尊心受损

当青少年学生的自尊心受到伤害时，往往会对对方加以反驳，以维护自己的尊严。如老师在教室里或当着全班同学的面批评某个学生；家长在朋友家或在孩子的朋友面前数落孩子的缺点，这些不当的教育方法也是引发孩子逆反心理的主要原因。

如何克服和防治逆反心理

逆反心理作为一种反常心理,虽然不同于变态心理,但已具备了变态心理的某些特征,其后果是严重的,它会导致青少年形成对人对事多疑、偏执、冷漠、不合群的病态性格,致使信念动摇、理想泯灭、意志衰退、工作消极、学习被动、生活萎靡等。

逆反心理的深一步发展还可能向犯罪心理或病态心理转化,所以必须采取有效的对策来克服和防治其发生。

1. 要重视复杂的社会因素对青少年心理的影响

青少年的心理活动,会受到社会经济制度变革,文化、道德、法律等意识形态发展,善恶、美丑、是非、荣辱等观念更新等方面影响。所以要克服逆反心理,不能把青少年仅局限在学校这个小天地里,而要让他们置身社会,把对他们的思想情操等各方面的培养同社会政治生活、经济文化活动以及社会道德风尚联系起来,以提高他们心理上的适应能力,使他们更好地适应社会,不致迷失方向。

2. 青少年要学会正确认识自己,努力升华自我

这里须提倡自我教育,就是要求青年要学会把自己作为教育对象,经常思考自己、主动设计自己,并自觉能动地以实际行为努力完善或造就自己。

3. 要改善教育机制

教育工作者要懂得心理学和教育学,要掌握好青少年心理发展不平衡性这个规律;不失时机地帮助青少年克服消极心理,使其心理健康发展。教育工作者要努力与青少年建立充分信任的关系,要与他们交朋友,以诚相待、以身作则。要爱护和尊重青少年的自尊心,选择合适的教育方式和场合,注意正面教育和引导,杜绝以简单、压制和粗暴的形式对待青少年。

4. 作为学生、子女应理解父母

(1)作为学生、子女要学着从积极的意义上去理解大人,父母的啰唆、老师的批评都是善意的,老师、父母也是人,也有正常人的喜怒哀乐,也会犯错误,也会误解人,我们只要抱着宽容的态度去理解他们,也就不会逆反了。

(2)要经常提醒自己虚心接受老师父母的教育,遇事要尽力克制自己,要知道,退一步海阔天空。另外,还要主动与他们接触,向他们请教,这样,多了一份沟通,也就多了一份理解。

(3)青少年要提高心理上的适应能力,如多参加课外活动,在活动中发展兴趣,展现自我价值,这样,逆反心理也就克服了。

青春期焦虑症

焦虑症是一种常见的神经症,患者以焦虑情绪反应为主要症状,同时伴有明显的植物性神经系统功能的紊乱。

焦虑在正常人身上也会发生,这是人们对于可能造成心理冲突或挫折的某种特殊事物或情境进行反应时的一种状态,同时带有某种不愉快的情绪体验。这些事物或情境包括一些即将来临的可能造成危险或灾难、或需付出特殊努力加以应付的东西。如果对此无法预计其结果,不能采取有效措施加以防止或予以解决,这时心理的紧张和期待就会促发焦虑反应。过度而经常的焦虑就成了神经性的焦虑症。

青春期是焦虑症的易发期,这个时期个体的发育加快,身心变化处于一个转折点。随着第二性征的出现,个体对自己在体态、生理和心理等方面的变化,会产生一种神秘感,甚至不知所措。诸如,女孩由于乳房发育而不敢挺胸、月经初潮而紧张不安;男孩出现性冲动、遗精、手淫后的追悔自责等。这些都将对青少年的心理、情绪及行为带来很大影响。往往由于好奇和不理解会出现恐惧、紧张、羞涩、孤独、自卑和烦恼,还可能伴发头晕头痛、失眠多梦、眩晕乏力、口干厌食、心慌气促、神经过敏、情绪不稳、体重下降和焦虑不安等症状。患者经常因此而长期辗转于内科、神经科求诊,经反复检查又没有发现器质性病变,这类病症在心理门诊会被诊断为青春期焦虑症。

产生焦虑的原因

（1）青少年因怕黑暗、怕陌生人、怕孤独而引起焦虑。

（2）有些青少年有产生焦虑的心理素质，如胆小怕事、自卑、自信不足等。

（3）家庭因素，如父母感情危机带来的家庭破裂、教育方法不当，也容易使孩子产生焦虑。另外有些疾病，如肥胖症、神经衰弱等也常伴有焦虑。

焦虑症的分类

（1）精神性焦虑，其表现有心神不宁、坐立不安、恐慌、精神紧张。

（2）躯体性焦虑，其表现有查不出原因的各种身体不适感、心慌、手抖、多汗、口干、胸闷、尿频等多种植物神经失调的症状。

青春期焦虑症的心理调适

青春期焦虑症危害青少年的身心健康。长期处于焦虑状态，还会诱发神经衰弱症。因此必须及时予以合理治疗。

一般是以心理治疗为主，配合药物治疗。

对焦虑症患者的治疗主要采用"森田疗法"或"心理分析法"的心理疗法，要有耐心，先设法避免和消除各种刺激因素，还要取得患者的充分信任，培养他们坚强的意志，自始至终地给他们以支持，并教给他们一定的卫生知识，鼓励他们战胜焦虑。对有严重焦虑表现的患者可服些镇静剂。

自信是治愈青春期焦虑症的必要前提。焦虑症患者应暗示自己树立自信，正确认识自己，相信自己有处理突发事件和完成各种工作的能力，坚信通过治疗可以完全消除焦虑疾患。通过暗示，患者每多一点自信，焦虑程度就会降低一些，同时又反过来使自己变得更自信，这个良性循环将帮助其摆脱焦虑症的纠缠。

如果患者能够学会自我深度松弛，就会出现与焦虑中所见相反的反应，这时其身体是放松的而不是为某些朦胧意识所控制。自我深度松弛对焦虑症有显著疗效。患者在深度松弛的情况下去想象紧张情境，首先出现最弱的情境，重复进行，患者慢慢便会在想象出的任何紧张情境或整个事件过程中都不再体验到焦虑。

有些焦虑是由于患者将经历过的情绪体验和欲望压抑到潜意识中去的结果。因为这些被压抑的情绪体验并未在头脑中消失，仍潜伏在无意识中导致病症。患者成天忧心忡忡，惶惶犹如大难将至，痛苦焦虑，不知其所以然。此时，患者应分析产生焦虑的原因，或通过心理医生的协助，把深藏于潜意识中的"病根"挖掘出来，必要时可进行发泄，这样，症状一般可消失。

焦虑症患者发病时脑中总是胡思乱想、坐立不安、痛苦不堪，此时患者可采用自我刺激，转移注意力。如在胡思乱想时，找一本有趣的能吸引人的书读，或从事自己喜爱的娱乐活动，或进行紧张的体力劳动和体育运动，以忘却其苦。

大多数患者有睡眠障碍，难以入睡或梦中惊醒，此时病人可进行自我催眠。如闭上双眼，进行催眠："我现在躺在床上，非常舒服……我似乎很难入睡……不过没有问题……我现在开始做腹式呼吸……呼吸很轻松……我的杂念开始消失了……我的心情平静了……眼皮已不能睁开了……手臂也很重，不想抬起来了……我要睡觉了……"在一系列的心理暗示下，患者不久就能入睡了。

自杀心理

当前，自杀已经成为了青少年，特别是18~30岁年轻人的主要死因之一。自杀是当一个人的烦恼和苦闷发展到极端，对失败产生恐惧，对生活失去信心，对现实感到绝望而采取的唯一的、最后的"保护"手段。

自杀一般始于心理挫折，发生在摆脱抑郁的心理冲突的过程中。按其心理类型，可分为心理满足型和心理解脱型两大类。前者如绝食坐化，为坚持某一信念的示威性、赌气性自杀；后者如由于挫折、自卑、厌世、绝望等，为排解心理抑郁而自杀。

研究表明，青少年自杀行为是缺乏精神力量的结果。一些青少年的传统道德价值观念日趋淡薄，而新的社会主义的激励人心的道德价值观念又非常缺乏。当然这并不是责怪他们，社会、学校、家庭对此都负有责任。可结果由于他们缺乏精神力量，一旦身处痛苦境地时，就无法从痛苦中解救自己，也无法在失望中看到生命具有的积极意义，于是更强烈地因自己的痛苦而陷入绝望，这种循环加剧的绝望最终不可避免地导致自杀行为。

青少年在采取自杀行为时，总是以为这是唯一的选择，除此以外就别无他法了。通常，他们的内心感到自己为解决问题已经竭尽全力了，深信只有走向死亡，才能摆脱痛苦。当然，他们有可能预计到，别人对自己的自杀可能不理解，会有种种看法，但是在此时此地，他们确信自己选择自杀是合理的。俗语说，当局者迷，旁观者清，虽然周围的人觉得自杀的青少年十分愚蠢，责怪自杀的想法太糊涂了，但是，采取自杀的青少年本人往往自以为这是最好的选择。"不识庐山真面目，只缘身在此山中"，严重的痛苦使他们产生了片面的、极端的认识。

调查结果表明，初中生与高中生对有关自杀的看法差别不大。多数学生的想法是：自杀在谁身上都可能发生，即使发生也是无奈的事情。显然高中生比初中生更加悲观，因为他们面临的社会压力更大。

导致青少年自杀的因素

1. 家庭关系不和睦

家中父母管教过严，又由于青少年逆反心理较强，一旦与父母发生激烈的冲突，便心生悲凉，或离家出走。若能得到亲友及师长的及时安抚劝慰，可迷途知返；若无人抚慰，孤立无援，就会加重其失望心理，以致走上自杀的绝路。此种情况往往见于离异或父母不睦的家庭。这些孩子自小感受到"世态炎凉"，无论在性格、气质上，都感到自卑、压抑。自幼感受不到父母的亲情，加之受挫，自杀的可能性极大。

2. 挫折和失败

这是青少年自杀因素之一，如高考落榜升学无望、考试失利等。这种人自尊心较强，家庭父母期望值较高，因此自我估计不实，一旦遇挫，便感觉失去了存在的价值，加之受挫后父母不理解、外人讥嘲等，自尊心受到创伤后，往往走上绝路。

3. 失恋和失身

据《日本警察白皮书》报告，自杀的青少年16.2%直接原因是失恋，英国52%的青少年自杀与失恋有关。其中失身导致自杀仅见于女性。一些青少年对爱情缺乏深度了解，失去恋人后极易产生自卑心理，失身后所遭受的身心摧残，以及别人的另眼相待，也会使他们走上绝路。

4. 精神疾患

精神疾患如躁狂抑郁症、慢性烟酒中毒、精神分裂症、药瘾等。据有关调查资料显示，因精神疾患而自杀的青少年占13.2%，因此也不应忽视。一些不明原因的自杀或"意外死亡"，在排除他杀后，应首先考虑自杀者的精神疾患因素。因精神疾患而产生自杀的行为中，抑郁症表现最密切，其一般表现为：患者情绪低落、学习工作效率低、不明原因的食欲减退、不时产生轻生意念等。严重抑郁症患者，自杀率为10%~15%。因此，在青少年中如发现抑郁症倾向，及时疏导，可减少或预防自杀行为。但由于此症状较隐蔽，轻度患者一般生活正常，所以应引起人们的高度重视。

5. 从众心理

一些平日称兄道弟、讲"江湖义气"的青少年团伙，一旦为首者产生邪念，其他成员易言听计从，盲目从众而自杀。

当然，有意自杀的人通常是充满心理矛盾的：既想自杀又想生活下去。大多数考虑自杀的人在表现中难免流露出蛛丝马迹来。如有的会在自杀前的某个时候谈到自杀，或者在日常生活中一反常态，表现出厌世，饮食和睡眠毫无规律，反叛行为特别明显，情绪喜怒无常等。因此，只要做有心人，自杀的预防是完全可能的。

青少年自杀的预防和干预方法

1. 预防措施

自杀与个性特征、环境状况有关。当个人能力感丧失或受到威胁时，就可能采取自杀行为。个人能力感包括：自我评价、人际关系、智能及躯体状况的认知。使个人能力感受到威胁的因素有：疾病、身心健康问题、学习成绩不良、考试失败、焦虑不安、亲友亡故、矛盾冲突、受批评或惩罚、双亲不和或离婚等。凡个人能力感有上述问题的青少年，自杀的危险性增加，对他们要密切观察。一旦发现有自杀倾向，就要及时采取干预措施。对有自杀倾向的青少年，要请精神科医生、临床心理学家或心理咨询专家进行心理咨询和治疗，努力消除或减轻危险因子。在家庭、学校和亲友的配合下，帮助他们消除自杀心理，增强其能力感，恢复自信心和生存价值感，使其自杀倾向消除在萌芽状态中。

2. 危机干预

当某个人的自杀意念发展到自杀预演，甚至产生自杀行为时，社会或他人要伸出援助之手，从社会、心理和医学上进行危机干预（亦称危机介入），以便帮助当事者从困境和苦恼中解脱出来，重新建立新的适应机制，维持健康的精神状态，或从绝望中醒悟过来，树立起强烈求生的愿望。可采用电话、信件、家访等进行咨询和服务。如发现有自杀倾向者，则可劝其到医院门诊或保健部门进行心理咨询，或向电台、书刊、报纸求助，也可直接向心理学家、社会医学家和少儿卫生保健专家咨询，以减轻心理上的压抑，打消自杀念头，避免发生自杀。

3. 事后援助

对于自杀未遂者，家庭、学校及亲友要给予精神上的安慰和物质上的支持。要引导他们定期接受精神科医生或临床心理学家的咨询与指导，及时处理新发现的心理社会问题，并密切进行追踪观察，以防止再度发生自杀。

4. 进行人生意义教育

精神卫生专家们指出：要从根本上减少青少年自杀的发生，进行人生意义与价值观的教育实属必要。对于人生观的教育，应从医学、心理学、人类学、社会学、哲学、宗教学及法学等诸方面来进行，使青少年树立正确的人生观，正确地对待人生与社会。在认识到人生的意义之后，有自杀企图的青少年有可能会重新审视自己与社会，从而打消自杀的念头。

第三节 以积极心理面向中年的蓝天

中年时期是人生道路上的黄金分割点，处于中年的人，已经有了稳定的家庭和固定的事业。但是中年同样是心理疾病的多发期，因为中年人往往压力重重，负担繁多，而且生理功能也随着年龄的增长而衰退，于是心理的承重比任何时候都巨大，人往往在此时不堪重负而遭遇心理疾病的袭击。

中年人心理发展的特征

中年人尝遍人间的喜怒哀乐，生活态度比较稳定，但随之而来的倾向是封闭自己，局限于小家庭的束缚和自以为是的孤独。中年是形成人生差异的最明显的年龄段，举目四望，到处是出国的、发财的、升官的，相比之下，那些生活平平的中年人顿生自惭形秽，最易产生内疚和自卑感，使交际范围变窄，人生必然走向灰暗。所以，中年人一定要提高自我保健意识，防患于未然。这就需要了解中年人的心理发展历程。中年人的心理发展一般经历以下过程：

1. 心理发展日趋成熟

一般说来，人到30岁已成家生儿育女，生活方式初步定型，思想也安定下来，不再像青年时期那样充满憧憬，而是满怀信心、脚踏实地地创立事业，故称而立之年。人到40岁，知识增多，见识日广，认识问题有了相当的广度、深度，不再为表面所迷惑，遇事冷静，即使复杂事情也不致摇摆不定，故称不惑之年。至50岁，经验更丰富，学识愈深广，上知天文，下通地理，处事更加稳重妥善，故称知天命之年。中年时期，就这样经历30而立、40而不惑、50而知天命的过程。其心理日趋成熟，知识经验日益丰富，是成就事业的黄金时期。有人统计，1900~1960年，全世界的1249名杰出的科学家和1228项重大科技成果中，科学发明者的最佳年龄是25~45岁，最佳峰值为35岁。

这一阶段的人已经能独立地进行观察和思维，组织和安排好自己的生活，情绪趋于稳定，有能力延缓对刺激的反应，能根据自己所处的客观情境来调节自己的情绪；在人际交往方面也逐渐完善，能把握和适应环境，并按正确的批评意见和社会规范来调整自己的行为；自我意识明确，能根据自己的才能和地位，来决定自己的言行；有坚忍的意志力，一经确定目标，可坚定不移地创造条件为达到目标而奋斗。

2. 智力的持续增长和体力的逐渐衰减

随着心理上的机能随年龄的增加而上进，中年人智力发展到最佳状态，能进行逻辑思维和作出理智的判断，具有独立解决问题的能力。主要表现在能独立进行观察和思维、具备独立解决问题的能力、情绪趋于稳定、自我意识明确、精力充沛、情感丰富，运动协调、感觉思维敏捷、判断力准确、智能高涨、注意力集中、记忆力旺盛，能适应和把握环境等。中年人在心理能力的继续发展和成熟过程中，同时伴有生理功能的逐步渐减，主要表现为心血管系统、消化系统、各种内分泌腺的功能减退，其他系统如肌肉、骨骼、肾脏功能下降，特别是免疫系统能力的降低，给中年人的健康带来了更多的潜在威胁。当进入更年期这个多事之秋，女性还可出现心悸、头昏、潮热、多汗过敏性和抑郁特点的情绪变化等身心症状；男性虽不如女性明显，在外貌和功能上也有明显变化。

智力的继续增长和体力的逐渐衰减，会给中年人带来一系列矛盾。如高度的社会责任感与身心能力不足的矛盾，渴望提高工作效率与内耗的矛盾，希望健康与忽视疾病矛盾等。

3. 中年期是创业的黄金时期，也是身心负担最沉重的时期，集诸多矛盾于一身

人到中年，诸事劳形，万事累心，身心负担极重，难于摄养，以致未老先衰，肩头的社会责任、工作的得意与失意、升迁、贬降、成功与失败，让中年人不胜压力。人到中年，常有家庭不幸、人事纷争，如家庭中的生老病死、婚嫁丧娶令人忧恐苦怒，人际间结怨之积虑郁怒等，往往都会引起中年人的心理波澜。人到中年，经历已多，处境不同，常有挫折、起伏，如始乐后苦、故贵失势、常贵后贱、常富后贫等，都会妨碍身心健康，重者可致精神内伤，身心败亡。

4. 面临着社会义务与角色的转换

中年人情绪与社会生活的变化包括：身体功能的减退、健康与疾病方面的困扰、子女独立的问题、个人兴趣的改变、准备扮演祖父母的角色。社会地位的演变、角色的转换，要比因年龄增长、躯体变化，而要求做出的适应与调整似乎更困难。由于在家庭和社会两方面都承担着较大责任，心理冲突和心理困扰的发生也较频、较重。从家庭来说，有从对子女衣食住行、道德品质、学习工作的担心操劳，到对子女成家立业、婆媳关系处理的变迁；对老辈体迈多病不能亲自侍奉的不安、繁杂的家务和精神负担造成的心理压力。社会环境方面，有同龄人的升迁流动、同事间的人际关系处理、工作调动、新环境中的角色转换等，若处理不当，都难免引起角色冲突，甚至引发角色危机。

面对工作、事业、家庭、现实生活中的层层矛盾，中年人若不能正确处理，便会导致焦虑、失望、忧郁、压抑，使身心疾病增多，引起诸多心理问题。

心理疲劳

一般来说，疲劳有两种：一种是生理疲劳，一种是心理疲劳。而心理疲劳的大部分症状是通过生理疲劳表现出来的，因而往往被人忽视。而中年人正处于社会、家庭、工作、生活的多重压力之下，因此，心理疲劳在中年人身上表现得尤为突出。心理疲劳的一般表现是：当你长时间继续不断地从事力不从心的脑力劳动后，你感到精力不支，而且劳动效率显著下降。

下列9项症状说明一个人的心理已经是很疲劳了，这9项症状是心理疾病的先兆。而这些心理疾病的先兆，都是由于心理疲劳引起的。这9项症状是：

（1）早晨起床后，感到全身发懒、四肢沉重、心情不好。
（2）工作不起劲，什么都懒得去做，甚至不愿意和别人交谈。
（3）工作中差错多，工作效率低。
（4）容易神经过敏，芝麻大点不顺心的事，也会大动肝火。
（5）因为眩晕、头痛、头晕、背酸、恶心等，感到很不舒服。
（6）眼睛容易疲劳，视力下降。
（7）犯困，可是躺到床上又睡不着。
（8）便秘或者腹泻。
（9）没食欲、挑食、口味变化快。

心理疲劳对人产生的影响是巨大的。心理疲劳往往通过一些身体疲劳的症状表现出来，当心理疲劳持续发展时，将导致心血管和呼吸系统功能紊乱、消化不良、失眠、内分泌失调等，最终会导致心身疾患。

心理疲劳是指人体虽然肌肉工作强度不大，但因神经系统紧张程度过高或长时间从事单调、厌烦的工作而引起的疲劳。心理疲劳是在工作、生活过程中过度使用心理能力，使其功能降低的现象，或长期单调重复作业而产生的单调厌倦感。通俗地说，心理疲劳指长时期的思考、焦虑、恐惧或者在和别人激烈争吵之后，使心理陷入"衰竭"的一种状态。

生理疲劳指人由于长期持续活动使得人体生理功能失调而引起的疲劳。从工作方面来说，生理疲劳是为工作所倦，不能再干；而心理疲劳则是倦于工作，不想再干。心理疲劳也会减弱生理活动，如厌烦、忧虑等都会损害身体的健康，使器官的活动效率降低。

心理疲劳产生的原因

人们心理疲劳的产生，不仅与当时所处的环境因素有关，而且与自身的情绪状态密切相关，它受到诸多因素的影响：

1. 工作负荷过高或过低

过高的工作负荷造成高度的心理应激，使人体的紧张程度过高，心理能力使用过度，从而造成心理疲劳。心理负荷过低的单调工作也会引起心理疲劳。单调、乏味、长时间从事一件事情会引起操作者极度厌烦，引起和加速操作者心理疲劳的产生。单调的工作往往与不变的情绪联系在一起。在单调情绪中，人们容易产生不愉快，缺乏兴趣，以及觉得工作永无止境等消极情绪，从而产生心理疲劳。

2. 缺乏工作热情

工作热情高、有积极工作动机的人可以忽视外界负荷的影响而持续工作，他身体上可能感到疲劳，但情绪很好。工作热情低、毫无持续工作动机的人对外界负荷极为敏感，往往夸大不利的效应，虽然工作并不紧张，消耗的能量也不多，但仍觉得"累"。美国心理学家迈尔提出的疲劳动机理论认为，一个人在从事某项活动中体验到疲劳的程度，依赖于个体对完成这次任务的需要和动机的水平。

3. 希望渺茫

在期望即将实现时，人们的精神状态是最好的，如果一个人老看不到希望，心理就易出现疲劳感。许多研究者探索了8小时工作效率的变化规律，结果发现：随着工作时间的延续，工作效率逐渐下降；休息后继续工作，则工作效率有一定的回升。更为令人感兴趣的现象是，每当工作日快结束时，人们的工作效率又会出现较明显的回升。毫无疑问，在这里，意识到结束时间快到，结束工作的期望很快就要实现，使人们的劳动积极性大大提高。这里可看出，由于期望的即将实现，虽然生理上可能很疲劳，但心理的疲劳或者说是疲劳体验却减轻了。

4. 消极的情绪

心理疲劳易受情绪因素的影响。消极的情绪使人们体验到更多的疲劳效应，积极的情绪往往让人们将工作中积累的疲劳感冲得一干二净。当一场重大比赛结束之后，胜利的一方往往由于取得了胜利而兴奋、喜悦，比赛中的疲劳已忘了，而失败的一方由于失败而悲伤、消沉，比赛之后就愈感劳累。

5. 精神压力过大

精神压力过重也是心理疲劳的一个重要原因，尤其是中年人。中年人处于社会、家庭、工作、生活的多重压力之中，长期背负着各种压力，在工作、事业开创、人际关系处理、家庭角色的扮演，以及对家庭和事业的不断权衡方面，总是处于一种思考、焦虑、烦闷、恐惧、抑郁的压力之中，心理很容易陷入"衰竭"的状态。

除了上述因素之外，心理疲劳还受人的身体素质、性格特征、工作环境条件、睡眠状况及心理暗示等的影响。

远离心理疲劳

心理疲劳表现突出的中年人，似乎总在忍受一种精神痛苦的折磨，心中积压着许多痛苦、悲伤、委屈、苦闷、烦恼、不平等，总感到自己生活得很累，期盼着能够解脱一点。要解决这些问题，应从以下方面着手：

（1）要了解和认识中年人将面临哪些变化，这些变化会引起什么心理反应，对人体会产生什么影响，以便心中有数，早做准备。

（2）平静地接受生理的变化，关注自己的身体健康，增加体育锻炼的时间，有意识地调整身体状况，改善饮食，培养良好的生活方式。

（3）缓解工作压力。中年人一般工作压力都比较大，常常超时间工作，天长日久难免会透支体力，难以应对。工作中应尽量抽出一定的时间伸个懒腰，活动活动筋骨，如果目标明确，还可以分阶段工作，起码自己的精神上有一定的轻松感，尽量想办法缓解压力。

（4）理好家庭关系。要想消除心理疲劳，最重要的是要处理好婚姻关系，珍惜夫妻间的感情，与妻子或丈夫互相体谅与沟通，尽量满足彼此的需要，分担彼此的重担，多花时间相互交谈与相互陪伴，享受人生乐趣，增进婚姻的满足感。成功的婚姻永远是事业成功和生活幸福的基本保障。

（5）培养业余爱好。人到中年以后，应该有意识地培养一到两个业余爱好，做自己喜欢做的事情。中年以后，事业、家庭趋于稳定，生活变得平淡，有时会产生倦怠感，缺乏新意，多一些时间反省自己，调整生活，拿得起，放得下，做自己喜欢做的事情，大胆进行新的尝试，心态上永远保持年轻。

这里还有一些立竿见影的消除心理疲劳的方法：开怀大笑，以发泄自己的负性情绪；沉着冷静地处理各种复杂问题，有助于舒缓压力；做错了事，要想到谁都有可能犯错误，不要耿耿于怀；不要害怕承认自己的能力有限，学会在适当的时候说"不"；夜深人静时，悄悄地讲一些只给自己听的话，然后酣然入梦；遇到困难时，坚信"车到山前必有路"。

此外，可通过按压劳宫穴来解除心理疲劳。劳宫穴在手掌正中的凹陷处，感到疲劳时，可用对侧的拇指按压劳宫穴。

更年期神经症

更年期的疾病，多有明显的精神因素，如长期精神紧张或精神创伤。临床表现除失眠、头昏、头痛、注意力不集中、记忆力下降等神经衰弱症状外，还突出表现在情绪不稳、易怒、烦躁、焦虑，同时伴有心悸、潮热、多汗等植物神经症状。有些症候的中年人时时处处总表现出紧迫感，对个人和家人的安危、健康格外关切，注意自己身体的微小变化，担心会得什么严重疾病，常因身体不适而四处求医。尽管如此，这些症状对日常生活或工作并无明显影响，即使持续多年自知力仍然良好。

吴某，女，50岁，农民，近两个月来自觉头昏、失眠、记忆力衰退，总是担心外出打工的子女身体状况不好，怕他们人生地不熟会遇到什么麻烦，要求念高中的小女儿隔三差五地给他们写信，小女儿对此感到很烦，她就勃然大怒，骂小女儿不孝。一次她和邻居家吵了一架，就害怕其报复家人，对丈夫和小女儿总是千叮咛万嘱咐，甚至半夜三更突然从床上跳起来，要丈夫赶快躲藏起来，说邻居的儿子拿着刀要来杀他。一天早晨，她起床发现自己的脸色不好，又觉得喉咙很不舒服，以为自己得了什么可怕的病，因而十分担心，立刻去医院检查，医生告诉她只是上火引起扁桃体发炎，给她开了点药让她在家休息。但两天以后，炎症仍没消失，她就怀疑医生没有告诉她实情，还跑到医院将医生大骂了一顿。家里人都觉得她不可思议，她自己也怀疑自己可能得了什么神经病。

吴某显然患有更年期神经症。对吴某最好采取疏导法、认知领悟疗法，并教其掌握放松技巧。首先要让她了解该年龄阶段的生理、心理特点，尤其是更年期可能遇到的各种心理疾病。有了一定的心理准备，才有较好的状态去迎接生活的新挑战。其次是培养豁达开朗的性格，对什么事都要往好的方面想，而不是总想其阴暗、狭窄的一面，毕竟世上美好的人事比丑的人事要多得多。再次就是让她协调好人际关系，争取朋友、同事、邻居的帮助和支持，最重要的是依靠亲友情感系统的支持。

吴某在心理医生的帮助下，对更年期的生理、心理特点都有了较深入地认识和了解，而不再害怕自己是得了什么可怕的神经病。同时，通过心理治疗，她有了乐观、开朗的性格，能保持平静的心绪，对待事情也能一分为二。半年以后，其精神面貌和第一次见面时，简直判若两人，她已经走出了更年期神经症的阴影。

女性更年期的调适

1. 增加更年期保健知识

更年期不是病，只是每个女人生命中必经的一个时期。正确认识更年期的到来，因为它是人类老化过程中的必然阶段，可以找医生咨询，不必焦虑紧张，树立信心，以顺利通过更年期。

2. 增加体育锻炼及社会交往，充实生活内容

女性患更年期综合征，主要是由于下岗、退休或子女成家后赋闲在家无

事可做，又缺少感情交流造成的。自己应找些事做，别总待在家里。当你陷入深深的苦闷和焦虑之中不能自拔的时候，要按时到空气清新的室外从事一些合适的体育活动或体力劳动，它会唤起你的满意感和愉快感。

有趣的工作也会"中和"不良情绪产生的恶果，并会大大提高乐观情绪的储备量。当遇到不顺心的事或陷于痛苦时，"储备量"会发生作用，不致使你过度郁闷。

还可以到大自然中去陶冶。在生活最艰难的时刻，投身到大自然可从中找到慰藉。大自然中花草散发的浓郁芬芳、树叶沙沙微响、鸟儿婉转啼鸣、溪流潺潺声和海浪拍击声都会对身体产生良好的作用。遇烦闷时与家人或密友去郊外森林散步是很有益的。

3. 进行自我心理调适

易怒、发脾气是更年期到来的前兆，它们一冒出来，就该提醒自己要注意。若有什么怨气，应该提醒自己这是更年期的表现，不要随着自己的性子，乱发脾气。

4. 倾诉和发泄

要彻底倾诉心里的郁结，倾诉是治愈忧郁悲伤的良方。当你遇到烦恼和不顺心的事后，切不可忧郁压抑，把心事深埋心底，而应将这些烦恼向你信赖、头脑冷静的人倾诉。如没有合适的对象，还可以自言自语地进行自我倾诉。

英国心理学家柯切利尔极力推崇一种自我倾诉内心苦闷和忧郁的方法——放声地自言自语地倾诉。他指出，这种心理上的应激反应是防治内科各种疾病，尤其是心血管病和癌症的良药。他认为积存的烦闷忧郁就像是一种势能，若不释放出来，就会像感情上的定时炸弹，埋伏心间，一旦触发即可酿成大难。但若能及时地用倾诉或自我倾诉的办法，取得内心感情和外界刺激的平衡，则可祛灾免病。

有眼泪要让它流出来。生活中遇到痛苦和折磨，流泪也可以解除苦闷。因为情绪激动时，人体血液会产生某种化学变化，眼泪的流出将使这种物质得以排泄。

5. 家人和朋友要给予理解和支持

家人的不理解会加重她们的症状。所以，如果家有处在更年期的女性，千万要多关心她们。眼下，"更年期"变成了打趣甚至嘲弄人的词。男人碰上看不顺眼的事，如果当事人是中年女性，就不由分说朝她们贴个"更年期"的标签，年轻人也会用怪眼光看年纪大的人。作为家人，不要动不动就说"你是不是更年期到了"之类的话。她们生气时，要采取冷静、宽容的办法。

6. 适当补充雌激素

更年期症状明显时，可以在妇科医生的指导下，补充体内的雌激素水平，但切忌盲目用药。怕相关药品有副作用，就尽量多吃能增加雌激素的食物，如乌鸡、花粉、蜂蜜、维生素E等。

7. 中医药治疗

根据中医理论，更年之期，肾气渐衰，天癸渐竭，导致五脏功能失调、阴阳失衡而为病。因肾虚不能涵养肝木，则肝气郁结，可见情绪低落、胸闷胁胀、不思饮食；肾虚不能滋养心神，可见精神恍惚、无故悲哭；肾虚无以温养脾土，可见头晕耳鸣、腹胀腹泻、疲乏无力等。因此治疗在补肾的基础上，佐以疏肝理气、滋养心神、健脾化痰，可缓解病情且患者易于接受。

8. 合理的性生活

合理的性生活可以防止因生理和心理、社会等复杂因素而引起性淡漠和性衰老。千万不要认为年纪大了，就没有过性生活的必要了。

观念固执

在生活中，我们会见到有些中年人十分固执，表现为过分固执己见，如"坚信"某种经验是"真理"、对某件事做出决定后绝不再根据客观条件的变化而适当修改或采纳他人建议、从不听别人劝告或与之相反的意见。

观念固执的人即使有足够的事实证明这种经验是错误的，内心虽然承认其错，但在口头上绝不认错，甚至由于在心理上达不到平衡而不能自控，错误地坚持或一意孤行，我行我素，唯我独尊。对固定观念或病态顽固执拗采用一般的劝导斥责是难以纠正的，应采用心理分析疗法或酌情配合中西医药治疗方能奏效。

这些人思想偏执，总是认为自己的想法"完全合理"。造成这种情况的原因，往往是因为紧张或者激动的情绪，扰乱了他们的正常思维过程，以致他们遇到问题不能够常态地进行分析、判断。同时，这些人的注意力比较涣散，不易集中，听不进大多数人的意见。临床观察，这类人大都是因为精神上过于疲倦，或者心底里蕴藏着不少烦恼。

思想偏执的产生原因，主要是因为：心理压力大，过于疲倦，因而反应迟钝，容易发脾气；没有消除积存的烦恼，怨天尤人，牢骚满腹，妨碍重新振作精神；生活经历上，曾经遭受过心理上的威胁或恐吓。

观念固执的人往往给人以假象，误认为他们很坚毅、很顽强，其实，固执的人，为了达到他的目的所表现出来的"百折不挠"、坚持干到底的精神，和真正的顽强不屈的坚毅精神，本质上是不相同的。

观念固执的人的"悲剧"就在于：他不惜花费一切代价所要达到的目的，往往在客观上是不正确的、不合理的。因而，他所表现的一系列行为就显得荒唐可笑。西班牙著名作家塞万提斯写的《堂吉诃德》，描写了一位自命不凡的"勇士"，把风车误当作敌人或妖怪，用长矛一枪刺去，最终被风车卷走。这是文学作品中对观念固执者的有力刻画和写照。而最为可悲的是，一个观念固执的人，往往以英雄好汉自居，对他的所作所为，经常不自量力地、自欺欺人地认为是出自好心肠的动机。其实，他的信念只不过是毫无意义的，甚至是有害的"我行我素"而已。

绝大多数人的观念固执、思想僵化，是对挫折的一种不正当的反应。当他们反复地遭遇到同样的挫折后，由于不能像正常人那样可以灵活地"随机应变"，设法顺利地去解决所遇到的困难，于是，就有可能形成一种习惯式的刻板的反应，在思想方法上僵化不变，在行为活动上表现为执拗地重复。这样的人若进一步对他仔细地了解，就会发现很有可能他从幼小起就"死心眼"。遇事爱钻牛角尖，转不过弯子来，致使他的神经活动过程很不灵活。对于这样的人，应该因势利导地使他们变成性格坚毅的人，最好的办法就是让他们找到一个真正值得为之奋斗的目标。

对于观念固执的人，主要是通过心理治疗和疏导，纠正他们错误的认识，打破他们固执的观念。

婚姻适应不良

人们进入中年之后，似乎身上的担子更重了，各种各样的压力纷至沓来。除去工作、人际交往方面的压力，中年人在家庭、婚姻中也面临着矛盾和压力。中年人在家庭生活中既要扮演丈夫或妻子的角色，又要扮演父亲或母亲的角色。有的人由于对婚姻的准备不够充分，对婚后生活感到不够理想，甚至感到失望，以致矛盾迭出。即使婚前双方对家庭生活各方面都有所了解，并有充分的计划，但现实生活中往往会有未能预料的事情发生，使原定计划不能如愿进行。这都极需适应能力和面对现实的勇气。

我国中年夫妇的离婚率虽很低，但确有16%的夫妇婚姻不睦。有的夫妇事无巨细见面就争吵；有的恰好相反，无论什么事都不争吵，彼此客客气气，实际上貌合神离，同床异梦；有的夫妇婚姻关系只存有一纸结婚证，分居两处，互不往来，十分冷淡。这些不协调的夫妻关系的共同特点就是，缺乏真正的爱情和相同的志趣，思想格格不入，互不情感交流，认识上也存在差距，很少有灵肉交融的性生活，有的则干脆分居，至少有50%的夫妻离婚是从分居开始的。

中年人婚姻适应不良，有的要追溯到年轻时双方或一方的恋爱动机。源于功利主义者必然导致夫妻关系冷漠，以性魅力或肉欲为目标的婚姻在早年就植入了中年夫妻失和的祸根，当然也有由于性生活失和以致相互吸引力降低，长此以往也会导致危及婚姻关系的夫妻不睦。

中年夫妻婚姻适应不良的危害性是显著的。首先，夫妻之间由于长期对立、纷争，会给身心健康造成像X光一样肉眼看不见却长期持续的损害。更严重的是，家庭内部无休止的争吵与冲突会使孩子幼小的心灵受到伤害。对孩子的性情及整个精神生活都是一种灾难。

离婚是夫妻婚姻适应不良的不幸结局，但离婚后的现实生活也不一定都是自由和欢乐的。因离婚而蒙受精神创伤的人，可能出现反应性抑郁，不少人借酒浇愁，醉生梦死，因此而自杀者也不乏其人。

周女士，39岁，在某出版社工作。她就诊时自述道：

"我与丈夫结婚已经12年，有个7岁的儿子。丈夫是个无可非议的好丈夫，除了努力工作，还很体贴、关怀和爱护我，家务事几乎全由他料理，我只管孩子。按说，这样的丈夫真是非常难得了，可我觉得我对他并没有像对我父亲和儿子那样有强烈的感情。一有空闲，我就陪父亲或儿子逛公园，说说笑笑，可我却没兴趣陪他去遛遛弯、逛逛商店。有时我自己也不明白：我是不是真爱我丈夫？"

根据周女士所述情况，可基本认定属于婚姻适应不良。医生采用认知领悟疗法治疗她的婚姻适应不良问题。在一个月里，心理医生与周女士做了4次交谈，着重向她做了如下分析、开导：

"在人的情感生活中，往往有些令人难测或非意识所能理会到的情况，说出去别人不理解，自己也闹不明白，这就只能从你的潜意识里去探索了。现在在你面前的男性，有你父亲、你丈夫、你儿子。女性第一个接触的异性毫无疑问是自己的父亲。他伴随着女儿整个童年和少年，在女儿的人格形成和人际交往模式上占有非常重要的地位。可以说人成年后的行为都要受早年行为模式的影响。根据你的介绍，看来你存在着"恋父"情结。这种爱的潜能本该随着年龄增长而自然过渡到异性身上，但你过渡得不太理想，保留了一些原始感情因素，这使你情不自禁地在心理上回到童年情境里，去享受父女之爱。你应当清楚，"丈夫"不是"父亲"的缩影或"拷贝"。从意识上来说，你爱父亲、爱儿子是出于天伦和母性，因为天伦在维护你的恋父情结上最有说服力，最合理。而母性更不用赘言。其实，对像你这样的女性来说，儿子往往是丈夫的化身，因此，就把对丈夫的爱转移到儿子身上。此时的丈夫虽能感到妻子不如以前那样爱他了，但孩子毕竟是自己的，所以尚能心安理得地接受这一变化。还得补充说一句，似乎有这样一种规律：有"恋父"情结的女性多恋子，因为与父与子不存在那种性的情感。但对丈夫则不然，从某种意义上说，丈夫是性伴侣，夫妇关系是建立在性基础上的关系。假如把对父亲的感情直接转移到丈夫身上，把他当作父亲，岂不乱伦？因此，在无形中会产生一种爱的压抑感，这也许就是你对丈夫爱不起来的原因吧。"

　　心理医生在周女士对自己的心理问题有一定认识之后，进一步开导她："恋父"情结并未统治你的全部心理过程，所以你对丈夫仍能履行做妻子的义务，只是与父、与子的关系相较显得逊色一些而已。虽然让你一下子改变这种心理模式较难，但你应该意识到这种心理的存在，你必须有意识地去改造这种爱的偏向。起初也许觉得是"违心"的，但对心理规律和自己的深层心理有了进一步认识后，你会渐渐扭转过来的。

　　周女士经过心理医生的启发和开导，意识到她的心理是不正常的。在心理医生与家人的帮助下，她注意培养自己对丈夫的性爱感情，使自己处理好与家庭成员的不同关系。最后，她逐渐正常地担当起女儿、妻子、母亲这三重角色。

　　中年人如何进行婚姻维护？通过调查发现，目前我国大多数中年人的婚姻顺利，所组成的家庭也是美满的，且绝大多数人在二三十岁时就已完成了这一使命。中年的婚姻关系经历了新婚燕尔的狂热期、情感生活的持续调适期、养儿育女的移情期，终于进入夫妻相互眷恋而亲昵的深沉期。大多数夫妇的婚姻关系和睦而稳定，这对中年夫妇的健康和长寿起到了积极的作用。

　　那么，怎样才能维持美满的婚姻和理想的家庭呢？

　　首先，必须认真对待婚姻中的爱情问题。婚姻中最重要的是爱情，爱情是不能附加任何条件的,尊重和友谊是爱情的基础,只有这样才能"相敬如宾"。

其次,要保持婚姻生活的新鲜与活力。保持婚姻生活的新鲜和活力,才能防止产生"爱情厌倦"心理。要树立配偶第一的原则。处理日常生活中的任何事情,都应优先考虑配偶的正当感情要求,只有重视夫妻情感,生活中的各方面关系才会平衡。尽量使家庭生活丰富多彩。可经常举办一些诸如结婚纪念、生日纪念之类的活动,可通过家宴、野餐、外出旅游等形式,回忆往事,加深了解,及时进行爱的滋润,这会燃起夫妻对爱情、对生活的新的追求。

再次,要将赞美挂在嘴边。不要认为配偶的长处是应该具有的,而缺点是不可容忍的。而应使对方感到在生活中占有重要地位,双方都是对方的精神支柱,都是对方获得幸福的源泉,因此又何必吝啬你的赞美呢。

最后,提高各自的修养。努力提高各自在各方面的修养是保持吸引力的重要手段。夫妻既是一个共同生活的整体,又是两个独立的个体,只有双方共同提高,才能使婚姻稳固和谐。

此外,培养子女健康成长也是使家庭幸福、婚姻美满的条件。孩子的健康成长往往是父母双方共同努力的结果,会让父母对孩子、对家庭、对自己都产生成就感,从而维系美满的婚姻。

职业适应问题

在市场经济化的今天,只有从事一定的职业才能获得酬劳,从而维持个人或家庭的生存,同时,从事工作也可以使人感到自我价值的实现,满足人的精神需要。现代社会,想取得某些事业的成功是件很艰难的事,而失败却随时等候在每一个人的身边。固然事业的成功会给人们带来喜悦,促进人们的心理健康,但失败却容易使人失望沮丧,因此有不少人"干一行怨一行"。

心理学家经过研究发现,有三大因素有助于人的敬业乐业精神:

（1）客观的工作环境（包括社会环境和物质环境），包括领导者的才能、同事间的合作、对工作成绩赏罚标准的公平合理等社会环境，工作场所的舒适、必要的设备工具、个人生活条件的方便等。如果个人满意自己的工作环境，则能产生对工作的安全感，提高工作效率。

（2）主观的自我实现。工作有深度，对个人能力是一种挑战，个人可全力以赴，施展才能，达到自我实现而获得成就感。

（3）职业的未来展望。由工作中获得的经验、成就随工作表现而提高，责任随成就而加重，所得物质报酬及社会地位也随之升迁。这样才能使人觉得有希望、有前途，才能兢兢业业地工作。

虽然大部分中年人都拥有就业机会，但是完全适合自己的职业是不容易找到的。办公自动化的出现使人的体力负担有所减轻，但是工作变得呆板，个人不过是整体工作过程中的一个环节。由于工作缺乏艺术性，使得从业者缺乏兴趣与成就感，这是物质文明进步所产生的负面影响，它使人们对工作的内在动力有所减弱。"大锅饭"阻碍了个人奋勇进取的事业心，职业选择也难以做到学以致用、扬长避短，以及无法完全考虑到个人的性格、气质、志趣、能力和体质的差别，因此，中年人会出现对职业、职位的心理上的不适应。工作中经常碰到的复杂的人际关系，如上下级的隔阂、同事的摩擦，以及来自工作上的压力，均可使中年人的心理稳定性受损。

中年人在工作场所感受到的压力和挫折，有些源于自身的性格弱点，有些源于年轻一代的对立与威胁，有些源于客观工作环境或组织功能的压力，这常使中年人表现出沮丧与焦虑。成年累月的疲劳，中年人常常出现身体生理状态的失调，易产生焦虑、抑郁和早期衰老等疾病。

雷女士，37岁，在公交公司当售票员。两年前离婚，半年前与另一离异男士结合后，丈夫觉得她每天早出晚归很辛苦，就请人帮忙将她调到一家企业管理后勤，工作近3个月，仍感到不适应，老是觉得还是原来的工作好。她常抱怨："现在就收收信、发发报纸，实在无聊，回家后吃饭也不香，觉也睡不好！"几次向丈夫提出要求调回原单位，丈夫认为她精神出了毛病，放着轻松的差事不干，却专捡重活累活干。因雷女士始终闹着要回原单位，其丈夫与她发生了多次争吵。

一位略懂心理医学的同事建议雷女士到心理诊所来咨询，于是其丈夫陪同她一起去了心理诊所，想让心理医生帮助她，开导她，让她继续留在那家企业。

雷女士属于职业适应不良，是一种心理问题。可采用疏导疗法，使患者矫正心理偏差。心理医生与雷女士做了4次交谈，着重向她做了如下分析、开导：

一个人从出生到老，会遇到许多适应问题，例如，胎儿刚离开温暖的母体，光、冷的刺激，他不适应就啼哭了；刚进幼儿园孩子不适应又要哭；直到老年，从工作岗位上退下来，也有许多人适应不良。所以适应不良，比比皆是，不足为怪，仅凭这点，不能说是精神病，只可谓心理问题。

一个人能否适应新的环境，有的因客观困难，有的因主观问题，更多的是主客观方面都有原因。而其能否适应，多与家庭教育、社会环境有关。

你在公交集团工作多年，已适应了售票员这一职业，而且对这一职业有了很深的感情，当你离开原来的工作岗位，突然到一个没什么事可干的工作岗位，你当然感到不能适应。

在雷女士对自己的心理问题有了一定认识之后，心理医生进一步启发她：不同的工作岗位都需要人，并不仅限于你原先所在的单位。你走了，也为其他一些工人提供了就业的机会。另一方面，现单位有了你做好后勤工作，单位上的人也可全心全意干好分内的事，对大家都有益处。

雷女士经过为期3周、每周两次的开导，慢慢地适应了现在的工作环境。

存有职业适应困难的中年人，一般经过疏导疗法，提高其认识之后，患者能够很快在短期内适应工作。

第四节 以乐观心理面对老年的无奈

人进入老年，因为退出了生活的主角位置，离开了社会的工作岗位，更伴有生理上的衰老、人体器官的退化，致使一些老年人出现悲观绝望、焦虑不安、情绪紊乱、生活兴趣低迷等心理不健康的现象。只有调整心态，保持乐观，才能使每个老年人踏上幸福之路。

老年退休综合征的自我调适

老年人的悲哀，莫过于鲁迅笔下的"九斤老太""一代不如一代，一年不如一年"的哀叹。事实上，社会责任应由一代一代年轻人担当，老年人应能领悟社会的进步，顺应社会的需要，做好离退休的心理准备。

（1）制订退休计划。一些研究表明，退休前曾做过妥善计划的老年人，离退休之后的生活适应较好。退休计划一般包括经济上的收支、生活上的安排和对保健方面的预先策划，以及对老年配偶的生活照顾等。一般的老年人，在退休后6个月，即能适应新的生活方式。但仍有许多老人，不能适应退休生活，离退休综合征表现明显。这种情形常发生于突然失去日常工作及社会职业的老人中，尤其在退休以后又没有伴侣的老人，更难适应退休后的生活。"不活动是衰老及死亡的催化剂"，在离退休之前，做好了各种计划与心理准备，就会产生安全感，对退离原职泰然处之，适应良好。

（2）培养一至两种兴趣爱好，使生活丰富多彩，富有生气和活力。

（3）克服心理老化感和不爱活动习惯，"一身动才能一身轻"。

（4）有明显心理病症，应及时接受心理咨询与药物治疗。

（5）老年人在可能条件下也应为儿孙分忧解愁，使双方关系更亲密、融洽。

当然，社会对离退休老年人应给予更多的关注，家庭要关心和尊重离退休的老年人的生活权益，切不可把老人当成保姆或雇工使唤，甚至在生活上虐待老人。要使他们感到精神愉快、心情舒畅。

老年焦虑症

中国已经开始逐步进入老龄化社会，老年人的心理问题也开始得到社会的关注。由于特殊的社会伦理和社会心理，老年焦虑症已经成为困扰老年人的重要心理疾病之一。在国人的印象中，西方社会的老年人大多安详沉稳、心境开阔、喜好旅游，还有非常丰富的兴趣爱好和业余活动。而在国内，尤其是城市中，经常看到有些老年人心烦意乱、坐卧不安，有的为一点小事而提心吊胆，紧张恐惧。这种现象在心理学上叫作焦虑，严重者称为焦虑症。

焦虑是个体由于达不到目标或不能克服障碍的威胁，致使自尊心或自信心受挫，或使失败感、内疚感增加，所形成的一种紧张不安带有恐惧性的情绪状态。一般而言，焦虑可分为三大类：其一，现实性或客观性焦虑。如爷爷渴望心爱的孙子考上重点大学，孙子目前正在加紧复习功课，在考试前爷爷显得非常焦急和烦躁。其二，神经过敏性焦虑。即不仅对特殊的事物或情境发生焦虑性反应，而且对任何情况都可能发生焦虑反应。它是由心理、社会因素诱发的忧心忡忡、挫折感、失败感和自尊心的严重损伤而引起的。其三，道德性焦虑。即由于违背社会道德标准，在社会要求和自我表现发生冲突时，引起的内疚感所产生的情绪反应。有的老年人因为自己的行为不符合自我理想的标准而受到良心的谴责。如自己本来是一位受人尊敬的老人，但在大街上看到歹徒行凶时因为自己年老体衰，势单力薄，害怕受到伤害而没有上前制止，回来后，感到自己做了不光彩的事，对此深感内疚，继而不断自责。

焦虑心理如果达到较严重的程度，就成了焦虑症，又称焦虑性神经官能症。焦虑症是以焦虑为中心症状，呈急性发作形式或慢性持续状态，并伴有植物神经功能紊乱为特征的一种神经官能症。

老年焦虑症的类型

老年焦虑症有一般焦虑症所没有的特点，而且人们往往忽略这种心理疾病，而把原因归结到一些器质性疾病中去。

一般来讲，老年焦虑症可分为急性焦虑和慢性焦虑两大类。

急性焦虑主要表现为急性惊恐发作。患者常突然感到内心焦灼、紧张、惊恐、激动或有一种不舒适感觉，由此而产生牵连观念、妄想和幻觉，有时有轻度意识迷惘。急性焦虑发作一般可以持续几分钟或几小时，病程一般不长，经过一段时间后会逐渐趋于缓解。

慢性焦虑症，其焦虑情绪可以持续较长时间，其焦虑程度也时有波动。老年慢性焦虑症一般表现为平时比较敏感、易激怒，生活中稍有不如意的事就心烦意乱，注意力不集中，有时会生闷气、发脾气等。

老年焦虑症的防治

1. 要有一个良好的心态

首先要乐天知命，知足常乐。古人云："事能知足心常惬。"老年人对自己的一生所走过的道路要有满足感，对退休后的生活要有适应感，不要老是追悔过去，埋怨自己当初这也不该，那也不该。理智的老年人是不会注意过去留下的脚印，而注重开拓现实的道路。

其次要保持心理稳定，不可大喜大悲。"笑一笑，十年少；愁一愁，白了头"，要心宽，凡事想得开，要使自己的主观思想不断适应客观发展的现实。不要企图让客观事物纳入自己的主观思维轨道，那不但是不可能的，而且极易诱发焦虑、抑郁、怨恨、悲伤、愤怒等消极情绪。

最后要学会"制怒"，不要轻易发脾气。

2. 自我放松

当你感到焦虑不安时，可以运用自我意识放松的方法来进行调节，具体来说，就是有意识地在行为上表现得快活、轻松和自信。比如说，可以端坐不动，闭上双眼，然后开始向自己下达指令："头部放松，颈部放松……"直至四肢、手指、脚趾放松。运用意识的力量使自己全身放松，处在一个松和静的状态中，随着周身的放松，焦虑心理可以慢慢得到平缓。另外还可以运用视觉放松法来消除焦虑，如闭上双眼，在脑海中创造一个优美恬静的环境，想象在大海岸边，波涛阵阵，鱼儿不断跃出水面，海鸥在天空飞翔，你光着脚丫，走在凉丝丝的海滩上，海风轻轻地拂着你的面颊……

3. 自我疏导

轻微焦虑的消除，主要是依靠个人，当出现焦虑时，首先要意识到这是焦虑心理，要正视它，不要用自认为合理的其他理由来掩饰它的存在。其次要树立起消除焦虑心理的信心，充分调动主观能动性，运用注意力转移的方法，及时消除焦虑。当你的注意力转移到新的事物上去时，心理上产生的新的体验有可能驱逐和取代焦虑心理，这是一种人们常用的方法。

4. 药物治疗

如果焦虑过于严重时，还可以遵照医嘱，选服一些抗焦虑的药物，如利眠宁、多虑平等，但最主要的还是要靠心理调节。也可以通过心理咨询来寻求他人的开导，以尽快恢复。如果患了比较严重的焦虑症，则应向心理学专家或有关医生进行咨询，弄清病因、病理机制，然后通过心理治疗，逐渐消除引起焦虑的内心矛盾和可能有关的因素，解除对焦虑发作所产生的恐惧心理和精神负担。

"空巢"孤独感

人类千百年来一直过着群居生活，尤其在中国，喜欢几代同堂，特别是老年人，对于孤独可能达到恐惧或害怕的程度。有专家曾对13963名城市老人进行调查，发现40%的老人有孤独、压抑、有事无人诉说之感。1993年上海市曾对1446位老人进行调查，发现42.2%的老人平时仅在家门口活动，66.7%的老人则全年足不出户。子女远走高飞，年轻人离开家庭踏上社会，老年人告别社会重返家庭后，尤显得"孤苦伶仃"。他们一旦感受到"空巢"的孤独，心理或情感的支持系统往往趋于脆弱。若老年伴病者，更易对自身的价值表示怀疑,易消极悲观,甚至产生抑郁、绝望的情绪,认为自己上了年纪就只能一步步迈向坟墓,重者还会快速加入到阿尔兹海默病的行列。

"空巢"孤独感的表现

有"空巢"孤独感的患者往往表现出爱回忆往事,觉得受到冷落,不喜欢参加活动,闭门发呆,不同亲友来往。总觉得别人对自己很冷淡,觉得人情冷漠,认为子女离开了,自己就没有了情感依附。

"空巢"孤独感的形成

(1)认识上的错误。不能正确认识子女"离巢"是家庭发展的必然趋势。子女长大后要独立,要开拓自己的事业,但为人父母,却不习惯这种事实。

(2)感情上的错觉。极端地认为子女不在身边了,感情也不存在了。

(3)固执地怀旧。觉得没有了往昔的热闹,清静得如同一湖死水,因而郁闷、孤独。

(4)情绪上的排外。没有发觉身边的老伴是自己唯一的终身伴侣,因孤独而产生了一切排外的情绪。

"空巢"孤独感的治疗

1. 正确认识家庭发展的规律

在当今社会,子女"离巢"是家庭发展的必然趋势,父母把孩子养大,孩子成家立业,从父母身边独立出来,去开拓自己的生活空间,这是家庭发展的规律,父母是无法改变的。

2. 正确对待孩子的"离巢"

孩子"离巢"是孩子成熟的标志。孩子长大了,父母要改变自己对孩子的眼光。在许多父母眼里,孩子总是孩子,对他们总不放心,总觉得孩子离开了自己便不能正常生活。其实,在孩子的生活空间里,有一套他们自己对生活的看法,有一套自己的处理事务的方法,父母不要把孩子与自己在看法和做法上的分歧当成孩子的幼稚、无知和无能的反应。对孩子"离巢"的关心是必要的,但担忧则大可不必。

如果孩子长大了,事事处处都离不开父母,结婚无住房,长期与父母住在一起；经济拮据，每月要求父母补贴；孙辈无力抚养，非要寄养在老人家里不可，这只能反映出子女的无知、无能和幼稚，反而是家庭不幸的表现。所以，老年人应该为子女的离巢而感到高兴，不必消极地哀叹。

同时，离巢并不等于断绝关系。子女离家建立新的生活空间后，父母还应该继续加强与子女的联系，尽量增强两代人，乃至三代人之间的相互了解和理解，给他们更多的体贴和帮助，注意消除误会，让他们经常回家来团聚。

3. 夫妻才是真正的终身伴侣

一般而言，孩子出生后，夫妻感情都会逐渐转向孩子，孩子成为家庭的中心，夫妻间的关心和体贴相对地减少了。孩子离巢，老年夫妇应该及时地将情感转向老伴，夫妇俩多参加一些有意义的活动，加强夫妻情感的交流，进一步改善夫妻的关系，以此去填补因子女离巢而留下来的"真空"。如果遭遇丧偶，应该在适当的情况下考虑再婚，重建家庭，营造欢乐的家庭气氛，使自己的情感有寄托。

4. 扩大自己的交际圈，参加一些社会活动

当自己感受到孤独时，可以考虑加强与社会的交往。多交朋友，努力与他人和睦相处。一方面要帮助他人，赢得别人的尊重和真诚的友谊。另一方面，又要求助于人，通过别人的帮助，使自己的心态从紧张趋向松弛。如果自命清高，遇到困难不肯求助于人，或者对别人的困难不屑一顾，结果必然加剧自己的孤独感。此外，还可以参加一些老年活动社团、协会之类的团体，扩大自己的交际面，消除孤独感。

5. 开拓新的业余生活

从看书、习字、画画、练琴、打拳、击剑、种花、饲养动物和撰写作品等活动中获得乐趣，将自己从孤独中解脱出来。

人老话多

俗话说："树老根多，人老话多。"人一旦上了一定年纪之后，说话往往重复啰唆，喜好忆旧，固执己见。老年人的语言障碍表现有失语、错

语等不同的形式，这多由神经系统的疾病造成。老年人由于精力不足，许多事情不能直接参与，解释老年人适应成功与否的解脱学说中，马柯夫说过："这种人际关系的退缩，增加了他对自己的注意力……由于社会的疏远，即转入了一个新的平衡状态。完全解脱的人，把他的能力完全倾注在自我的内在生活里，倾注在自己的记忆、幻想以及富有意义和自我形象中。"他们只好借助话语来表白自己，以求得心理平衡，且固执己见以维护自身尊严，自我防卫；老年人能做的事情少了，为排除寂寞，也只好借助唠叨、重复的语言为手段；老年人言语杂乱，也是思维方式和思维过程某种异常的表现；老年人津津乐道陈年旧事，炫耀以往的功绩，都是为了寻得一种心理上的慰藉，以解脱现实的空寂；常言对死亡的恐惧是畏惧死神以求长寿的表露。所以老年人总显得那么啰啰唆唆，无休无止。作为老年人，应尽量克制自己，而作为家中的晚辈，应尽量对老年人予以谅解。

　　陈某，女，73岁，退休职工。近几年，由于陈某的眼睛有时红肿，所以不敢多看报，因此就对广播情由独钟，因为爱听广播，她的大小收音机有很多。每周的广播报上画满了各种符号，什么新闻、戏曲、评书、法律知识、生活小常识以及天气预报，都是她每天必听的节目。有时和她讲着话的时候，她会突然叫起来，好像什么节目又开始了，她要是听节目时，会变得旁若无人，聚精会神，如痴如醉，看到她这种忘情的模样，真让人忍俊不禁。她除了爱听以外，每每茶余饭后就开始唠叨了，从中东局势到伊拉克战争，从布什到萨达姆，从古典文学到当今的流行风，等等，她无一不谈。但是她家人并不爱听这些，她说的时候总是眉飞色舞，意犹未尽。

　　陈某喜欢听广播，然后评价广播，这本是好事情，但是她听到兴奋处总要评头论足，滔滔不绝，这就有点"人老话多"的问题了。

　　对于陈某的"人老话多"症，可以采取家庭疗法、暗示疗法和角色疗法治疗。

　　在心理医生的指导下，陈某的女儿及亲属开了一个家庭会议，确定了要正确引导陈某的话多的情绪，在老年协会给她报了个名，让她的能力和话语发挥在有用的地方，那里还真有不少人愿意听她议论。为此，陈某开始喜笑颜开，在外边说话多了，回来后也就感到累了，需要休息，从此不再像以前那样喋喋不休地说这说那了。这样陈某从家庭的角色转变成社会角色。

一旦陈某在家里又犯老毛病时，家人用暗示疗法，暗示他们不喜欢听那些东西，引导她将话题转移，这样，陈某明白后就不再说了。

记忆障碍

生活中我们常常看到这样的现象：一位老人将他的老花镜摘下来放在书柜边去上厕所，等他从厕所回来，他却四处找眼镜。他已经忘记了刚才把眼镜放在哪里了。这在老年人中是常见的。老年记忆障碍通常是自然衰老的现象。老人对陈年往事能记忆犹新，而对新近接触的事物或学习的知识却忘得快，尤其人名、地名、数字等没有特殊含义或难以引起联想的东西。生活中，老年人记忆障碍往往带来诸多不便，如烧开水后忘了关火；刚介绍过的客人的名字转眼就叫不出；把门关上才想起没带钥匙；老花镜架在额头上还到处找等。这些总令老人感到苦恼不安。

据统计，70岁健康老人的脑细胞数量要比20岁健康年轻人减少15%，脑的重量也减轻8%~9%；周围神经传导速度减慢10%，视力下降，视力超过0.6的只有51.4%。这些都会在一定程度上影响记忆力。这些自然衰退，使老年人一方面要为回忆某人、某事、某日期比过去耗费更多的注意力和时间，另一方面使他们要记住重要事情的能力大大下降，所以老年人总是表现得那么"健忘"。

老年人记忆的特点

1. 从记忆过程来看

瞬时记忆（即保持1~2秒的记忆）随年老而减退，短时记忆（即保持1分钟以内的记忆）变化较小，老年人的记忆衰退主要是长时记忆（即所记内容在头脑中保持超过1分钟直至终生的记忆）。研究发现，老人对年轻时发生的事往往记忆犹新，对中年之事的回忆能力也较好，而仅对进入老年后发生的事遗忘较快，经常记忆事实混乱，情节支离破碎，甚至张冠李戴。

2. 从记忆内容来看

老年人的意义识记（即在理解基础上的记忆）保持较好，而机械识记（即靠死记硬背的记忆）减退较快。例如，老人对于地名、人名、数字等属于机械识记的内容的记忆效果就不佳。

3. 从再认活动来看

老年人的再认活动（即当所记对象再次出现时能够认出来的记忆）保持较好，而再现活动（即让所记对象在头脑中呈现出来的记忆）则明显减退。

由此可见，老年人的记忆衰退并不是全面的，而是部分衰退，主要是长时记忆、机械记忆和再现记忆衰退得较快。

老年人记忆力的减退主要是信息提取过程和再现能力的减弱，而识记的信息事实上仍然可以很好地保持或储存在大脑中。根据以上生理规律，如果能够经常提醒老人回忆往事，是有助于减缓记忆力的衰退速度的。

当然，记忆力的下降也给老人的生活带来了许多的不方便。例如，有的时候眼镜明明架在鼻梁上却到处找眼镜，出门经常忘带钥匙、烧开水忘记开火、饭煮熟了却忘了关煤气等，记忆不好在无形中甚至增加老人的危险。

老年人记忆的改善

为改善记忆力，老年人一方面要多用脑、勤用脑，使大脑处于一种积极功能状态。此外，不少科学家大量研究证明，通过食物疗法可增强记忆。

1. 补充卵磷脂

卵磷脂是大脑中的重要组成部分，被誉为"智慧之花"。吸收后可释放胆碱，胆碱在血液中转换成乙酰胆碱，能增强人的感觉和记忆功能；它还能控制脑细胞死亡和促使大脑"返老还童"及降低血脂。卵磷脂多含在蛋黄、豆制品、动物肝脏中，但由于胆固醇含量也多，故不宜进食过多。鸡蛋、鱼、肉等可以提供乙酰胆碱的食物也较好，老人每天吃1~2个鸡蛋，可改善记忆力。

2. 多吃碱性食物

豆腐等豆类食品及芹菜、莲藕、茄子、黄瓜、牛奶等能使血液呈弱碱性，菠菜、白菜、卷心菜、萝卜类、香蕉、葡萄、苹果等也能使血液呈碱性。多吃这些食品，使身体经常自律地调节成弱碱性，对大脑的发育和智力的开发都是有益的。

3. 多吃含镁的食品

核糖核酸是维护大脑记忆的重要角色，而镁这种微量元素能使核糖核酸注入脑内。含镁丰富的食物有麦芽、全麦制品、荞麦、豆类及坚果等。

此外，蛋白质对健康也很重要，多吃鸡、黄豆、沙丁鱼等有好处。

睡眠障碍

老年人睡眠的质和量均较年轻时有了很大下降。他们睡眠减少，睡眠浅，易惊醒，有的还入睡困难、早醒；睡眠模式不稳定，极易受外界环境变化的影响，如某些心理因素（亲人亡故带来的悲伤等），环境噪声的干扰；也易受体内环境的影响，某些躯体疾病如感冒、气管炎、关节炎、慢性疼痛、肾功能不全所致的夜尿增多，或精神障碍如抑郁症，生物钟紊乱、对催眠药物的依赖等。

有学者研究发现，老人在睡眠过程中的自然醒转情况要比年轻人多，且男性超过女性。许多老人常感到睡后不解乏，精神不振，整日昏昏欲睡。老人还有睡眠过多或睡眠倒错现象，晚上不能入睡，到处乱走或做些无目的的事，甚至吵闹不安，但白天则嗜睡，精神萎靡。这些都是脑功能自然衰退的标志。

洪先生，68岁，大学退休副教授，性格内向，沉默寡言。因为某种变故，他的工作热情下降，在科研上也搞不出什么新的有水平的成果，几次申报教授职称，都未获通过。后来退休后本以为可以好好地修身养性，哪想比自己年龄小25岁的年轻妻子，竟因感情破裂与之离婚。烦恼和痛苦使洪先生在晚上总是无法入眠，通常一两点钟仍毫无睡意，早上4点钟就醒了，每晚入眠时间不会超过3个小时，到了白天便头昏脑涨，心悸气短，变得烦躁、易怒、健忘、全身乏力。

案例中的洪先生很明显是出现了睡眠障碍。他的一生非常曲折，教授职称屡次评不上，退休后又遭受了婚姻失败，在工作和生活中都有不如意之处。这些挫折使他的睡眠出现了问题，晚上睡不着，早上又早醒，睡眠时间严重不足，而且还引发了心理方面的消极变化。洪先生所患的是"老年睡眠障碍"。

老年睡眠障碍的类型

老年人的睡眠障碍主要包括3种类型。

第一种为非病态睡眠障碍，例如，个体进入老年期后，睡眠随年龄增长而逐渐减少；或者旅行时由于时差而使睡眠时间减少；或者因更换睡眠环境而产生的境遇性睡眠障碍等，这些仅引起较少和短暂的主观不适。

第二种是病态假性睡眠障碍，指个体持续一周以上有睡眠时间明显减少的主观体验，而实际睡眠时间并无减少，因而又称为缺乏睡眠障碍。

第三种为病态真性睡眠障碍，包括入睡困难、易醒和早醒等表现。入睡困难指入睡所需的时间比平时多一个小时以上，易醒是指在睡眠过程中比平时觉醒次数多，且不能很快再入睡，早醒指比平时提前醒来一个小时以上。案例中的洪先生就属于第三种情形，这种睡眠障碍对老年人的身心影响最大。

老年睡眠障碍的病因

生理、心理因素及环境的变化等都会引起睡眠障碍。

1. 生理因素

老年人因患某些慢性病而出现疼痛、瘙痒、咳嗽、气喘、尿频、吐泻等症状会引致睡眠障碍；服用兴奋剂，或长时间服用安眠药停药后也会影响睡眠质量。

2. 心理因素

老年人由于心理承受能力越来越弱，遇事不能调整好心态就会产生消极情绪,像前面介绍的老年抑郁症、疑病症等精神疾病都伴有不同程度的睡眠障碍。

3. 生活或客观环境的变化

例如,睡前吸饮过多烟酒、喝过浓的茶或咖啡,睡前过饱、饥饿或口渴,外出旅游、时差反应、噪声、气温变化等,加上老年人生理功能日衰,对外界适应能力趋弱,因而容易出现睡眠障碍。

老年睡眠障碍的防治

首先,养成良好的生活习惯。老年人晚上睡觉前可以用温热水洗澡或洗脚,促进血液循环,消除疲劳,改善睡眠;晚餐不宜过饱,也不宜空腹;睡前不宜饮用浓茶、咖啡和酒等刺激性饮品。生活要有规律,早睡早起,养成午睡习惯。

其次,创设适宜的睡眠环境。尽量做到室温适宜、室内无光、空气流畅、无异常气味,环境寂静,被褥干净、舒适,总之,睡眠环境应该安静、整洁、舒适和安全。同时,保持良好的睡姿,宜右侧卧,不应仰卧或俯卧,不要蒙头掩面或张口而睡。

再次,睡前保持良好的情绪状态。睡前精神放松,情绪安宁,避免过于兴奋、激动或过于悲伤、抑郁。正如《睡诀》中所说:"觉侧而屈,觉正而伸,早晚以时,先睡心,后睡眼。"保持宁静的心境是轻松入睡的诀窍。老年人一旦出现睡眠障碍,应该平静、客观地面对现实,正确认识睡眠状态,积极配合治疗,否则会容易形成恶性循环,变成顽固性睡眠障碍。

最后,适当用药物辅助治疗。患者可以服用安眠药辅助睡眠,原则是剂量宜小不宜大,时间宜短不宜长,宜多种药物交替使用。

第二章
交际、职场中的心理调适

工作和生活中,常常会发现一些难以说清的心理现象。如果说感情的自我迷失危害很大,那么心理的迷失危害是更大的。而且因为某些心理现象的某些特征,往往很难被认识到是陷阱,比如从众心理、暗示心理、投射效应等等。因此,这些心理现象成为妨碍我们人生成功和生活幸福美满的隐形杀手。我们必须时时警惕这些陷阱。

第一节 人际交往中的心理学

人际关系的形成与发展

人际关系是指人与人在相互交往过程中形成的心理关系。没有人际交往,也就无所谓人际关系。人际关系建立后,也需要通过不断地交往加以巩固和发展。

良好人际关系的建立,要经过一个从表面接触到亲密融合的发展过程。进行交往之前,两个人彼此并没有意识到对方存在,这时候双方关系处于零接触状态。此时双方是完全无关的,谈不上任何个人意义的情感联系。只有一方开始注意到对方,或双方相互注意时,人们之间的相互交往才开始,彼此之间都获得了初步印象,不过这种状态还没有情感的卷入。因为双方还没有进行直接的语言沟通,彼此之间只能算是旁观者。表面接触才是人际沟通的真正开始,从双方开始直接交谈的那一刻起,彼此就产生了直接接触。当然,这种接触是表面的,彼此之间还没有共同的心理领域。

随着双方交往的深入和扩展，双方共同的心理领域也逐渐被发现，发现的共同心理领域的多少，与情感融合的程度是相适应的。

莱文格和斯诺克以图解的方式，对人际关系相互作用水平随时间的递增关系做了直观的描述（见下图）。这个图解比较形象地说明了人际关系形成与发展的整个过程。

图解	人际关系状态	相互作用水平
○ ○	零接触	低
○→○	单向注意	
○⇄○	双向注意	
○○	表面接触	
⊙⊙	轻度接触	
⊚	中度接触	
◎	深度接触	高

1. 零接触

在日常生活中，我们每天遇到许多人，但一般对旁人并不关注，即使面对面站着，过后也忘记了。两个人之间是彼此陌生的，互不相识，甚至没有意识到对方存在，这时，双方关系处于零接触状态。双方是完全无关的，谈不上任何个人意义的情感联系，不会建立起某种人际关系。

2. 注意阶段

注意阶段是人际关系的准备阶段，也是人际关系发展的必经阶段。一方受对方吸引，开始注意到对方的存在，或双方彼此产生相互注意，人与人相互作用开始，一方开始形成对另一方的初步印象，或彼此都获得了对对方的印象。注意阶段有时是非常短暂的，产生注意的原因也许是非常偶然的，但它是良好人际关系的开端，也可能由于种种原因而未发生实际交往，最终也没有建立关系。

3. 表面接触阶段

这是人际关系建立的初级阶段，从交往双方开始直接谈话的那刻起，双方就产生了直接接触。最初的直接接触是表面的，彼此之间几乎没有情感卷入。但表面接触阶段在人际关系的发展上非常重要，因为第一印象、晕轮效应等都是在这一阶段形成的。在表面接触时，充当彼此间媒介物的，可能是学校的课业、职务上的应对、商务上的交易等。在现实生活中有很多人际交往就只停留在表面接触阶段，例如很多人同事多年，彼此之间交往泛泛，他们之间的关系就是停留在这一阶段。

4. 轻度卷入

随着沟通的深入和扩展，双方共同的心理领域也逐渐被发现。发现的共同心理领域的多少与情感融合的程度是相适应的。按照情感融合的相对程度，将人际关系分为轻度、中度、深度卷入三种，轻度卷入的人际关系，交往双方所发现的共同心理领域较小，双方的心理世界只有一小部分重合，也仅仅在这一范围内，双方的情感是融合的。

5. 中度卷入

中度卷入的人际关系，交往双方已发现较大的共同心理领域，同样，双方的心理世界也有较大的重合，彼此的情感融合范围也相应较大。

6. 深度卷入

在深度卷入下，双方已发现的共同心理领域大于相异的心理领域，彼此的心理世界高度（但不是完全）重合，情感融合的范围也覆盖了大多数的生活内容。一般，只有极少数人能够达到这种人际关系深度。

人际关系双方心理世界完全重合的情况是不存在的。无论人们的关系多么密切，情感多么融洽，也无论人们主观上怎样感受彼此之间的完全拥有，关系的卷入者都不可能在心理上取得完全一致。两个人是两个世界，两个理解的基点，两种情感、两种利益的基点。

如前所述，人际关系的发展过程同样包含着负向发展，即人际关系的恶化。从日常生活中我们发现，人有一见如故成知己者，也有瞬间反目成仇人者。大千世界，芸芸众生，纷繁复杂，人际关系的恶化只是其中的一幕。

朱迪·C.皮尔逊在《如何交际》一书中，就提出了人际关系的恶化过程（见下图），对我们更好地理解人际关系的负向发展有所启示。

图解	人际关系状态	相互作用水平
←○ ○→	漠视	低
←○ ○→	冷淡	↓
←○ ○→	疏远	
○ ○	分离	高

一般说来，人际关系的恶化是由于人际冲突、人际内耗和人际侵犯的结果，根据这种冲突和内耗的性质和程度，可以把人际关系的恶化过程划分漠视、冷淡、疏远、分离四个阶段。

1. 漠视

正像人际关系的发展从注意开始一样，人际关系的恶化开始于漠视，即对对方表现出一种漠不关心的态度。具体表现为对对方注意力的转移，或扩大与其交往的距离，不再与这个人说话等。

2. 冷淡

如果说漠视主要表现为对某人的不关心或不注意的话，那么，冷淡则表现出更多的否定态度和行为。例如，你看到某人从远处走来，你故意装作没看见，拐弯走而避免相遇，这是漠视；如果他人走过来想跟你说话，你却显得没兴趣，甚至不理睬，或借故走开，这就是冷淡。

3. 疏远

在疏远阶段，双方又回到了原来的分立的位置，形成了一种远离的状态。双方力图避免接触，很少有往来，即使有交往，也还是一种不愉快的接触。从非语言方面看，有意扩大距离，表情上有不乐意交往的表现。在语言上，可能公开表示要结束关系等。

4. 分离

这是人际关系恶化的最后阶段。这时双方完全处于不联系的状态。分离状态的发生，可能是自然地形成的，也可能是人为地造成的。前者如一方死亡或由于双方联系自然减少而逐渐形成分离，后者包括外力造成分离状态和关系双方主动制造的分离状态。在人的一生中，发生人际关系的分离是不可避免的。

影响人际交往的因素

生活在社会中，人总要和周围的人发生各种各样的交流和联系，在人际交往的过程中，哪些相关因素会影响你与他人的交往呢？

1. 外貌

外貌在人际交往中的作用是非常重要的。一般来说，人们更加喜欢那些外貌漂亮的人。为什么漂亮的人受人喜欢呢？第一，我们从各方面的习惯知道，漂亮的人才值得爱，不论电影还是其他文学作品中，被爱的人常常是漂亮的，因此，美貌起到了爱的反应线索的作用。第二，同漂亮的人在一起，在别人面前就显得荣耀和光彩。第三，人们有个老框框，就是认为漂亮的人还有其他方面好的属性，这也就是所谓的"光环效应"。第四，漂亮的人看着就舒服，使人沉湎于美的满足之中。

在人际交往中，不管对方的年龄或性别，我们倾向于更喜欢外貌有吸引力的人，不仅我们更喜欢他们，而且我们对于他们行为的评定也不同。与没有吸引力的人的行为相比，我们常常对有吸引力的人的行为更为喜欢，也期望他们会做出更好的行为。

然而，外貌也并不是万能的，随着人际交往的不断深入，外貌的作用会不断减弱。人们更注重道德品质方面的特征，假如一个人道德品质低下，人们或许会更加厌恶其漂亮的外貌。特别是当恶劣行为与其外貌有关时，这种情况更加明显。如果一位漂亮的被告所犯的罪行与她的外貌魅力有关，法官会给她更重的惩罚。可见，外貌与喜欢之间的关系也是复杂的。美丽的外貌也并不是在任何条件下都导致喜欢，在美貌与喜欢之间还常常有其他变量在起作用。

2. 能力

一个人的能力大小与使他人喜欢程度的高低有密切关系。一般来说，在其他条件相当时，一个人越有能力就越受人喜欢。但是，能力与喜欢并不永远成正比。阿伦森等人的实验揭示了能力与吸引之间的关系。实验中让每一组试听一个录音。显示出四种不同能力条件的人：能力超凡的人，能力超凡但是犯了错误的人，能力平庸的人，能力平庸而又犯了错误的人。结果发现，最受人喜欢的并不是能力非凡的超人，而是有着非凡的能力但也犯了错误的人，对仅仅是具有非凡能力的人的喜欢处在第二位，第三位是能力一般的人，最不受喜欢的当然是能力平庸而又犯了错误的人。犯错误导致了人们对于有能力的人的更加喜欢，这叫作"犯错误效应"。这或许是人们感到犯了错误的有能力的人，比起那些十全十美、白璧无瑕的人更加亲近。因为这种人是可望也可即的，而不像那些真人圣贤，只可望而不可即，只好多敬仰而少喜欢，或者是敬而远之。另外，在十全十美、能力非凡的人面前，或许会使自己感到自惭形秽，降低了自我形象，所以人们并不十分喜欢这种十全十美的"超人"。

另外的一些研究表明，男性更喜欢犯了错误的能力非凡的男人，女性往往喜欢没有犯过错误的能力非凡的人，而不考虑此人是男性还是女性。还有，"犯错误效应"与自尊心有着某种联系，有着中等自尊心的男性更喜欢犯过错误的有能力的人，而自尊心低的男性则更加喜欢没有犯过错误的能力非凡的人。

3. 个性品质

一般，我们总是愿意与具有优良品质的人进行交往，与他们交往使我们具有安全感，同时可以得到适当甚至很好的回报。具有良好个性特征的人的吸引力是持久、稳定和深刻的。在其他方面一样的情况下，我们更愿意和诚实、正直、乐于助人、友好和善的人交往。安德森曾进行的研究表明，得到人们评价最高的品质是真诚、诚实、理解、忠诚等，而评价最低的是说谎、虚伪、作假、邪恶、冷酷、不诚实等。西方心理学家认为，待人热情是决定喜欢的一个特别重要的品质。福尔克斯等人进行的一系列实验证明了这样一种结论，即"喜欢别人的人最受别人喜欢"。他们要求被试阅读和听一些谈话、调查报告，然后评价列在长长单子上的问题。这种谈话或调查报告的主人翁被有意设计成喜欢别人或不喜欢别人。问题回答的结果表明"喜欢别人的人最受人喜欢"。他们的解释是，当材料中的主人翁喜欢一些人的时候，人们对他们持积极、肯定的态度，并且赞美和称颂他们，而不是轻视、厌恶或者说他们的坏话，于是来自积极的肯定评价就会激起人们的热情，热情容易导致吸引。

个性品质对人们交往的影响与前面提到的外貌的吸引并不矛盾，外貌的因素主要是在交往的初期具有强烈的影响。随着交往时间的延长，吸引力的决定因素将从外在的仪表逐渐转为人们内在的个性品质。平时我们经常说外表美是一时的，而心灵美才是长期的，实际上这里的心灵美有一部分内容就是指人们的个性品质。

4. 情感因素

人际交往中的情感因素，是指交往双方相互之间在情绪上的好恶程度、情绪的敏感性、对交往现状的满意程度，以及对他人、对自我成功感的评价态度等。

人际交往中的情感表现应该适时适度，随客观情况的变化而变化。不良情感反应会影响交往。比如，如果交往中反应冷漠，对常人可因之而喜怒哀乐的事情无动于衷，会被他人认为你麻木、无情、不宜交往；如果情感反应过于强烈，不分场合和对象地恣意纵情，别人会觉得你轻浮不实；如果情感不够稳定、变化无常，也会让人觉得你不宜交往。

5. 行为举止

交往行为举止，包括交往的举止、气度、表情、手势以及言语等所能测定与记载的一切量值。适度、优雅的交往举止，会给人留下好的印象，有效改善人际关系。行为举止的决定因素是交往心理，当然，培养锻炼也是很重要的。

人际交往中常见的不良心理

人际交往是人类的基本需求之一，是人们社会生活的重要内容之一。各种不同层次需求的满足、自我的发展、心理的调适、信息的沟通、人际关系的协调，等等，都离不开人际交往。没有人不希望交往，每个人都希望通过交往建立起和睦的家庭关系、亲属关系、邻里关系、朋友关系、同事关系……

可是，在实际的交往过程中，不会人人如愿，总是或多或少地存在着一些不尽如人意之处。研究表明，那些具有良好人际关系的人一般具有坦诚、乐观、幽默、有活力、聪明、有个性、独立性强、能为他人着想等个性心理特点，而那些不太受人欢迎的人具有以下心理特点：自私、自负、虚伪、自卑、斤斤计较、猜疑、依赖、羞怯、固执、没有个性，等等。大家不妨对照一下自己，扬长避短，利于建立良好的人际关系。

1. 自卑心理

自卑是指自我评价偏低、自愧无能而丧失自信，并伴有自怨自艾、悲观失望等情绪体验的消极心理倾向。有自卑感的人总是轻视自己，认为无法赶上别人。自卑是人生最大的跨栏，每个人都必须成功跨越才能达到人生的巅峰。如果一个人生活在自卑之中，他就选择了一条痛苦的人生之路；如果生活在自信之中，他就学会了快乐地生活。在人际交往中，自卑情绪往往会成为相互沟通和了解的最大障碍。

有些人容易产生自卑感，甚至瞧不起自己，只知其短不知其长，甘居人下，缺乏应有的自信心，无法发挥自己的优势和特长。有自卑感的人，在社会交往中办事无胆量，习惯于随声附和，没有自己的主见。这种心态如不改变，久而久之，有可能逐渐磨损人的胆识、魄力和独特个性。

2. 腼腆怯场心理

心理学认为，人进入青年时期开始注重自我意识，这种自我意识表现就是摆脱对父母、师长的依赖性，去自我独立地观察、分析、体验社会，在此同时开始注重别人对自己的评价、关心自我在别人心目中的"形象"。他们需要得到别人的承认，但同时又经常担心和怀疑自己的言行能否得到别人的承认，这种心理状态再加上缺乏临场经验，因此，在一些社交活动中，特别是在自己不熟悉的环境中，就表现出不自然、腼腆甚至怯场。其次，腼腆、怯场还与个人的性格气质有关，一般说来，属于内向型和抑郁型气质的人较多出现这种情况。

你去参加一个座谈会，这本是一个发表意见、影响别人、结识朋友的好机会。可是，一见到那么多的领导和专家名流，再一听人家的发言，你胆怯了："算了，不发言了，听别人的吧！"主持人突然提到你的名字，你丝毫没有精神准备，不得不断断续续地说上几句，最后连自己都认为"砸了锅"。

据说当球赛进行到紧张阶段时，教练和队员们也时常会畏惧怯场，但他们常会想办法对付。其中一个绝招就是用心去想"我的心情紧张，对方同我一样紧张，可能比我还紧张"。这样一想，自己反而会平静下来，沉着应战。

你也可以将这种方法用于社会交往中。慢慢地，就会觉得大庭广众之中发言是一种精神上的享受，是提高自身吸引力的法宝。

3. 自傲心理

在人际交往中，有人处处唯我独尊，"老子天下第一"，趾高气扬，轻视别人，甚至贬低别人、嘲笑别人，听不进别人的意见。这种心理对于交际危害很大，这些人也很难与别人相处。

自傲的人喜欢过高地估计自己，只关心自己的需要，强调自己的感受。他们在交往中通常表现为妄自尊大、自吹自擂、盛气凌人，高兴时手舞足蹈、滔滔不绝，不高兴时会不分场合地乱发脾气，丝毫不考虑他人的感受,而且不愿和自认为不如自己的人交往。他们还容易过高估计和他人的亲密程度,有时候对人过于亲昵,说些不该说的话,会引起他人的反感。另外,有意思的是,自傲的人一旦遭受挫折,往往会变成自卑者。

自傲的根源是错误的自我评价。当然,与其成长环境也密切相关。

克服自傲心理,首先要学会尊重别人、善于发现别人的优点,以利于对自己做出客观评价。另外,还要学会严于律己、宽以待人。

4. 猜疑心理

有猜疑心理的人,往往爱用不信任的眼光去审视对方和看待外界事物,每每看到别人议论什么,就认为人家是在讲自己的坏话。猜忌成癖的人,往往捕风捉影,节外生枝,说三道四,挑起事端,其结果只能是自寻烦恼,害人害己。

俄罗斯著名小说家契诃夫写过一篇小说。一个名叫切尔维亚科夫的小公务员,在剧场看戏时打了一个喷嚏,正当他感到轻松惬意的时候,无意间发现前排有一个秃顶老人正用手绢擦头,定眼一看,那人竟是一位老将军。惊恐万状的切尔维亚科夫不断地向将军道歉,本不在意的将军因看戏被搅扰,很是不满。此后,切尔维亚科夫陷入了猜疑与恐惧的深渊。他三番五次登门向将军赔礼,惹得将军忍无可忍,最后大发雷霆,将他逐出家门。切尔维亚科夫吓丢了魂,回到家里躺在沙发上死去了。

切尔维亚科夫之死的直接原因,毋庸讳言,还在于他自己。他的捕风捉影、胡乱猜疑,给他带来了沉重的不可承受的心理负担。真是世上本无事,庸人自扰之。

疑心是人际交往中的一大阻碍,疑心是一种不符合事实的主观想象。疑心还颇有点魔力,即你越向那个方向怀疑,就越会感到是那么一回事。事实上,它是引人离开理智的幽灵。

猜疑心理是一种由主观推理而对他人产生不信任感的复杂情绪体验。猜疑心理是人际关系的蛀虫,既损害正常的人际交往,又影响个人的身心健康。

5. 嫉妒心理

嫉妒也是交往中的一种病态心理。自从人类进入文明时代以来，嫉贤妒能这个怪物就从来没有绝种，它不时地变换着面孔和姿态，坑害善良的人们，到处留下它的恶名。在圣洁的科学殿堂上，有时它像飞短流长的雾，有时又如暴虐的风刀霜剑，摧残科学新苗，恣意扼杀人才。

一般的嫉妒不算什么大毛病，但若发展到恶性妒忌，就比较麻烦了。看到近旁的同事有了一点成就，得了一点名利，就眼红得要滴血。而自己苦于无长可施，又不能"取而代之"，便成天以阴暗的心理去窥伺别人，进而耍弄种种"捣鬼"的小动作，搞得对方无法工作。

嫉妒还会导致悲剧。曾有这样一则轶闻：号称"鬼才"的中唐诗人李贺，才华横溢，写出了上千首诗。李贺有个表兄，对他的诗才十分妒忌，一天乘他不备，把他的手抄本偷出来，"投诸河中"。因此，传世的《昌吉集》，仅记下李贺后来追忆起来的240多首诗，约占其全部诗作的1/4。这是中国文学史上的一个悲剧。

嫉妒，最容易发生在年龄、性别、职务、能力、水平相近的人之间。嫉妒的表现行为，就是破坏和拆台，而破坏、拆台则会影响团结，损害友谊。所以，看到别人事业上有了进步，或在某些方面超过了自己，请你不要嫉妒，最好的办法就是学习，学习别人的长处，增长自己的才干，通过自己的努力去超过他。

6. 孤僻心理

孤僻心理是因缺乏与人交流而产生的孤单、寂寞的情绪体验。有这种心理的人，社交对他们来讲没有任何意义，而且乏味至极，他们从不愿与人交往，喜欢孤独。

有这种心理障碍的人，往往缺乏自我解剖的精神，不敢正视自己的弱点，相反，对别人要求却极其严格，缺少宽容精神，别人稍有自己不喜欢的地方就从心里拒之千里，这在现代社交中是十分不利的。在现代社会中欲成就一番事业，与人合作交往是必不可少的。因此，这种心理应加以克服。

要克服孤僻心理，关键要在思想上解决问题。首先，不要过多地看到自己的优点和长处，而要更多地看到自己的缺点和不足，更多地看到别人的优点和长处，以此产生交往的强烈愿望，形成交往的动力。其次，择友标准不能太严，即使你自己确实在许多方面比你所要交往的对象强，但"三人行，必有我师"，你总有不如别人的地方，总有需要别人帮助的地方，再退一步说，你没有需要别人帮助提高和解决的地方，那你总需要进行情感的交流吧，总需要获得情感的输入吧。因此，对别人不能过于苛求。在以上两个方面做好了，孤僻心理就会得到克服。

7. 虚荣心理

在社交中有的人为了满足一时心理上的需要，就弄虚作假、文过饰非，企图以各种伪装的方式来获得其他人的重视。这种表现就是虚荣心理在作怪。其实，带有这种心理去社交是很不对的，它不但不会有助你社交上的成功，反而会让你得到适得其反的效果。从某种意义上而言，虚荣是一种不成熟的心态，也是一种不自然的表现，看似能满足自己一时，但其有害的影响却很深远。

法国著名作家莫泊桑的小说《项链》是许多读者都非常熟悉的。小说中塑造的路瓦栽夫人的形象就是个爱慕虚荣的典型。路瓦栽夫人为了在舞会上大出风头而向朋友借了一条项链，结果不慎将项链丢失。为了赔偿，她节衣缩食，付出了10年的艰辛。路瓦栽夫人为了满足一时的虚荣，竟然付出了如此重大的代价，这个惨痛的教训难道还不能令我们警醒吗？

在虚荣心理的作怪下，人会出现相互相攀比的情况，而且这种情况多出现于女性身上。她们无所不比，穿着、家庭、相貌、收入，等等。当自己在某方面比别人优越时，就扬扬得意，看不起别人；当在某方面比别人差时，就自暴自弃，完全忽略了自身价值。为了掩饰自己的缺点费尽了心思，在交往中不把真面目拿来对待别人，这在社交中岂有不败之理。

世界中的每一个人都不是完美的，说不定在某方面就有缺点和不足之处，但这些不足和缺点并不是否定我们自身的总体价值，我们不必对它遮遮掩掩、耿耿于怀。用一颗坦荡的心来展示自我风采，这样在社交中才能立于不败之地。

8. 封闭心理

在社交中，要想交到更多的朋友，必须放开自己的心理，以宽容、广阔的心灵接纳别人，而封闭心理则在社交中是十分不利的一种心理。

所谓封闭，就是把自己的真实思想、情感、欲望掩盖起来，试图与世隔绝。封闭心理严重的人，对任何人不信任，怀有很深的戒备。在交往中或者少言寡语，或者不着边际，从不与人推心置腹，给人高深莫测、不可捉摸的印象，像个"黑洞"一样，让人不敢接近，也无法接近。一般情况下，封闭心理严重的人不易交到知心朋友。封闭心理，尤其在青年人当中也是一个比较普遍存在的心理障碍。

克服封闭心理，必须更新观念，封闭心理的形成可能是受传统的自给自足的小农经济思想影响，因而不愿与人往来，必须改变这种观念。同时，要解除思想顾虑，不要怕公开了自己的思想、观点以及身世经历后，被别人轻视。一般情况下，向别人敞开心扉，人们更容易理解和接受你当前的行为，会更加和你亲近。

在人际交往中，除了上述的几种不良心理之外，以下一些不良心理对人际交往也是不利的，应当注意克服。

9. 排他心理

人类已有的知识、经验以及思维方式等，需要不断地更新，否则就会失去活力，甚至产生负效应。排他心理恰好忽视了这一点，它表现为抱残守缺，拒绝拓展思维，促使人们只在自我封闭的狭小空间内兜圈子。

10. 作戏心理

有的人把交朋友当作是逢场作戏，往往朝秦暮楚、见异思迁，且喜欢吹牛。这种人与人之间的交往方式只是在做表面文章，因而常常得不到真正的友谊和朋友。

11. 利用心理

有的人认为交朋友的目的就是为了"互相利用",因此他们只结交对自己有用、能给自己带来好处的人,而且常常是"过河拆桥"。这种人际交往中的占便宜心理,会使自己的人格受到损害。

12. 自私心理

处处以自我为中心,只讲索取,不讲奉献。争名夺利,甚至损人利己。这种心理对于交际危害极大。它时时处处会伤害到别人,这种人永远也不会找到真正的朋友。

13. 逆反心理

有些人喜欢标新立异,总爱与别人抬杠。不管什么事情,不管对与错,别人说好他偏说坏,别人说一他偏说二。逆反心理容易使人产生反感和厌恶。

14. 固执心理

固执心理犯了僵化不前的错误。固执的人抱残守缺、拒绝变化,只在自我封闭的狭小空间内兜圈子,即使道理已经很明了,他也拒绝承认错误。这样会有几个人愿意与之交往呢?

15. 干涉心理

人人都需要一个自我心理空间,即使夫妻之间不也希望有一点自己的隐私吗?朋友更是如此。关系再好,也会有一个封闭的心理角落。可有的人,偏喜欢打听、传播他人的私事,还一厢情愿地"帮助"人家,实在是低俗和招人嫌的心理和举动。

16. 仇视心理

有些人总是以仇视的目光对待他人,对不如自己的人以不宽容表示仇视,对胜过自己的人以嫉妒表示仇视,对和自己不相上下的人以中伤表示仇视……仇视心理使周围的人没有安全感,自然不愿意与之交往。仇视心理往往来自童年的不幸遭遇。

人际交往中的一些技巧

人人都希望自己能在人际交往过程中游刃有余,都希望能拥有更多的朋友,能够与他人建立良好的人际关系。因此,在了解了人际交往的心理之后,掌握一些交际技巧对促进人际交往的发展是很有必要的,也是很重要的。

观察他人的技巧

对别人进行外表观察和语言分析的目的是推断其个性特征和内心世界,进而选择自己与其交往的方式和决定交往的深度。人们在长期的生活实践和社会研究中发现了一些具有一定实用价值的观察技巧。

1. 通过"口头语"判断他人的个性

人们在说话时经常自觉不自觉带出一些"口头语",有些习惯性的"口头语"隐含着说话人某些方面的个性特征。如:

"这个""那个""嗯"反映出小心谨慎的特征。

"不瞒你说""老实说""真的"反映出有主见、办事注意实效的特征。

"没关系""不要紧"说明通情达理、开朗大方。

"我告诉你""你听着"说明傲慢无理,好为人师。

"基本上"反映出小心谨慎、注意分寸的特征。

"不见得"反映出自以为是的特点。

"其实"反映出倔强自负的特点。

2. 通过"笑"推断他人的特征

笑的方式有多种多样,美国心理学家戈恩宁认为笑的方式可以反映个人的特征。例如:

开怀大笑的人坦率、热情、遇事决断迅速,但情感脆弱。

笑声干涩的人冷漠、现实、能洞察别人肺腑。

笑中带泪的人富有同情心、热爱生活、积极进取。

笑声尖锐的人富有冒险精神、精力充沛、感情丰富、乐观而忠诚。

笑声低沉的人多愁善感、易受别人左右和影响、易与人相处。

笑声柔和平淡的人性格厚重、深明事理、事事为人着想、善于处理人事纠纷。

"吃吃"而笑的人严于律己、富有创造性、想象力丰富、有幽默感。

笑声多变不定的人适应环境能力强。

3. 通过体态姿势推断他人的品质

体态姿势是人们在日常生活中形成的具有明显含义的习惯性动作，又称为身体语言，它是我们窥视其内心的窗户。

洛温博士曾推论：头的姿势是性格和品质的客观表达，如脖子伸得长的人可能有傲气；脖子缩着的人也许有点呆滞；有偏着头听人讲话习惯的人往往是乐意关心他人而且富于同情心的人；有走路不断回头习惯的人可能是安全感不足的人。

手和双臂代表的含义更为明显，如摆手表示制止或否定；手外推表示拒绝；双手外摊表示无可奈何；双臂外展表示阻拦；搔头皮或搔脖梗表示困惑；搓手或拽衣领表示紧张；拍脑袋表示自责；耸肩表示无可奈何。

建立良好人际关系的技巧

1. 树立良好的第一印象

第一印象在人际吸引中具有重要作用。人们会在初次交往的短短几分钟内形成对交往对象的一个总体印象，如果这个第一印象是良好的，那么人际吸引的强度就大；如果第一印象不是很好，则人际吸引的强度就小。而在人际关系的建立与稳定的过程中，最初的印象同样会深刻地影响交往的深度。因此，在人际交往中成功地树立良好的第一印象是十分重要的。

戴尔·卡耐基在《怎样赢得朋友和影响他人》一书中提出了6条建议：

（1）真诚地对别人感兴趣。

（2）微笑。

（3）多提别人的名字。

（4）做一个耐心的听者，鼓励别人谈他自己。

（5）谈符合别人兴趣的话题。

（6）以真诚的方式让别人感到他很重要。

2. 主动交往

有一个丰富多彩的人际关系世界是每一个正常人的需要。可是，很多人的这个需要都没有得到满足。他们总是慨叹世界上缺少真情，缺少帮助，缺少爱，那种强烈的孤独感困扰着他们，折磨着他们。其实，很多人之所以缺少朋友，仅仅是因为他们在人际交往中总是采取消极的、被动的退缩方式，总是期待友谊和爱情从天而降。这样，使他们虽然生活在一个人来人往的世界里，却仍然无法摆脱心灵上的孤寂。这些人，只做交往的响应者，不做交往的始动者。

我们知道，根据人际互动的原理，别人是没有理由无缘无故对我们感兴趣的。因此，如果想赢得别人，与别人建立良好的人际关系，摆脱孤独的折磨，就必须主动交往。

3. 移情

所谓移情，就是指站在别人的立场上，设身处地为别人着想，用别人的眼睛来看这个世界，用别人的心来理解这个世界。积极地参与他人的思想感情，意识到"我也会有这样的时候""我遇到这样的事情会怎么样"，这样才能实现与别人的情感交流。这种积极地参与别人思想、情感的能力是一个深刻的交际心态的转变，是一种真正的交际本领，他会把自己和他人拉得很近，并能化解很多矛盾和冲突。而如果一个人不能很好地理解别人，体验别人内心的真实情感，他就不可能与别人发展深入的人际关系。己所不欲，勿施于人，这是移情的最根本要求。

维持人际关系的技巧

1. 避免争论

年轻人在一起喜欢讨论各种各样的问题，期间，难免会因意见不合而发生争论，这是很正常的事。但是这些争论往往都是以面红耳赤和不愉快结束的。事实证明，无论谁输了，都会很不舒服，更何况争论往往会演化成直接的人身攻击，对于人际关系是非常有害的。因此，解决观点上的不一致的最好途径是讨论、协商，要避免发生争论。

2. 敢于承认自己的错误

尽管承认自己的错误是一种自我否定，但承认错误后你会感到很轻松。明知错了而不承认，会使你背上沉重的思想包袱，使自己在别人的面前始终不能理直气壮地昂起头。另一方面，承认自己的错误，等于变相地承认别人，会使对方显示出超乎寻常的容忍性，从而维持人际关系的稳定。

3. 不要直接批评、责怪和抱怨别人

卡耐基警告人们："要比别人聪明，但不能告诉别人你比他聪明。"任何自作聪明的批评都会招致别人的厌烦，而缺乏移情的责怪和抱怨则更有损于人际关系的发展。本杰明·富兰克林年轻的时候并不圆滑，但后来却变得富有外交手腕，善于与人应对，因而成了美国驻法大使。他的成功秘诀就是：只说别人的好处，从不说别人的坏话。要学会用提醒别人的方式，使别人感到我们并不认为他不聪明或无知。记住，只要你不伤及别人的自尊和自我价值感，什么事情都好办。

4. 学会批评

不到万不得已，绝不要自作聪明地批评别人。但是，有时善意的批评是对别人行为的很有必要的一种反馈方式。因此，学会批评还是很有必要的。下面介绍几种不会招致别人厌烦的批评方式：

（1）批评从称赞和诚挚感谢入手。

（2）批评前先说自己的错误。

（3）用暗示的方式提醒他人注意自己的错误。

（4）领导者应以启发而不是命令来提醒别人的错误。

（5）保住别人的颜面。

5. 善于解决冲突

尽管人人都期望朋友之间能够和睦相处，但有时往往事与愿违，朋友之间会发生一些令人不愉快的冲突。善于解决这些冲突会有效地防止人际关系的破裂。心理学家提出了能够有效地帮助人们控制和消除冲突的步骤：

（1）相信一切冲突都可以解决。

（2）客观地了解冲突的原因。

（3）具体地描述冲突。

（4）向别人请教自己的观念是否客观。

（5）提出可能的解决冲突的办法。

（6）评价这些办法，筛选出对双方都有益的最佳办法。

（7）尝试使用选择出的最佳方法。

（8）评估方法的执行效果，并适当加以修正。

人际交往中的自我调节

在漫长的人生旅途中，人不能不与他人打交道，人需要与他人建立一定的联系。在人际交往的过程中，我们难免会遇到复杂多变的情境，这就要求每个交际主体学会自我调节。所谓自我调节，是指面对变化多端的交际情境，能及时做出适应性反应。能在交际中及时进行自我调节，控制交际局面，便可取得较好的交际效果。

那么，人际交往中怎样才能通过自我调节取得良好的效果呢？

1. 在矛盾中能礼让

在人际交往中，发生矛盾是在所难免的，面对矛盾，如果一意孤行，不去想方设法解决矛盾，非要以自己的意见为准的，必然会使矛盾激化。那些善于在交际中调节自己交际策略的人，必会千方百计使矛盾弱化。要弱化矛盾，办法并不难，其根本原则是礼让。我国是一个十分讲究礼让的国家，有与人交往礼让三分的优秀传统。事实上是：一旦交际中发生了意见分歧或者矛盾冲突，只要一方能礼让，问题大多数能得到解决。能在矛盾冲突时及时做到礼让，不是一种畏缩退让，而是在特殊的交际环境中策略的调整。由此可知：礼让，实际上是在矛盾冲突中寻找交叉点，有了这个交叉点，矛盾双方会因为都能接受使矛盾有所缓和。中国古代所谓的"中庸"之道，实际是在教导人们在人际交往中要学会自我调节。如能中庸一些，必会以礼让为先。能礼让，即使有矛盾，也会因让步而化解。可见，礼让，作为一种交际调节行为，在交际活动中的作用不能忽视。

2. 得意不忘形

常言道："人狂没好事，狗狂挨砖头。"生活中的得志者，最易得意忘形：或口出狂言，或行为倨傲，或目中无人，或自以为是。人在得意之时，也正是人们目光集中之日。这集中的，多是挑剔的目光。这时，要想改善人际关系，便应当多些自控，少些得意忘形。得意忘形，也许自我感觉良好，但你的自我陶醉会使众人心理不平衡；多些自控，多认同大家的挑剔，用以平衡人们的心理，容易降低人们的失落感。如果没有这种自我省悟和自觉，得意忘形之日，便是失去群众之时。

有人被单位提拔，大家本来就心里不平衡，他却沉浸在喜悦之中不能自拔，且又有几分轻狂。本来他在单位人缘不错，但由于他得意忘形，失去了自控，自提拔后反倒成了孤家寡人。分析原因，是他在得意之时，没有通过自我反省来平衡人际关系，故而好事反而成了坏事。

3. 失意会自勉

人生在世，不可能永远一帆风顺，各种意料不到的挫折会时时困扰着你。如果你只想在生活中接受恩赐，不想生活还会有波折，便不会有迎接意外的思想准备。想不到生活中有七灾八难，当不如意的事情突然来临，必然会惊慌失措。此时，如果和人交往，就难免捉襟见肘，牢骚满腹。人生失意，是生活之常，并不足怪。在失意时，一味怨天尤人，自不可取；把失意写在脸上，也大可不必。面对失意，如果能多些阿Q精神，想开一些，用精神胜利法来安慰自己，便很容易达到心理平衡。这种自我安慰似乎是消极了一些，但是，学会自我安慰，实际是对自己的一种自勉自励。能做到这一点，即使生活中有不如意的事情或者灾难突然来临，也不会惶恐不安，反而会因为能自我安慰而显得十分洒脱。宋朝著名文学家苏东坡，一生磨难，挫折颇多，但他能想得开，时时保持乐观的心态，倒也朋友满天下，一生不失风流。这只要读一下他的生平传记及诗文，便不难发现他在人际交往中是多么高标独具。由此可见，失意时不自暴自弃，学会自我安慰、自我勉励是何等重要。你若能在得意时学会自我勉励，那你即使在失意时也能结交到五湖四海的朋友。

第二节 应对职场心理问题

初涉职场的心理准备和角色转换

人的一生会处在不同的社会地位，从事不同的职业（或中心任务），这都需要人有相应的个人行为模式，即扮演不同的社会角色。社会角色就是个人在社会关系体系中处于特定的社会地位，并符合社会要求的一套个人行为模式。

心理学上的角色转换理论认为，在新旧角色的转换过程中，无论是由上级到下级、由领导到子女、由学生到老师、由主人到客人，还是由学生到职员，都必然伴随着新旧角色的冲突和强烈的心理不适。

陈昊今年24岁，是北京某高校应届毕业生，毕业前找了一家外贸公司做销售。在学校时，他很少参加社会活动。上班第一天，在去往公司的公交车上，他坐在靠窗的一张椅子上。一会儿，已无空座的车里上来了母女2人，母亲30岁左右，小孩大约6岁。陈昊礼貌地让了座。那位母亲非常感激，连忙道谢："谢谢您了，同志！"又对小孩说道："敏，快谢谢叔叔！"小孩望着陈昊说道："谢谢叔叔！"陈昊不由得发窘：自己才刚刚毕业，年纪轻轻的，怎么就成了"叔叔"了？以前人家都叫哥哥的。

下班后，老板请大家吃饭。在餐桌上，大家都热情地相互应酬，陈昊却有些发愣，他感觉自己的心理年龄真的有些小。

陈昊目前就面临一个尴尬的问题：无法适应强烈的角色冲突，对自己由学生变为职员有些发憷，这就需要调节了。其实，角色冲突是普遍存在的，但可以通过角色协调使得角色冲突尽可能地降至最低限度。协调新旧角色冲突的有效方法是角色学习，即通过观念培养和技能训练提高角色扮演能力，使角色得以成功转换。对于即将步入社会的广大大学生来说，实习就是一个很有效的手段。它不同于"勤工俭学"，它的直接目的不是获得报酬，而是大中专院校教学的一个重要环节，是学生步入职场的一个必要的过渡阶段。

实习可以为同学们提供了解和熟悉工作的机会。只有在实际工作中，他们才能知道工作到底是怎么一回事、自己更适合做什么、哪些知识是有用的、应该对自己的知识结构做哪些补充和调整、如何处理工作中的人际关系等，这将有助于他们更全面地认识自己和了解职业，并据此科学地设计自己的职业生涯。

实习是学生从课堂走向社会的第一步。借助实习，学生可以初步完成从理想到现实的心理转换和从学生到职员的角色转换。顺利的心理转换可以减轻学生初入职场将要经历的现实冲击，完整的角色转换能为他们将来尽快适应新的工作岗位打下良好的基础。

当然，实习只是一个手段，对广大的应届毕业生来说，更重要的是进行心理调整，在工作中尽快完成自己的角色转换。

初入职场走好第一步

对应届毕业生来说，从单纯的校园迈入复杂的职场，从象牙塔中的学子蜕变为一个职业人，许多人会因面临角色转换而彷徨不安、不知所措，尤其是不知道该如何面对新的职场生涯。心理学家认为，这是人由一个熟悉的环境进入一个陌生的环境时产生的正常心态，并非什么心理疾病，只要注意适度调节，这种不良的心理状态很快就会被改善的。另外，根据心理学上的理论，初入职场者在职业生涯开始的时候要注意以下3个方面：

首先是初入职场，要给人留下良好的第一印象。第一印象所产生的作用称之为首因效应，它主要包括对对方的长相、表情、姿态、身材、年龄、服装等方面的印象。这种印象虽然是初步的相互了解，但在对人的认知中却起着明显作用。如果上班伊始就给人留下不良的第一印象，就会很容易在别人心目中形成一种比较固定的看法，也是一种概括而笼统的看法，即所谓的"社会刻板印象"，从而影响自己以后的发展。

吴静是一家外贸公司的职员。在第一天上班的时候，她早上6点就起床了，挑选了衣柜里最贵、最正式的一套职业装，精神抖擞地出了门。

但是意外很快出现了，人力资源部经理把她领到她所在的外联部后，就没再答理过她，部门里也没有一个人抬头看她一眼。

最后，还是部门经理注意到了她，对她说："饮水机的水要换了，你给送水公司打个电话吧！还有，麻烦你去帮大家交一下手机话费，最近大家都很忙，没工夫去交。你回来时再顺便在楼下的肯德基帮大家买一下午饭吧。"从办公室出来，她很失落，觉得自己像个可有可无的人。

吴静对于自己没给同事留下好印象而产生自卑感，是不利于个人以后发展的。她应积极调整心态，表现得快乐活泼，努力给别人留下良好的印象。

有关专家指出，初入职场，只要做到下面4点，就能给同事留下良好的第一印象：一是主动交流，在同事心目中树立起容易沟通的印象；二是勤学好问，当然不要太过频繁；三是衣着得体，拿不准该穿什么时，就和其他人保持一致；四是少说多听，对工作有充分了解后再发表看法。

其次是要保持积极主动的心态，学会自己解决工作中的问题。心理学认为，工作积极主动会给人一种向上的印象，并且可以感染身边的人，从而获得大多数人的认同。

李洋是某广告公司设计部职员。刚开始上班时，他就感觉到了对工作积极主动的重要性，所以经常向同事问一些问题，如"文件在哪里？""我们部门有多少人？"但是他发现，有些同事对他的态度特别冷淡，领导也总是说："你自己琢磨琢磨……"后来他干脆少说话，多办事，领导让他做什么他就做什么，可这样似乎也没有得到领导的关爱。

专家指出，初入职场的人，做事缺乏主动肯定不会被领导青睐，但是过于好问也会惹人烦。企业和学校有很大的不同：在学校，老师的工作就是传道授业解惑，所以学生可以"缠住"老师不放；但是在公司，很多问题都需要在工作中边做边学。职场中，人们总讲究一个悟性，就是说，很多事都需要自己观察、自己体会，因为别人都有自己的工作，不可能总是充当你的老师。

最后是要尽快摒弃"恋旧"心理，保持平常心。

张鸿硕士研究生毕业后，成功地应聘了一家公司的经理助理职位。他很珍惜这个机会，对工作很有激情。但时间不长他就发现，他稍稍做出点成绩，大家就会用异样的态度对待他，甚至在背后对他指指戳戳。他现在很灰心，经常怀念在学校的时光，那时大家不会钩心斗角，也没有形形色色的眼神。

职场不同于学校，它是一个复杂的场所，在这里有着各种利害关系的冲突。你不行，易受气甚至被淘汰；你行，有可能遭嫉恨和排斥。这种现象很正常，关键是自己要保持一颗平常心，不为他人的喜怒而刻意改变自己。在困难面前，更不要产生各种类型的"恋旧"心理，使自己消沉。其实，要想在职场中自立，靠的不仅仅是知识能力，更要有良好的职场心理素质。在面对各种烦恼时，要能理智地分析作为一个新人应正视的问题。

大学生与上班恐惧症

吴洁是一名金融专业的应届毕业生，前一段时间按照父母的意愿进了一家银行工作，待遇还不错。但由于是新人，她一开始只被安排到柜台点钱。"工作日复一日，太枯燥了！"作为一名时髦女孩，吴洁心底更向往光鲜亮丽的职业。于是，在银行工作还不到半个月，吴洁就辞去了这个比较稳定的"金饭碗"，跳槽到一家公关公司。

但是进了公关公司，吴洁依然只能从基层做起，她被安排去处理一些繁杂的琐事，如打字复印、接待、端茶倒水等。新工作的"美丽光环"渐渐从吴洁的心中褪去了，随之而来的是像第一份工作那样的焦虑和烦躁。终于，吴洁又无法坚持上班了，不到两个星期，她再次放弃了工作。

在辞去了两份工作之后，吴洁对自己是否能正常工作产生了怀疑。"无论什么工作都那么枯燥乏味，都提不起我半点兴趣。"现在，吴洁一提到"上班"就充满恐惧，也没信心继续找下一份工作了。

据了解，在刚毕业的大学生中，这种恐惧上班、害怕工作的并非个别现象，从全国各高校的BBS上每天都可以浏览到大量关于"工作恐惧症"的帖子。

一位发帖者说："上班时就想到什么时候辞职；还没做就打算做完试用期就辞职；一上班就想还是在家舒服，何必要死要活找工作？"这个帖子有100多条回帖，有的回复："一上班就神经衰弱，连晚上睡觉都会梦到工作中的点滴小事，每天都如同煎熬一般，惶惶不可终日。"

每年5~9月，几乎每天都有应届大学毕业生因为害怕工作而导致心理问题，到心理咨询中心就诊。

对于毕业生的"上班恐惧症"现象，有关专家分析认为，这类同学往往过于重视自己的兴趣爱好，他们总是想到"我想做什么"和"我喜欢做什么"，却很少考虑"公司需要我做什么"和"这份工作本身要求我做什么"。正是这种认知上的差异，才使这些毕业生在工作中常感到无法实现自我价值，进而开始怀疑工作本身的价值，所以就恐惧上班或频繁跳槽。

小舟是去年工科毕业的大学生，被分到工厂工作。他的专业知识比较过硬，自认为可以搞好工厂的管理，同时能胜任新产品的研制开发。然而，工厂的主管根据整个大环境和形势不让他冒险，加上很多客观原因，小舟的理想一直无法实现。于是，他和工厂主管的矛盾越来越深，最后不得不离开工厂。

还有一个男生也是去年毕业，然而就在这一年之间，他却不断跳槽，换了十几个单位。问他为什么，他说："我怎么看他们都觉得不顺眼，他们是错的，又不听我的。"

广东省精神卫生研究所的医师认为，出现"上班恐惧症"的学生，多是性格比较内向、平时与社会接触较少、心理素质存在缺陷、在人际交往上存在一定问题的人。同时，他们又比较聪明，考虑问题比较周到，毕业后思想的松弛让他们胡思乱想，从而影响到了心理健康。如不及时疏导、治疗，必将对工作后的各种表现产生影响，有的甚至可能会丧失很多好的工作机会。对于工作一年的大学生，最常见的问题是适应不良。像小舟最后变得十分偏执，这已经是一种比较严重的心理障碍了。而频繁换单位的那个同学，则属于思维逻辑出现了问题。

据了解，90%以上的同学对自己期望值过高，往往因为达不到目标而变得十分失落，要么就是极度缺乏自信，担心自己无法胜任目前的工作。这些人到了单位往往不适应现代社会的团队合作工作机制。

那么，如何克服"上班恐惧症"，早日走上正常的工作轨道呢？

第一，调整认知。每个人都不可能老是停留在学生时代，最终都要工作。每天忧心忡忡，无法改变任何事情。与其消极痛苦，不如积极适应。

第二，学习与人交往，体会交往的乐趣。交往并不可怕，而且是可以学习的。同时不要把注意力都放在对上班的担忧上，想象一下上班后可能获得的成功和喜悦，帮助自己克服恐惧。

第三，求助。通常来说，凡是出现无法克服的恐惧，人总是试图回避。所以不要放弃自己的最后一个权利——求助于专业人士，比如职业指导专家、心理咨询师等，他们会从职业的角度出发给你科学的指导，而且你不用担心，他们绝对会理解和尊重你。

办公室心理换位的应用

许多在办公室工作过的人都知道，办公室的主角是工作人员。对工作人员来讲，办公室最大的特点是相对的空间固定、人员固定。无论与你为伍的人性别如何、性格怎样、素质高低，都令你无法选择和逃避。

说办公室里简单，是因为它不过是一种大家都能接受的表面化、公式化的办公模式。说它复杂，它也确实不那么容易：首先，你要保证工作不出错或少出差错，为了能取得更大的成就，平日里还要付出很多努力；其次，你还要搞好与同事的关系等。而拥有一个和谐愉快的办公环境，是办公室一族为之向往的，更是需要大家共同努力才能实现的。要想在工作上做出成绩，达到自己理想的目标，办公室的人际关系就可谓是不容忽视的大问题。

从理解和认识人的角度讲，人都是社会的人，每个人除了办公室的同事，还有其他的交往范围。同事之间虽属同样的工作性质，但每个人对工作的理解、把握和重视程度各不相同，加上受教育程度的不同，所以接触他人时，应该对其复杂性有足够的心理准备，这种预期的心理准备可以让我们在与同事交往时，为自己营造出一种能伸展自如的心理空间。与同事交往时不仅应该在工作中相互切磋，平常还应该遵循平等、互利的原则。只有在平等、互利的基础上，相互之间才会少一些矛盾。减少不必要的矛盾，可使人际交往获得双赢的效果。

谁都需要良好的办公环境。当你由于不慎，无意中伤害了他人，破坏了环境的时候，首先，你无须过分自责，而要将心态放平和，然后再努力用真诚、真心去调整。当你别人体会到你的诚意时，你也就达到了补偿的目的。同样，你也应当用此心态去理解和宽容别人，这就是所谓的"心理换位"、将心比心。其实，平时大家都可以用"心理换位"来维护办公室的人际关系。如果你的同事中确有个别大家公认的"问题人"，首先，应该避免与他个人私下发生冲突；其次，在必要的时候，应该对他的一些长处适当地进行赞美。一般来讲，人际交往问题多的人，大部分是心理及情感上存在某些障碍的人，这样做也是为了缩短与他们的心理及情感上的距离，使其得到心理平衡和精神安慰，更重要的是有助于他们建立对别人的信任。赞美本身不仅能给人带来精神愉悦，还有利于协调人际关系。

随着现代办公环境的改善和人员素质的不断提高，办公室的文明氛围也在进一步增强。但办公环境的现代化并不代表人际关系的理想化,某些社交规则、人员素质还需要不断补充和完善,直到大家都成为真正的现代、文明的办公族。

当心办公室心理污染

今天,人们面临的压力越来越大,办公室人的心理卫生也成了一个不可忽视的问题。当你每天走进办公室时,不知你是否发现有很多因素在影响着每一个人的情绪,进而影响到工作的质量。我们将影响一个人情绪的诸多因素称为"心理污染"。在办公室有不少的现象,诸如:

(1)如果人们走进办公区时的情绪是积极的、稳定的,就会很快进入工作角色,不仅工作效率高,而且质量好;反之,如果情绪低落,则工作效率低,质量差。在办公区内,如果工作人员善于调节与控制自己的情绪,就会生机盎然、充满活力,工作也会卓有成效。

(2)在日常工作中,人际关系是否融洽非常重要。互相之间以微笑的表情体现友好、热情、温暖,以健康的思维方式考虑问题,就能和谐相处。工作人员在言谈举止、衣着打扮、表情动作中,均可体现出健康的心理素质。

(3)在办公室里接听电话,也能表现出工作人员的心理素质与水平。微笑着平心静气地接打电话,会令对方感到温暖亲切,尤其是使用敬语、谦语收到的效果更往往是意想不到的。不要认为对方看不到自己的表情,其实,从打电话的语调中已经传递出你是否友好、礼貌、尊重他人等信息了。

(4)办公室的干净整洁、物品井井有条也会直接影响到员工的情绪。

总之,办公室内如果存在"心理污染",某种意义上比大气、水质、噪声等污染更为严重,它会涣散人们工作的积极性,乃至影响工作效率和工作质量。

病毒的传染有药可治,并不可怕,但是,情绪的传染打击的则不仅是躯体,还有精神,它会使人丧失自信,失去前进的动力。在生活中,人们总会遇到令人烦恼、悲伤甚至愤恨的事情,因此很容易产生不良情绪,最终导致心身疾病的发生。此时应该学会控制和调节自己的情绪,保持心身健康。下面的方法你不妨一试。

意识调节:人的意识能够控制情绪的发生和强度。一般来说,思想修养水平较高的人,能更有效地调节自己的情绪,因为他们在遇到问题时善于明理和宽容。

语言调节:语言是影响人情绪体验与表现的强有力工具,通过语言可以引起或抑制情绪反应。

注意力转移:把注意力从自己的消极情绪转移到其他方面。

行动转移:这种方法是把愤怒的情绪转化为行动的力量,以从事科学、文化、体育等工作来缓解不良情绪的影响。

释放法:愤怒者把有自己意见的、感觉不公平和义愤的事情坦率地说出来,或者对着沙包、橡皮人猛击几拳,可以达到松弛神经的目的。

自我控制:即按照一套特定的程序,以机体的一些随意反应来改善机体的另一些非随意反应,用心理过程来影响心理过程,从而达到松弛入静的效果,以解除紧张和焦虑等不良情绪。

谨防成功后的抑郁症

事业有成是令人羡慕的事情,但是越来越多的成功人士却被成功所累,患上了抑郁症,痛苦得不能自拔。

方辉1987年南下深圳打工,他从一个打工仔做起,后来自己干,慢慢地成立了自己的公司。到2000年,他有了自己的企业集团,固定资产超过亿元。然而,这时病魔正渐渐向他靠近。

事业做大了,他却好像变成了一台高速运转的机器,一刻也不能停息。公司每天都有大量的决策需要他拍板定夺,他每天都要面对关系到公司切身利益的传真、汇报,每天都要平衡公司人事方面的关系。但最累的还是一个商业决策形成之前的绞尽脑汁和形成之后观察其运行的实际效果。这一切使他像在走钢丝的杂技演员，战战兢兢，如履薄冰。这些事情带来的最直接的结果就是让他严重失眠，每天心情总是不好，而且他发现，现在事业成功对他来说已没有任何意义了，他无法从中体验到满足感，他现在有的只是心身俱疲。

每天，方辉都要在下属面前一如既往地装出一副威严，表现出坚定不移的硬汉形象，让他们感到震慑；在生意场上，他永远要左右逢源而不露破绽，让对手感到自己的威力、睿智和不可怠慢；在家人面前则永远要表现出体贴、慈祥……他必须将内心的烦躁和痛苦都深埋在心里，不让任何人知道，否则他担心人们会将他看破。但他越是这样反而越加重了内心的孤独和无助，失眠和倦怠像赶不走的瘟神袭扰着他，他开始变得焦躁不安，经常对下属们无端发脾气。一次酒会上下属的一句话惹得方辉很不高兴，他一下将酒桌掀翻……

最近方辉的脾气越来越大，工作上稍有不如意他就大发脾气，将秘书小姐骂哭了好几次。下属们在他面前战战兢兢，而他在下属面前更是战战兢兢——他害怕他们背后议论他、嘲笑他、指责他，所以不过是用发脾气来掩盖罢了。严重的封闭使他不断怀疑所有的部下，到后来，他对一切都持怀疑态度。由于长期处于紧张状态，他经常感到心慌、头痛，他开始怀疑自己得了心脏病。深夜之中，他多次叫醒妻子，叫妻子陪他到医院看病。检查后，医生说他的心脏没有任何问题。可是回到家里后，他还是不放心，对妻子说："医生一定是在骗我，我肯定有心脏病了。"于是他们又到另一家医院再次检查，但仍然没有问题。

不久，方辉从报上看到某富翁被绑架的报道，这使他整日更加忧心忡忡。他想到在自己的企业里，说不定哪一天就会出现一个吃里扒外的"汉奸"将他出卖，在他某日下电梯或如厕之时将他绑架，然后向他的家人勒索巨款，否则撕票……特别是当他听说深圳某富翁的侄子被几个陌生人杀害，后来证实匪徒原想暗杀这个富翁，结果错杀了他的侄子时，他更是惶惶不可终日。他这种每日如履薄冰的情绪已经严重影响到了企业的正常经营，他害怕亏本而不敢进行新的投资；整日担心被人谋害，担心疾病、车祸等灾难发生在他身上；他不敢一个人走路，不敢到人多的场所，不敢走夜路……方辉的精神已近崩溃，痛苦中他甚至想到要了结这一切……

从方辉成功后的表现来看，他极有可能患上了抑郁症。当今社会，抑郁症就像流行感冒一样到处传播，一不留神，你就有可能"中毒"。

抑郁症是一类以情绪（心境）低落为主要表现的心理障碍。抑郁症病人的主要表现就是情绪（心境）低落，具体表现是感到压抑、闷闷不乐、沮丧或忧伤，也可能会表现为易激惹性增高，即易发脾气，尤其是儿童和青少年。患者大多有兴趣和乐趣减退或丧失以及精力减退和疲乏、食欲和体重改变（多为食欲减退和体重减轻，少数为食欲增强和体重增加）、睡眠障碍（大多为失眠，尤其是早醒，少数为多眠），以及注意力不集中、思维能力和做决定的能力降低等症状，感到自责或有罪，感到无能、无助和无望，甚至想到死。此外，还可能出现各种躯体不适，如胸闷、心慌、心悸、胃肠不适、腹泻、便秘和身体各部位疼痛等。

成功抑郁症患者大多事业有成，属于旁人眼中的成功人士，但他们却有着别人无法理解的苦闷，并且会时常感觉不快乐。不少人表示：这是个"向上爬"的社会，成功带给你的不仅仅是社会和经济地位的变化，也有更大的责任和压力。有时候，成功往往能激起人的悲伤感，因为任何目标的实现都包含着终结。

对此，有关专家指出，成功人士往往是在成功后才得了"抑郁症"，之前因为有奋斗目标，不实现不行，但是达到目标后，他们由于不会自我调节就会发现，成功也并不能带来更多的幸福，于是他们就陷入了抑郁之中。

专家认为，一个人的精神信仰对于快乐成功有着举足轻重的作用。有专家给出了实现快乐成功的五大步骤：第一，做一个决定，将你的想法浓缩具体化（有意义的目标）；第二，将要完成的期望写下来；第三，培养发自内心的强烈欲望；第四，培养至高无上的信心（誓言替代法）；第五，培养坚持到底的坚持力与毅力。

提防"精英综合征"

人们常常把那些社会地位较高、受教育程度较高的人群称为精英。现代社会还有一个大家都普遍认同的标准，那就是他们创造的价值大，物质收入也高。这个人群的特征明显：一、事业心强，有成就感；二、有强烈的工作动机，勤奋甚至拼命工作；三、能量充足，似乎永远不知疲倦，有连续工作能力；四、很看重自我声望，对自己要求严格，有很强的历史使命感，大多有舍我其谁的想法；五、他们总是处于一种应激状态。

但精英人群所具备的这些特征，也对其工作生活产生了严重的负面影响：

首先，生存压力很大。很多男士肩负着养家糊口的重任，看到别人有车有房，如果自己没有的话，就大有无颜见江东父老之感。而这就容易让他们形成一种拼命工作的状态，造成体力严重透支。为了改善生活、减轻生存压力，他们拼命工作，以改变个人地位及提高在亲戚朋友中的威望。这样不断自我加码，最后就容易引发生命危机。由于精英人群总是时时、处处、事事表现得能量充足，他们往往对体力透支、工作压力超过体能极限的危机状态浑然不觉。而心理疾病又不是很快能表现出来的，它总是隐藏在突然剧变中的潜在杀手。

其次，受过高等教育的人群普遍比较敏感。当前社会大众所拥有的相对剥夺感，这个群体也在所难免。相对剥夺感是人们在比较中所产生的一种心理失衡状态。当实际得到的和期待得到的之间、自己得到的和他人得到的之间存在很大的差距时，他们就会产生相对剥夺感。有相对剥夺感的人容易愤怒、发无名之火，有时这种愤怒就会转化为侵犯。好在这个群体一般都受过良好教育，会把这种相对剥夺感压抑在心里。但从心身健康的角度讲，这会进一步加重他们的心理负担，影响他们的身体健康。

再次,根据研究,长期处于压力状态下的人会经过"警觉""反抗"和"耗尽"3个阶段。这就是说应激精神状态可以导致身体疾病,这种疾病被称作心身疾病,即不是由生理原因所产生的疾病,而是由心理原因所导致的疾病。这种心身疾病最典型的是高血压、心脏病,还有皮肤病、头痛、腰痛、关节炎、哮喘、支气管炎、癌症等。

有许多处于事业巅峰的精英,为了事业,他们放弃了自己的健康;为了成功,他们放弃了自己的身体。由于对自己的健康状况长期忽视,疾病、亚健康乘虚而入。

为什么上班族精英英年早逝的悲剧频频上演?除了遗传、环境、社会压力等因素外,一个更重要的因素就是他们不科学的生活方式。世界卫生组织早就指出:"许多人不是死于疾病,而是死于不健康的生活方式。"一个人能否长寿,固然有很多客观因素,但膳食不合理、吸烟、酗酒、运动过少等,早已被证明是导致早衰早亡的重要原因。"文明病"其实并非现代文明社会的必然产物,其真正根源恰恰是不文明的生活方式,因而在本质上是一种"不文明病"。许多中年精英长期处于紧张疲劳状态,为了事业整日奔波,连一点锻炼的时间也挤不出,结果储蓄了金钱,透支了健康,浓缩了生命,刚进中年就得了老年病,让提前的病理死亡取代了自然的生理凋亡。这是个人的悲剧,更是社会的悲剧。

社会要发展,竞争在加剧,上班族精英在社会中的作用、地位越来越重要,与此同时,上班族精英的健康状况也越来越引起人们的关注。那么,究竟有没有一些好的办法来应对呢?

1. 调整心态

大多上班族精英都认为只要自己努力了,就能取得事业上的成功,所以才为了事业而拼命工作,而这一拼命就是不规律生活方式的流行。还有的上班族精英认为自己有成功的能力,但是怀才不遇,因而郁郁寡欢,这样的结果就是以烟酒为友,养成不健康的生活习惯。其实,为了自己的健康,上班族精英应该改变对成功的看法和传统上班族精英怀才不遇时的

"清高"心态。

2. 带薪休假

《劳动法》规定，劳动者连续工作一年以上的，享受带薪休假。专家建议：上班族精英休假，最好一年能够休息两次，但不要采取像黄金周那样的旅游式休法，而应是心身的放松和调整，而且这样也是容易做到的。其实并不是单位不给上班族精英这个机会，而是许多精英为了自己的事业舍不得让自己休息一下，所以关键还是精英们要改变观念——健康才是事业的本钱！

其实，现代社会的压力人人都有，连民工也有压力，只是精英们承担得更多一些。现代科研人员应该学会在应对挫折时不拿自己的健康做本钱，要学会接受不出成果、试验失败的事实，要看到很多事的成功取决于各方面因素、不由个人意志而决定，客观地对待事物，训练自己达观和超然的心态。这样做，无疑有利于给自己的心理减压。上班族精英在工作时应该全心身投入，但从某种意义上来讲，工作是为了生活，而生活不是为了工作，不能本末倒置。理解了这个道理，压力也许就会小得多了。

第四篇

心理疾病的自我诊断与治疗

第一章
掌握基本的心理健康知识

随着社会的不断进步，科学技术的迅速发展，人们的物质生活越来越富裕，但是随之而来的是人们面临的心理问题却越来越多，诸如人际关系、夫妻关系、父（母）子（女）关系，以及抑郁、焦虑、恐慌、自私、自卑等心理问题日益凸现，人们的心理健康受到了前所未有的挑战，人们迫切地想了解有关心理和心理学的知识，心理学受到了前所未有的普遍关注。实际上，我们每一个人都应该了解一点心理学，因为它涉及生活的各个方面。

第一节 心理健康知识

心理健康的标准

心理健康的概念是随着时代的变迁和社会文化因素的影响而不断变化的。心理学家对心理健康的概念也有各自不同的理解。那么，什么是心理健康呢？

我们认为，所谓心理健康，是指对于环境及周围的人、事、物具有高效而愉快的适应。心理健康的人，能保持平静的情绪、敏锐的智能、适应社会环境的行为和气质。

当前，人们逐步认识到心理健康的重要性了，那么，衡量心理健康的标准是什么呢？

1. 具有正常的智力

智力正常是心理健康的首要标准。正常的智力是一个人生活、学习、工作的最基本的心理条件。智力不是某种单一的心理成分，而是人的观察力、记忆力、注意力、想象力、思维能力以及实践活动能力的综合，是大脑活动整体功能的体现，其中思维能力是核心。虽然目前还没有非常完善的测定智力和全面衡量大脑功能的科学方法，但已有人发明出了具有相对科学性和实用性的、国际公认的智力量表。比如，由法国心理学家比奈和医生西蒙（1908年）推出的比奈—西蒙智力量表，美国的韦克斯勒于1943年发明的智力测验表等。世界卫生组织规定，包括青少年和儿童在内的正常人，其智商不能低于85（韦氏儿童智力量表规定，智商不得低于80），这是智力正常的最低要求；若在70~79之间则属智力缺陷，亦为心理缺陷；低于70则属于低能，在心理疾病范畴；智商超过130为智力超常，但亦属心理健康范畴。智力偏低的人很难适应正常的社会生活，完成正常的学习或工作任务。与同龄人的智力水平相比较，是衡量一个人的智力发展水平的基本方法，可以及早发现和防止智力的畸形发展。对外界刺激的反应过于迟钝或敏感，思维出现妄想、出现幻觉等，都是智力不正常的表现。

2. 能够较好地控制自己的情绪

愉快、喜悦、乐观、豁达、恬静、满足、幽默等好的情绪，有益于心身健康和调动心理潜能，有利于人们充分发挥其社会功能。而激烈的情绪波动，如欣喜若狂、悲痛欲绝、暴跳如雷、激动不已等，以及长时间的情绪消极，如悲伤、忧虑、恐慌、惊吓、暴怒等，可导致人的心理失衡，不仅使人的认识和行为受到左右，而且可能造成生理机能的紊乱，导致各种身体疾病的产生。因此，保持稳定适中的情绪和情感以及良好的心境，也是心理健康的重要标准之一。

心理健康者能经常保持愉快、乐观、开朗的心境，对生活和未来充满希望。当然也会有悲、忧、哀、愁等消极情绪体验，但总能主动调节。同时能控制情绪的过分表达，做到喜不狂、忧不绝、胜不骄、败不馁，善于从生活中寻找乐趣，对生活充满希望。

3. 具有较强的社会适应性

较强的社会适应性，是指一个人能够根据客观环境的需要，不断调整自己的身心行为，达到与客观环境和睦相处的协调状态。社会适应性主要表现在以下三个方面：

（1）较强的人际关系的适应能力。能够正确对待、处理和协调好各种人际关系，这是衡量和判断社会适应性的关键和核心因素，是心理健康的重要标准之一。

（2）较强的自然环境适应能力。为了某种需要，任何一个心理健康者，尤其是青年人，应该具备在各种自然环境中生存的能力。

（3）较强的适应不同情境的能力。一般地，情境是指个人行为所发生的现实环境与氛围，分狭义情境和广义情境这两种。狭义情境是指个体心理活动和行为发生的场所、氛围，交涉对象的态度、情绪等，如考核、演讲、比武等场合；广义情境是指宏观的社会历史进程，国际形势等。狭义情境受广义情境影响和制约。心理健康者能够在不同时空和各种情境中保持自己的心理状态平衡，并充分发挥个人心理潜能和优势。

4. 具有健全的意志品质

每个人都有或大或小的理想，自觉地确定你的理想目标，并支配自己的行动，努力实现这个目标的心理过程，就是意志。意志是人意识能动性的集中体现，是个体重要的精神支柱。通过以下四种心理品质，可以衡量一个人意志品质的高低、强弱、健全与否。

（1）果断。善于迅速明辨是非，合理决断和执行的心理品质。

（2）自觉。即对自己行动的目的和意义有明确认识，并能主动地支配和调节自己的行动，使之符合预定目的。自觉性强的人既能独立自主地按照客观规律支配和调节自己的行为，又可以不屈从于周围环境的压力和影响，坚定地达到目标。懒惰、盲从和独断是与自觉性相反的意志品质。

（3）自制、自控。是指善于促使自己执行已采取的决定，排斥与决定无关的行为，克制自己的负面情绪和冲动行为。

（4）坚忍。坚持自己的决定，百折不挠，克服困难以达到目标。

5. 具有健全的人格

人格是一个人的整体精神面貌，是一个人所具有的稳定的心理特征的总和，具体是指一个人在适应社会生活的过程中，在其身心行为上所表现出来的对自己、对他人、对外界事物的个性特征，又被称为个性或个性心理。人格的各种要素不是孤立存在的，它们有机结合而形成一个整体。健全的人格是指构成人格的诸要素，如气质、能力、性格、理想、信念、人生观等各方面均平衡、健全地发展。

要做到心理健康必须首先培养健全的人格，其主要标志是：人格的多个要素不存在明显缺陷和偏差；具有清醒的自我意识；以积极进取的人生观作为人格的核心，并有效地支配自己的心理行为；有相对完整统一的心理特征。

6. 良好的人际关系

良好的人际关系是心理健康的重要标准，也是维持心理健康的重要条件之一。

人际关系和谐有如下的具体表现：

（1）在人际交往中，心理相容，互相接纳、尊重，而非心理相克，互相排斥和贬低。

（2）对他人情感真挚、善良，而非冷漠无情、伤害别人。

（3）懂得奉献，以集体利益为重，而非损人利己。

（4）对他人有爱心。

7. 心理特征符合心理年龄

每个人都有3种年龄：实际年龄、生理年龄和心理年龄。

实际年龄是指人们的自然年龄。生理年龄是指人生理发育成长所呈现出来的年龄特点，与实际年龄往往有差别，如果人营养不良，那么其生理发育就迟缓，将导致生理年龄小于实际年龄。

心理年龄是指人的整体心理状况所呈现出的年龄特征，与实际年龄也不完全一致。人的一生可以分为8个心理年龄期：胎儿期、婴儿期、幼儿期、学龄期、青少年期、青年期、中年期、老年期。人在不同的心理年龄期具有不同的心理特点。比如，人在幼儿期天真活泼；青少年期自我意识增强，身心发展很快，心理活动动荡剧烈；到了老年期，心理倾向成熟稳定、老成持重，但身心功能弹性降低，情感容易变得忧郁。

心理特点符合心理年龄，主要有两方面的标准：

（1）个体的实际年龄应当与心理年龄、生理年龄相符。

（2）个体在不同心理发育期应表现出相应的心理特征。

心理健康与身体健康息息相关

在中国传统文化中，人们总是把身体健康放在第一位，人们对自己的身体呵护备至，却忽略了自己的心理健康，或者把心理健康问题当作身体疾病来对待，特别是如今，诸如食疗药疗、气功坐禅、减肥健身、瑜伽等各种养生之道层出不穷，这充分说明了人们对身体健康的热切关注。重视身体的健康无可非议，但人的心理健康与身体健康是息息相关的，心理健康与身体健康是同等重要的。心理健康是身体健康的精神支柱，身体健康是心理健康的物质基础。身体是生命的物质载体，没有身体，生命就无法存在；心理则是生命的精神载体，没有良好的心理素质，其他一切也将失去它存在的意义。一个人身体与心理都健康才称得上是真正的健康。身体健康与心理健康是互相依存、互相促进、相互制约的。身与心是无法分开的：身体疾病可以导致心理问题，而长期累积的心理问题形成心理障碍，无疑会对身体健康造成负面的影响。我国古代的医学经典《内经》认为，人的情绪、情感、思维等心理活动会影响身体健康，指出："怒则气上，喜则气缓，悲则气消，恐则气下，惊则气乱，思则气结；大怒伤肝，暴喜伤心，思虑伤脾，悲忧伤肺，惊恐伤肾。"七情过度百病增。《内经》还特别强调："心者，五脏六腑之主也，故悲哀忧愁则心动，心动则五脏六腑皆摇。"现代医学更进一步证明了心理健康对身体健康的重要影响。高血压、心脏病、癌症、溃疡症、结核病、支气管炎等疾病都与心理健康有关。有研究表明，具有什么性格的人容易得什么样的病，是有规可寻的。有专家指出，人体70%左右的疾病是由心理因素引起的。

关于心身健康的关系，有位心理学家曾做了个有趣的实验：他把同一窝出生的两只健壮的羊羔安排在相同的条件下生活，唯一不同的是，在一只羊羔的旁边拴了一只狼，而另一只羊羔旁边没有。前者在可怕的威胁下，本能地处于极其恐惧紧张的状态，很少吃东西，逐渐瘦弱下去，不久就死了。而另一只羊羔由于没有狼的威胁，没有这种恐惧的心理状态，一直生活得很好。这一事例无不形象地说明了心理健康与身体健康息息相关。

现代有关医学和心理学的研究都表明，人们的身体健康与他们的心理健康状况息息相关。20世纪70年代，医学研究人员有两项重大的发现：首先，大脑中的同一化学物质不仅调节身体的免疫系统，同时还影响人们的思维和情感。这就意味着人们的心理状况和生理状况有着非常紧密的联系。其次，这种化学物质不仅存在于人的大脑中，而且在身体的各个系统中循环传递，包括免疫系统。这就意味着人们的生理状况和心理健康状况之间可以互相影响。

身心疾病是对这关系的一种证明。身心疾病是指那些发病、发展、转归与治疗都与心理因素密切相关的疾病。负面的心理活动如消极的情绪、长期的焦虑、巨大的精神压力等会导致不良的生理反应，这种生理反应如果持续过久，就会导致躯体的损害，甚至造成器质性病变。常见的身心疾病有溃疡、炎症、高血压、心脏病、疼痛等。而另一方面，乐观、积极的心理状态又可以预防疾病，在患病的康复治疗中有时可以起到药物甚至手术都无法达到的作用。

心理健康测验

请你根据自己过去和现在的情况，回答下面的问题。回答时不必过细考虑，要尽快回答，选出符合自己情况的选项。

1. 经常地精神萎靡。
  A.符合 B.有点符合 C.不符合 D.不清楚

2. 常常怒气陡升。
  A.符合 B.有点符合 C.不符合 D.不清楚

3. 梦中所见与平时所想的不谋而合。
  A.符合 B.有点符合 C.不符合 D.不清楚

4. 习惯于与陌生人谈笑风生。
  A.符合 B.有点符合 C.不符合 D.不清楚

5. 如果周围有喧嚷声,不能马上睡着。
  A.符合 B.有点符合 C.不符合 D.不清楚

6. 常常希望好好改变一下生活环境。
  A.符合 B.有点符合 C.不符合 D.不清楚

7. 不能破除以前的规矩。
  A.符合 B.有点符合 C.不符合 D.不清楚

8. 常常思考将来的事情并感到不安。
  A.符合 B.有点符合 C.不符合 D.不清楚

9. 常常感到头有紧箍感。
  A.符合 B.有点符合 C.不符合 D.不清楚

10. 看书时对周围很小的声音也会注意到。
  A.符合 B.有点符合 C.不符合 D.不清楚

11. 不大会有哀伤的心情。
  A.符合 B.有点符合 C.不符合 D.不清楚

12. 稍稍等人一会儿就气得不得了。
  A.符合 B.有点符合 C.不符合 D.不清楚

13. 一整天孤独一人时常常心烦意乱。
  A.符合 B.有点符合 C.不符合 D.不清楚

14. 自以为从不对人说谎。

A.符合　　　　B.有点符合　　　　C.不符合　　　　D.不清楚

15. 常常担心发生地震和火灾。

    A.符合　　　　B.有点符合　　　　C.不符合　　　　D.不清楚

16. 经常担心别人对自己的看法。

    A.符合　　　　B.有点符合　　　　C.不符合　　　　D.不清楚

17. 经常以为自己的行动受到别人支配。

    A.符合　　　　B.有点符合　　　　C.不符合　　　　D.不清楚

18. 做以自己为主的事情，常常非常活跃，全无倦意。

    A.符合　　　　B.有点符合　　　　C.不符合　　　　D.不清楚

19. 常常有一着慌便完全失败的情形。

    A.符合　　　　B.有点符合　　　　C.不符合　　　　D.不清楚

20. 希望过与别人不同的生活。

    A.符合　　　　B.有点符合　　　　C.不符合　　　　D.不清楚

21. 自以为从不怨恨他人。

    A.符合　　　　B.有点符合　　　　C.不符合　　　　D.不清楚

22. 很多时候天气虽好却心情不佳。

    A.符合　　　　B.有点符合　　　　C.不符合　　　　D.不清楚

23. 过度兴奋时常常会突然神志不清。

    A.符合　　　　B.有点符合　　　　C.不符合　　　　D.不清楚

24. 即使最近发生了什么事故，也往往毫不在乎。

    A.符合　　　　B.有点符合　　　　C.不符合　　　　D.不清楚

25. 常常为一点小事而十分激动。

    A.符合　　　　B.有点符合　　　　C.不符合　　　　D.不清楚

26. 失败后，会长时间地保持颓丧的心情。

    A.符合　　　　B.有点符合　　　　C.不符合　　　　D.不清楚

27. 工作时，常常想起什么便突然外出。

    A.符合　　　　B.有点符合　　　　C.不符合　　　　D.不清楚

28. 不希望别人经常提起自己。

  A.符合   B.有点符合   C.不符合   D.不清楚

29. 生活没有活力，意志消沉。

  A.符合   B.有点符合   C.不符合   D.不清楚

30. 常常因为心情不好感到身体的某个部位疼痛。

  A.符合   B.有点符合   C.不符合   D.不清楚

31. 常常会突然忘却以前的打算。

  A.符合   B.有点符合   C.不符合   D.不清楚

32. 尽管睡眠不足或者连续工作都毫不在乎。

  A.符合   B.有点符合   C.不符合   D.不清楚

33. 常常对别人的微词耿耿于怀。

  A.符合   B.有点符合   C.不符合   D.不清楚

34. 工作认真，有时却有荒谬的想法。

  A.符合   B.有点符合   C.不符合   D.不清楚

35. 自以为从没有浪费时间。

  A.符合   B.有点符合   C.不符合   D.不清楚

36. 一紧张就直冒汗。

  A.符合   B.有点符合   C.不符合   D.不清楚

37. 看什么都不顺眼时常常感到头痛。

  A.符合   B.有点符合   C.不符合   D.不清楚

38. 常常听见他人听不到的声音。

  A.符合   B.有点符合   C.不符合   D.不清楚

39. 常常毫无缘由地快活。

  A.符合   B.有点符合   C.不符合   D.不清楚

40. 与人约定事情常常犹豫不决。

  A.符合   B.有点符合   C.不符合   D.不清楚

41. 与过去相比更讨厌今天，常常希望最好出些变故。

A.符合　　　　　B.有点符合　　　　　C.不符合　　　　D.不清楚

42. 自以为经常对人说真话。

    A.符合　　　　　B.有点符合　　　　　C.不符合　　　　D.不清楚

43. 爱好沉思默想。

    A.符合　　　　　B.有点符合　　　　　C.不符合　　　　D.不清楚

44. 紧张时脸部肌肉常常会抽动。

    A.符合　　　　　B.有点符合　　　　　C.不符合　　　　D.不清楚

45. 有时认为周围的人与自己截然不同。

    A.符合　　　　　B.有点符合　　　　　C.不符合　　　　D.不清楚

46. 常常会粗心大意地忘记约会。

    A.符合　　　　　B.有点符合　　　　　C.不符合　　　　D.不清楚

47. 往往漠视小事而无所长进。

    A.符合　　　　　B.有点符合　　　　　C.不符合　　　　D.不清楚

48. 一听到人说起仁义道德的话就怒气冲冲。

    A.符合　　　　　B.有点符合　　　　　C.不符合　　　　D.不清楚

49. 自以为从没有被父母责骂过。

    A.符合　　　　　B.有点符合　　　　　C.不符合　　　　D.不清楚

50. 尽管是微小的失败，但总是归咎于自己的过失。

    A.符合　　　　　B.有点符合　　　　　C.不符合　　　　D.不清楚

51. 尽管不是毛病，常常感到心脏和胸口发闷。

    A.符合　　　　　B.有点符合　　　　　C.不符合　　　　D.不清楚

52. 不喜欢与他人一起游玩。

    A.符合　　　　　B.有点符合　　　　　C.不符合　　　　D.不清楚

53. 常常兴奋得睡不着觉，总想干些什么。

    A.符合　　　　　B.有点符合　　　　　C.不符合　　　　D.不清楚

54. 一着急总担心时间，频频看表。

    A.符合　　　　　B.有点符合　　　　　C.不符合　　　　D.不清楚

55. 常常想做别人不愿意做的事情。

   A.符合   B.有点符合   C.不符合   D.不清楚

56. 习惯于亲切和蔼地与别人相处。

   A.符合   B.有点符合   C.不符合   D.不清楚

57. 心有所虑时常常情绪非常消沉。

   A.符合   B.有点符合   C.不符合   D.不清楚

58. 心情常常随当时的气氛变化很大。

   A.符合   B.有点符合   C.不符合   D.不清楚

59. 即使是自己发生了重大事情，也如别人那样思考。

   A.符合   B.有点符合   C.不符合   D.不清楚

60. 往往因为极小的愉悦而非常激动。

   A.符合   B.有点符合   C.不符合   D.不清楚

61. 必须在别人面前做事情时，心就会激烈地跳动起来。

   A.符合   B.有点符合   C.不符合   D.不清楚

62. 认为社会腐败，不管怎么努力也不会幸福。

   A.符合   B.有点符合   C.不符合   D.不清楚

63. 自以为从没有与人吵过架。

   A.符合   B.有点符合   C.不符合   D.不清楚

64. 念念不忘过去的失败。

   A.符合   B.有点符合   C.不符合   D.不清楚

65. 常常有堵住嗓子的感觉。

   A.符合   B.有点符合   C.不符合   D.不清楚

66. 常常视父母兄弟如路人一般。

   A.符合   B.有点符合   C.不符合   D.不清楚

67. 常常与初次相见的人愉快交谈。

   A.符合   B.有点符合   C.不符合   D.不清楚

68. 失败一次后再做事情时非常担心。

A.符合　　　　B.有点符合　　　　C.不符合　　　　D.不清楚

69. 常常因为事情进展不如自己想象的那样而怒气冲天。

A.符合　　　　B.有点符合　　　　C.不符合　　　　D.不清楚

70. 自以为从未生过病。

A.符合　　　　B.有点符合　　　　C.不符合　　　　D.不清楚

计分方法

（1）在上面的测试中，符合提问内容的记2分，有点符合的记1分，不符合的记0分，不清楚的也记0分。

（2）按照"心理健康自我鉴定评分表"，根据"类型号码"，把每种类型的分数按照表中所列的题号横向相加起来，分别填入合计栏中。例如，"类型5"各题的得分分别是：5题1分，12题2分，19题1分，26题1分，33题1分，40题2分，47题2分，54题1分，61题0分，68题1分，则1+2+1+1+1+2+2+1+0+1分，这个12分就填在第一类型的合计栏里。其他各种类型也同样横向相加计分，然后填入相应的合计栏。

（3）再把各个合计分填入"心理症状一览表"的"得分"栏内。表中"症状类型"的号码，也就是"评分表"的"类型号码"根据"评分表"的合计得分，在"转换表"中换算成标准分。如上例"类型5"的合计得分为12分，换算成标准分3分填入"心理症状一览表"症状类型5焦虑神经症的得分栏，再在评价标准的相应尺度上（此例为3分）画"△"。

（4）把所有的"△"用直线连接起来，就制成了你的心理健康状况一览表，可以看出你哪方面的状况比较好，哪方面的问题比较严重。

（5）心理症状指数的计算：除去第七项虚构症，把第一项到第六项的症状标准分相加再乘3的积即为指数。例如，抑郁症为2，歇斯底里为3，精神分裂症为2，狂躁症为4，焦虑神经症为2，反社会人格为2，合计为15，再乘以3等于45，即此为心理症状指数45，评语为"稍低"。一般说来，心理症状指数61以下无重大问题。

心理健康自我鉴定评分表

问题号码										合计	类型号码
1	8	15	22	29	36	43	50	57	64		1
2	9	16	23	30	37	44	51	58	65		2
3	10	17	24	31	38	45	52	59	66		3
4	11	18	25	32	39	46	53	60	67		4
5	12	19	26	33	40	47	54	61	68		5
6	13	20	27	34	41	48	55	62	69		6
7	14	21	28	35	42	49	56	63	70		7

心理症状一览表

标·1	·	·	·	·	·	·	·
准·2	·	·	·	·	·	·	·
分·3	·	·	·	·	·	·	·
标·4	·	·	·	·	·	·	·
尺·5	·	·	·	·	·	·	·
症状类型	1	2	3	4	5	6	7
症　状	抑郁症	歇斯底里症	精神分裂症	躁狂症	焦虑神经症	反社会人格	虚构症
得　分							
心理症状指数							

合计分—标准分转换表

合计分	0	1	2	3	4	5	6	7	8	9	10
标准分		1				2				3	
合计分	11	12	13	14	15	16	17	18	19	20	
标准分	3			4				5			

解　析

（1）心理症状指数18~32（标准分1）的人：

心理健康，没有什么不良征兆。

（2）心理症状指数33~47（标准分2）的人：

心理健康，但要检查一下某一症状类型的得分是否过高，如果这一症状类型的得分高于3时，就要再一次地自我检查一下某一心理方面的健康状况，找出病因再对症治疗。

（3）心理症状指数48~61（标准分3）的人：

心理的健康状况一般，说不上健康。要彻底调整自己的健康状况，使心理症状指数达到47分以下。特别要积极找出标准分4以上的症状类型的病因，及时治疗。

（4）心理症状指数62~76（标准分4）的人：

有些心理疾病的征兆，最好去专门机构请医生诊断，进行严密地分析，在做自我评价时，自己检查一下哪一项症状最为严重，以便决定和实行治疗的方法，要仔细分析症状严重的原因，并努力消除这个原因。

（5）心理症状指数77~90（标准分5）的人：

已经患有某种程度的心理疾病，一定要接受专门的诊断，安心地治疗。尽管自己没有什么却被旁人视为怪癖，实际上不必多么忧心忡忡，心理异常大都是自己造成的，所以，首先要接受心理健康的诊断。不管怎样，重要的是早期发现、早期治疗，真正能够恢复你健康的就是自己。

第二节 认识心理治疗

什么是心理治疗

心理治疗在一般人的印象中，大致都是这样一个场景：一位患者躺在椅子上，右后方坐着一位手里拿着笔和记事簿的心理治疗人员。似乎心理治疗是一件很神秘的事情。那么心理治疗到底是什么呢？

心理治疗又称精神治疗，是指应用心理学的理论与方法治疗病人心理疾病的过程。心理治疗与精神刺激是相对立的。精神刺激是用语言、表情、动作给人造成精神上的打击、精神上的创伤和不良的情绪反应；心理治疗则相反，是用语言、表情、动作和行为向对方施加心理上的影响，解决心理上的矛盾，达到治疗疾病的目的。因此，从广义上讲，心理治疗就是通过各种方法，运用语言和非语言的交流方式，影响对方的心理状态，通过解释、说明、支持、同情、相互之间的理解来改变对方的认知、信念、情感、态度、行为等，达到排忧解难、降低心理痛苦的目的。从这个意义上说，人类所具有的一切亲密关系都能起到"心理治疗作用"。理解、同情、支持等心理反应就是生活中最值得提倡的心理"药师"。

由此可见，广义的心理治疗泛指一切影响人的心理状态、改变理解行为的方式和方法。父母与子女之间、夫妻之间、同学同事之间、邻里之间、亲朋好友间的解释、说明、指导等真挚的交往与沟通，都具有一定的心理影响和心理治疗作用。而狭义的心理治疗，则是在确立了良好的心理治疗关系的基础上，由经过专门训练的施治者运用心理治疗的有关理论和技术，对求治者进行帮助，以消除或缓解求治者的心理问题或人格障碍，以促进其人格向健康、协调方向发展的过程。

华佗时代，某地有一太守，因忧思郁结患病，久治无效，后请名医华佗诊治。华佗闻得太守的病情后，开了一个奇妙的治疗"处方"：他故意收取了太守的许多珍宝后不辞而别，仅留下一封讽刺讥诮太守的信札。太守闻讯勃然大怒，命人追杀华佗，但华佗早已远去。于是，太守愈加愤怒，竟气得吐出许多黑血。不料黑血一吐，多年的顽疾竟随之痊愈。

华佗运用心理治疗，以"怒胜忧思"之术，治好了太守的"心病"与"身病"。可见，心理治疗在中国古代就已得到了绝妙的应用。

我们知道，心理治疗的方法是极为多样的，但目的都在于解决患者所面对的心理困难与心理障碍，减少、减轻其焦虑、忧郁、恐慌等精神症状，改善病人的非适应性行为，包括对人事的看法，从而促进其人格成熟，使被施治者能以较适当的方式来处理心理问题，以适应生活。因为心理治疗的过程主要是依靠心理学的方法来进行的，是与主要针对生理治疗的药物治疗或其他物理疗法不同的治疗方法，所以称之为心理治疗。

英国心理学家艾森克归纳了心理治疗的几个主要特征，它们是：

（1）心理治疗是一种两人或多人之间的持续的人际关系。

（2）参与心理治疗的其中一方具有特殊经验并接受过专业训练。

（3）心理治疗的其中一个或多个参与者是因为对他们的情绪或人际适应、感觉不满意而加入这种关系的。

（4）在心理治疗过程中应用的主要方法实际上是心理学的原理，即包括沟通、暗示以及说明等机制。

（5）心理治疗的程序是根据心理障碍的一般理论和求治者的障碍的特殊起因而建立起来的。

（6）心理治疗过程的目的就是改善求治者的心理困难，而后者是因为自己存在心理困难才来寻求施治者予以帮助的。

心理治疗的历史比较悠久，可以说自有人类社会以来就有了心理治疗。最近几十年，心理治疗得到了较快的发展。在近半个多世纪以来，心理治疗已经被人们普遍公认为是行之有效的医治疾病的方法，它甚至可以解决医学上很多老大难的顽症痼疾，收到常规医疗措施所不能比拟的效果。心理治疗通过影响患者的心理活动，可以有效地矫正一些异常行为，比如，精神失常、犯罪行为、不守纪律、不肯学习，甚至说谎、口吃、遗尿、吮指等怪癖恶习。所以，心理治疗在各国盛行起来，被广泛加以应用，并且逐渐摸索出了多种多样的心理治疗的具体形式。比如，音乐治疗、催眠暗示、生物反馈、行为矫正，等等。

当我们运用各种心理治疗时，都应该注意的是："心理"并不是单一式的、对症下药式的"对症治疗"，而是各种因素、方面配合起来的综合治疗。因为心理治疗的总目标，是改变一个人的属于病态心理的人格。

很多患有心理疾病的人，往往是由于从幼小的时候起，在人格发展上有缺陷，不能很好地适应周围环境，于是就会引起各种精神上的症状和反常行为。而这些症状和行为又都不是生理上的病变，而是人格缺陷所造成的。心理治疗的任务，就是想方设法弥补他们的人格缺陷，使他们的人格不断地充实、丰富和完善化。

当然，心理治疗绝不是"万能"的。心理治疗曾一度被人们误解为唯心的，甚至被歪曲为"挂着科学招牌的迷信"，其中一个重要的原因，就是把心理治疗的作用、疗效，说得过了头，弄得神乎其神、不切实际的缘故。

在运用心理治疗进行自我治疗时应当注意下面几个问题：

（1）要对心理治疗充满信心。你可以先不去考虑它们的疗效究竟如何，但是确信试试看总会有益无害，这样的自我暗示作用本身就是心理治疗。

（2）坚持"治疗"下去，持之以恒，不要因为很快就收到疗效而停止，也不要因为还看不出成效就中断。坚持本身可以使你磨炼意志，它本身也是心理治疗。

（3）如果某一方法收效不大，或看不出什么显著的效果，那就不妨改用另一种方法。也可以几种方法交替作用，或者同时使用。

如果你扮演"医生"的角色，对你的朋友、伙伴、亲人进行心理治疗时，你就要让对方对你产生信任感、亲切感和安全感，你首先应该设法使他们增强治愈的信心和决心，对他们多加体贴和鼓励，在相互思想沟通交流的气氛中进行。俗话说："心病还需心药医。"对于心理疾病患者，除了适当用药之外，还要有针对性地做好他们的思想工作，帮助他们用自己的意志和理智去战胜疾病。无论是谈话，或者帮助他们采用一些具体的心理治疗时，从语言到表情，都要避免种种不良的暗示。既不能急躁，急于求成，也不要厌烦，灰心丧气。只有这样，才能收到理想的治疗效果。

心理治疗的原则

不论进行何种形式的心理治疗，都必须遵循以下原则：

1. 接受性原则

医生对所有求治的病人，不论心理疾患的轻重、年龄的大小、地位的高低、初诊再诊都应诚心接待，耐心倾听，热心疏导，全心诊治。在完成患者的病史收集、必要的体格检查和心理测定，并明确论断后，即可对其进行心理治疗。施治者应持理解、关心态度，认真听取病人的叙述，以了解病情经过，听取病人的意见、想法和自我心理感受。如果施治者不认真倾听，表现得不耐烦，武断地打断病人的谈话，轻率地解释或持怀疑态度，就会造成求治者的不信任，这样必然导致治疗失败。

另一方面，施治者并非机械地、无任何反应地被动听取来治者的叙述，必须深入了解他们的内心世界，注意其言谈和态度所表达的心理症结是什么。因而该原则又可称为"倾诉"或"顺听"原则，认真倾听来治者的叙述，其本身就具有治疗作用。某些求治者在对施治者产生信任感后会全部倾诉出自己压抑已久的内心感受，甚至会痛哭流涕地发泄自己的悲痛心情，结果会使其情绪安定舒畅，心理障碍也会明显改进，故接受性原则具有"宣泄疗法"的治疗效果。

2. 信任原则

这是心理治疗的一个重要条件。患者对医生要有信任感。在此基础上，患者才能不断接受医生提供的各种信息，逐步建立治疗动机，并能无保留地吐露个人的心理问题的细节，为医生的准确诊断及设计和修正治疗方案提供可靠的依据，同时医生向患者提出的各种治疗要求也能得到遵守和认真执行。另一方面，也要求医生从始至终对患者保持尊重、同情、关心、支持的态度，与病人保持密切的联系，积极主动地与其建立相互信赖的人际关系。在心理治疗过程中，建立良好的医患关系，其主要责任在医生方面，这是检验一个心理治疗医生是否成熟、称职的重要条件。

3. 保密原则

心理治疗往往涉及病人的各种隐私，为保证材料的真实，保证病人得到正确及时的指导，同时也为了维护心理治疗本身的声誉及权威性，必须在心理治疗工作中坚持保密的原则。医生不得将病人的具体材料公布于众。即使在学术交流中不得不详细介绍病人的材料时，也应隐去其真实姓名。

4. 计划原则

实施某种心理治疗之前，应根据收集到的有关病人的详细、具体的资料，事先设计治疗程序，包括手段、时间、作业、疗程、目标等，并预测治疗中可能出现的变化及准备采取的对策。在治疗过程中，应详细记录各种变化，形成完整的病案资料。

5. 针对性原则

虽然许多心理治疗的方法适用范围不像某些药物和手术疗法那么严格，但各种心理疗法仍各有一定的适应证，特别是行为疗法。因此在决定是否采用心理治疗及采用何种方法时，应根据患者存在的具体问题以及医生本人的熟练程度、设备条件等，有针对性地选择一种或几种方法。针对性是取得疗效的必要保证。

6. 综合原则

人类疾病是诸种生物、心理与社会因素相互作用的结果，因而在决定对某一疾病采用某一治疗方法的同时，不能不综合考虑利用其他各种可利用的方法和手段。例如，对高血压、癌症等疾病进行心理或行为治疗，应不排除一定的药物或理疗。此外，各种心理治疗方法的折中（综合）使用，也有利于取得良好的疗效。

7. 支持性原则

在充分了解求治者心理疾患的来龙去脉和对其心理病因进行科学分析之后，施治者通过言语与非言语的信息交流，予以求治者精神上的支持和鼓励，使其建立起治愈的信心。一般在掌握了求治者的第一手资料之后，即可进行心理治疗了。对求治者所患的心理疾病或心理障碍，从医学科学的角度给予解释，说明和指出正确的解决方式，在心理上给求治者鼓励和支持。要反复强调求治者所患疾病的可逆性（功能性质）和可治性（一定会治愈）。这对悲观消极、久治未愈的病人尤为重要。反复地支持和鼓励，可防止求治者发生消极言行，大大调动求治者的心理防卫机能和主观能动性。对强烈焦虑不安者，可使其情绪变得平稳安定，以加速病患的康复。在使用支持治疗时应注意：支持必须有科学依据，不能信口胡言。支持时的语调要坚定慎重、亲切可信、充满信心，充分发挥语言的情感交流和情绪感染作用，使求治者感受到一种强大的心理支持。

8. 保证性原则

通过有的放矢、对症下"药"，精心医治，以解释求治者的心理症结及痛苦，促进其人格健康发展、日臻成熟。在心理治疗的全过程中，应逐步对求治者的心理缺陷的病理机制加以说明、解释和保证，同时辅以药物等其他身心综合防治措施，促使疾病向良性转化。在实施保证性原则的过程中，仍应经常听取病人的意见、感受和治疗后的反应，充分运用心理治疗的人际沟通和心理相容原理，在心理上予以保证，逐步解决求治者的具体心理问题，正确引导和处理其心理矛盾，以进一步提高治疗效果。

9. 灵活的原则

从某种现象上说，心理现象较之生物现象更具复杂性。病人的心理活动受多种内、外因素的影响，不但不同病人之间心理活动存在很大的差异，同一病人在不同阶段的心理变化规律也往往难以预测。故在心理治疗过程中，医生应密切注意病人的心身变化过程，不放过任何一点新的线索，随时准备根据新的需要变更治疗程序。此外，也要注意各种社会文化和自然环境因素对治疗过程的影响，包括文化传统、风俗习惯、道德观念、文化程度、经济地位等。

10. "中立"的原则

心理治疗的目的是帮助病人自我成长，心理治疗师不是"救世主"，因此在心理治疗过程中，不能替病人作任何选择，而应保持某种程度的"中立"。特别是在遇到来访者来询问："我该与谁结婚？""我应该离婚吗？"类似的问题，要让来访者自己做出决定。

11. 回避的原则

心理治疗中往往要涉及个人的隐私，交谈是十分深入的，因此不易在熟人之间做此项工作。亲人与熟人均应在治疗中回避。

心理治疗的对象

心理治疗是运用心理理论与方法治疗病人心理疾病和心理障碍的过程。也就是说，心理疾病与心理障碍是心理治疗的对象。那么，什么是心理疾病与心理障碍呢？

首先是精神问题。从精神不佳到精神崩溃，均为心理治疗的对象。有精神疾患的人，其人格和精神失去了统一协调的效能，与外界现实不能正常接触，发生幻觉、妄想等症状，并且其思考、情感、行为亦有显著障碍，无法正确地面对日常生活。病人的表现可能过分兴奋，讲个不停；或者极端忧郁，想自残自尽；或者行为奇异，语无伦次等。一个人有严重的精神疾患时，其主要治疗方法在于使用药物治疗，但对其施与安慰、支持、限制等心理辅导治疗也是必不可少的。

其次是神经症。这种情况的病人并没有精神崩溃的现象，自己与外界现实环境的接触状态尚好，只是在心理上或情绪上有所困扰与不适，觉得需要进行心理治疗来解除自己的痛苦。这种较轻的心理疾患很多人都有，这就是所谓的日常心理毛病。自己觉得焦虑不安、郁闷不乐、气愤难耐、情绪不适，虽然还可以过日常生活，但因其情绪不稳定，对生活也难免发生不良影响。有时心理上有无法言表的症结引起烦恼、忧郁、害怕，有不易解决和处理的内心问题，总面对不良的人际关系等，均属此类。例如，无法独立选择以决定自己的志向，缺乏经验与信心去找对象，不懂得如何与配偶和子女相处，不知如何摆脱离婚、丧偶的痛苦等。这一类情绪不适或心理困扰，药物治疗虽然有时能有所帮助，但心理治疗则要有效得多。

最后是"纯粹"的心理问题。这可能与躯体的某些病变有关。在现实生活中，有些人往往具有复杂的内心矛盾，生活工作中常面对自己不易处理的问题。例如,有的男性对自己没有信心,外出出差时,心里总担心在家的妻子会做出越轨的事来,以致整个身心都不舒服,常常"无病呻吟",意欲天天守在家里陪着妻子。另外,据记载:有位官员,一直勤奋工作,只望自己能官运亨通,当上单位的领导,可升为主管后,又整日恐慌得不知所措。以上这些病案中的人,都存在一些心理症结,有某种心理困难,却又不知如何才能解决。这种情况,并不是安慰或劝说就可以改善的,也不是算命或者休养一段时间就可以解决的,而是需要仔细剖析心理的症结,研究潜意识的动机,只有得出了真实的结论才能彻底医治。这类心理症结也是心理治疗的适合对象。

另外则是,虽有某种心理问题,但病人并没有明显的自觉不适,而在行为或性格上却存在一定的缺陷,影响了自己去适应一般的生活。有的儿童一不高兴就想逃学;有的年轻人一心血来潮,就有意去做错事,找人打架;有的人不善交际,只喜欢在家里闭门看书。这些行为都表明存在心理问题。另外,也有人有明显的性格上的缺陷,时时事事总是按部就班,如果不按照自己定的死板规律与程序吃饭、睡觉、娱乐,就无法生活;有人每天只想发财、成功、有成就,时时刻刻都把精神绷得很紧,强使自己振作,以追求成功,并因此变成了追求成就的奴隶;有的人事事都缺乏信心,事情还没动手做就已开始担心会失败,以致最后什么都不敢做,什么也做不成。这些行为和心理上的缺陷虽非朝夕之功就能改变,但依靠心理治疗,却是可以得到慢慢矫正、治疗的。

心理治疗的目标

一般而言,有效的心理治疗应该达到以下目标:

1. 解除病人的症状

精神与身体不适或心理问题都会妨碍求治者对社会的适应,并因此而造成心理上的痛苦,所以心理治疗的主要目的是解除求治者在心理或精神上的痛苦,或帮助求治者解决其无法自己解决的心理冲突。例如,用心理治疗方法（系统脱敏疗法、满灌疗法、厌恶疗法等）矫正求助者的恐惧、焦虑心理等。

2. 提供心理支持

在急慢性应激状态下，求治者因应付不了或忍受不了危机的环境，从而产生心理疾患或障碍。心理治疗可以帮助他们增加对环境的耐受性，降低易感性，提高心理承受力，增加应付环境和适应环境的能力，使之能自如地顺应和适应社会。这方面的心理治疗技术有危机干预、应激应付、应激免疫训练等。

3. 重塑人格

这一点尤其被内省性心理治疗原则（如认知治疗、精神分析等）所强调，它认为人类的心理疾患和心理障碍是其人格不成熟所致。所以，只有重塑人格系统，才能从根本上改变求治者的病态心理和不良行为方式。治疗的内容包括：帮助求治者理解自己、分析自己的情绪冲突的原因，获得内省能力，以了解意识和潜意识的内容。其治疗方法可分为两大类：一类为指导性的，一类为表达性的。前者是针对求治者存在的心理问题，由施治者进行劝告、建议、指导、解释。后者又称非指导性的。在表达性的心理治疗过程中，求治者处于主导和中心地位，施治者以倾听为主，居被动地位，但仍应努力营造良好的气氛，使求治者在讲述自己的心理问题的过程中完成自我理解，达到自己解决问题的目的。总之，无论采取哪种方法，施治者期望达到的仍是重塑求治者成熟的人格。

行为疗法

行为疗法是在行为主义心理学的理论基础上发展起来的一个心理治疗派别，是当代心理疗法中影响较大的派别之一。与心理分析等其他疗法不同，它不是由一位研究者有系统地创立的一个体系，而是由许多人依据一种共同的心理学理论分别开发出的若干种治疗方法集合而成的。

行为疗法又称行为治疗，是基于现代行为科学的一种非常通用的新型心理治疗方法，是根据学习心理学的理论和心理学实验方法确立的原则，对个体反复训练，达到矫正适应不良行为的一类心理治疗。

行为疗法是根据学习理论或条件反射理论、技术等，来矫正和消除患者建立的异常的条件反射行为，或通过对个体进行反复的训练，建立新的条件反射行为，以改变、矫正不良行为的一类心理治疗方法。行为疗法是行为主义在心理治疗领域的具体体现。行为理论认为"没有病人，只有症状"，治疗的目标就是改变人的行为，即消灭我们认为是症状的不良行为，塑造良好的、健康的行为。同时认为症状性行为是学习得来的，是习得的不良习惯，通过学习也能把它们消灭掉。

行为疗法的代表人物沃尔普将其定义为：使用通过实验而确立的有关学习的原理和方法，克服不适应的行为习惯的过程。

行为治疗家认为适应不良性行为是通过学习或条件反射形成的不良习惯，因此可按相反的过程进行治疗。

所谓适应不良性行为是不健康的、异常的行为，有些是神经系统病理变化或生理代谢紊乱而引起的症状，有些则是由于错误的学习所形成。

行为疗法是运用心理学派根据实验得出的学习原理，是一种治疗心理疾患和障碍的技术，行为疗法把治疗的着眼点放在可观察的外在行为或可以具体描述的心理状态上。

行为疗法有以下特点：

（1）治疗只能针对当前来访者有关的问题而进行。

（2）治疗以特殊的行为为目标，这种行为可以是外显的，也可以是内在的。

（3）治疗的技术通常都是以实验为基础的。

（4）对于每个患者，心理医生根据其问题和本人的有关情况，采用适当的行为治疗技术。

行为疗法实施步骤

行为疗法虽名目繁多，但在治疗时一般包括几个阶段：

（1）了解患者异常行为产生的原因，确定治疗的目标。

（2）向患者说明行为治疗的目的、方法和意义，帮助患者树立治愈的信心，从而使其主动地配合治疗。

（3）采取专门的治疗技术，并辅之药物或器械治疗。

（4）根据患者行为改变的情况，分别给予阳性强化（如表扬、鼓励和物质奖赏）和阴性强化（如批评、疼痛刺激和撤销奖赏）。

（5）根据病情的转变情况，调整治疗方法，巩固疗效。

行为疗法主要适用于那些异常行为表现比较局限，又可能加以测量的对象，如恐怖症、强迫症、性功能障碍、社交困难、口吃、局限性痉挛、儿童行为障碍等。

常用的行为疗法

1. 系统脱敏疗法

这是一种利用对抗性条件反射原理，循序渐进地消除异常行为的一种方法。通过渐进性暴露于恐惧刺激的方式，使已经建立起的条件反射消失，以治疗心理障碍或行为障碍称为系统脱敏疗法。如众所周知的儿童对带毛、白色动物的恐怖症，从产生到经过系统脱敏消除症状，就是一个实例。

这一疗法是1958年由南非心理精神病学家沃尔夫综合前人经验发展起来的。他认为相反的行为或情绪能相互抑制而不能同时存在，他用一只猫做了如下实验：

将一只饿猫放入笼中，每当食物出现猫有取食反应时突然强烈电击（非条件刺激），反复多次后，猫产生了强烈的恐惧，拒绝进食，实验室环境、猫笼、进食条件多次与电击相结合而强化成为条件性刺激，猫见到实验室环境、猫笼、进食条件便产生恐惧，即产生了实验室神经症。后他将猫放在没有实验室环境、没有猫笼的地方进食，同时不给电击，多次训练后猫的恐怖症消失，从而产生正常的食物性条件反射。这时再把猫放回到原来的实验环境，进入猫笼中，但不给电击，猫仍能正常进食，恐怖反应消失。

临床上我们可以教会病人用自我松弛的方法，如深呼吸、全身肌肉主动放松、转移注意力、闭目静坐等以抑制引起焦虑和恐怖反应的刺激，即用松弛活动的中枢兴奋来抑制焦虑或恐怖反应的中枢兴奋。经过这种多次脱敏训练，最终可把焦虑和恐怖反应完全消除。

系统脱敏法主要用于治疗焦虑症和恐惧症。精神病学家沃帕提出了以下的治疗程序：

（1）了解引起焦虑和恐惧的具体刺激情景。

（2）将各种焦虑和恐惧的反应症状由弱到强排成"焦虑等级"。

（3）帮助患者学习一种与焦虑和恐惧反应相对立的松弛反应。

（4）把松弛反应逐步地、有系统地伴随着由弱到强的焦虑刺激，使两种互不相容的反应发生对抗，从而抑制焦虑反应。

在我国很早就有用系统脱敏法治疗恐惧症的例子。我国金代名医张子和的《儒门事亲》载：

卫德新之妻，旅中宿于楼上，夜值盗，劫人烧舍，惊坠床下，自后每一闻有响声，则惊倒不知人。一些医生作心病治之，人参、珍珠及定志丸皆无疗效，万般无奈，求治于名医张子和。张子和不仅善用药物治病，而且善于运用心理疗法。张子和诊视后，让病妇坐在高椅之上，面前放一张茶几，命两名侍女按住病人。张曰："娘子当视此（看这里）。"然后用木猛击茶几，病妇大惊，张曰："我以木击几，何以惊乎？"不一会儿他又以木击桌，病妇惊吓已减，连击三五次，又以手杖击门窗，病妇徐徐惊定而笑曰："是何治法？"张曰："《内经》云：'惊者平之，平者常也，平常见之，必无惊。'"

换句俗话来说，就是"见多不怪"了。

2. 厌恶疗法

厌恶疗法是在经典条件反射原理基础上提出来的，也就是对其行为反应给予负性强化使之逐渐减弱，直至消除其不良行为。也可以认为厌恶疗法是用惩罚性强烈刺激,去消除已经建立的不良的条件反射的方法。

厌恶疗法采用一套技术,这些技术中包括工具或武器,以引起患者生理、心理痛苦或厌恶的刺激,如电击、致吐药物、难闻的气味等。其方法是当出现不良反应时,立即给予这些厌恶性刺激,直到症状消失。

因此说厌恶疗法是经典性条件反射(用做厌恶性反射)和操作性条件反射(痛苦及厌恶刺激即惩罚)的直接运用。

由于作为负性刺激的物品或方法的不同,因而可将厌恶疗法分为如下几种:

(1)化学性厌恶疗法。应用化学药物,如能引起恶心、呕吐的药物阿朴吗啡、戒酒硫等或有强烈恶臭的氨水等。

(2)电击厌恶疗法。以一定强度的感应电作为疼痛刺激,或以轻度电休克作为负性刺激。

(3)橡皮圈厌恶疗法。拉弹预先套在手腕上的橡皮圈,并引起疼痛作为负性刺激。

(4)羞耻厌恶疗法。即命令患者在大庭广众,众目睽睽之下,表现变态性行为,从而使患者自己感到羞耻,用此作为负性刺激促使患者改正变态行为。

化学性和电击厌恶疗法,都较痛苦,故施用几次后,应该训练患者自己应用"想象厌恶法",一旦遇到烟、酒或性兴奋对象时,立刻想象到痛苦的惩罚感受,从而产生厌恶反应。想象厌恶法也可一开始即应用于某些性变态者,如异装癖、露阴癖等,即使患者想象自己在做异常性行为时被人发现,当场抓获,受到严厉处罚等,从而用想象中的负性刺激来克制异常性行为。这种方法有人也称之为"隐闭性敏感法"。

厌恶疗法操作简便,适应性广,主要用于强迫症和种种行为障碍的患者,如日常生活中想戒烟、戒酒、控制饮食等也可采用此方法。但因为厌恶疗法实施时会给患者带来极不愉快的体验,因此,一般要征得患者的同意后才使用此法。

患者张某，男性，34岁，从20多岁起就是一个酒瘾者。

为了消除患者嗜酒如命的恶癖，采用厌恶疗法。医生在治疗中，找来10个杯子。在其中6个杯子里装入烈性酒，另外4个杯子里装入自来水。10个杯子随机摆放。医生让患者任意拿起一个杯子闻一闻。当他闻到杯子里装有酒时，医生便给他一次电击（电击仅能使人感到有疼痛，不可太强）。经过几次治疗后，医生改用间断性惩罚程序，即患者每闻5个装有酒的杯子，其中就有3次电击。在上述治疗的同时，医生让患者看一些卡片，每张卡片上都有字，有的是某种酒的名称，有的是其他无关的字，把卡片字朝下放在桌上，让患者随机翻起卡片。如果翻起的卡片上面写的是酒的名称，患者就被电击一下。如此反复进行。这样，每次连做3遍，一般连续3个星期就会将酒戒掉。

3. 满灌疗法

满灌疗法与系统脱敏疗法相反，不需要叫病人经过任何放松训练，一开始就让病人进入使他恐惧的情境中，一般是采用想象的方式，医生鼓励病人想象最使他恐惧的场面，或者治疗医生在旁反复地，甚至不厌其烦地讲述他最害怕的情景中的细节，或放映现代影视画面最使病人恐惧的镜头，以加深病人的焦虑程度。同时不允许病人做出闭眼、堵耳朵、哭喊等逃避措施。即使病人由于过分紧张害怕，甚至出现昏厥的征兆，仍要鼓励病人继续想象或聆听治疗医生的描述。同时要告诉病人，这里备有一切急救设备和手段，生命安全是有保障的，因此病人可以大胆想象，病人在反复的恐惧刺激下，可能因焦虑和紧张而出现心跳加快、呼吸困难、面色苍白、四肢冰冷等植物神经系统反应。但病人最担心的可怕的灾难并没有发生，焦虑反应也就相应地减退了。

实行满灌疗法需要慎重，应该视患者的病症程度、心理状态而定。虽然满灌疗法比系统脱敏法所花费的时间要少得多，但是一旦刺激程度超出了患者的心理承受能力，就极易引发精神分裂症。

4. 行为塑造疗法

行为塑造是要形成和建立一个新的行为习惯。在确定这个大目标后，把其分成几个小目标，制订治疗计划，然后由低向高逐步实现，达到一步立即给予奖励强化，直到最后实现最高目标。即"大目标，小步子"，用不断强化的原则来建立新的行为习惯。

行为塑造疗法适应证有：精神病人的行为学习、哑童说话、残疾人的肢体功能训练、低能儿教育、大小便失禁控制训练等。对于正常人来说，行为塑造也是学习建立新行为习惯和完成事业目标的有效方法。

5. 奖励—惩罚相结合的行为疗法

此法是目前在美国流行的一种行为疗法。其实是一种综合疗法，它是建立在操作式条件反射的理论基础上的。行为学家肯塔基大学医学院安麦克介绍该疗法分为以下5个步骤：

（1）增强健康信念，增强改变不良行为的动机，写出改变不良行为和不良个性的理由，告诉病人使其理解为什么要改变和不改变的后果；告诉与病人有关的人，只要坚持一定会成功；写出具体的改变不良行为的日期、时间，以增强成功信念。

（2）保持记录，记录不良行为程度，目前如何改变，现在心境、环境如何，每周都要记录。

（3）明确具体目标，心理治疗医生应监督病人，令其主动地改变不良行为，采取行动时要注意，主动回避一些与不良行为有关的环境；寻找新的行为或建立新的条件反射与旧的不良行为斗争；打断旧行为环节中的一个环节；改变不良行为要奖励，发生不良行为时要惩罚；将改变的大目标分成数个小目标一步步完成；调动主观能动性，取得别人的帮助。

（4）采取行动，即监督患者或令其主动地改变不良行为。为此，要回避引起不良行为的扳机点，寻找新行为或建立新的条件反射与不良行为斗争，并有个计划，通过主观努力以及他人的帮助，来改变不良行为。

（5）维持新的行为，新行为建立后，要设法使其巩固下去。

认知疗法

认知疗法是20世纪70年代所发展起来的一种心理治疗技术。它是根据认知过程影响情绪和行为的理论假设，通过认知和行为技术来改变病人不良认知的一类心理治疗方法的总称。

认知疗法的理论基础是心理学家贝克提出的情绪障碍认知理论。他认为：心理问题不一定都是由神秘的、不可抗拒的力量所产生，相反，它可以从平常的事件中产生。

认知疗法的基本观点是：认知过程是行为和情感的中介，适应不良性行为及情感与适应不良性认知有关。医生的任务是找出这些不良的认知，并提出"学习"或训练方法以矫正这些认知，并进行有效的调节，在重建合理认知的基础上，不良情绪和不适应行为就能得到调整和改善，从而使心理障碍得到克服。

认知疗法是新近发展起来的一种心理治疗方法，它的主要着眼点放在患者非功能性的认知问题上，意图通过改变患者对己、对人或对事的看法与态度来改变并改善所呈现的心理问题。

认知疗法不同于传统的行为疗法，因为它不仅重视适应不良性行为的矫正，而且更重视改变病人的认知方式和认知、情感、行为三者的和谐。同时，认知疗法也不同于传统的内省疗法或精神分析，因为它重视目前病人的认知对其身心的影响，即重视意识中的事件而不是无意识。内省疗法则重视既往经历特别是童年经历对目前问题的影响，重视无意识而忽略意识中的事件。

认知疗法是以合理的认知方式和观念取代不合理的认知方式和观念的过程，这是个看似简单实则复杂的过程。首先治疗者会帮助患者反省目前生活中造成他情绪困扰的是哪些不合理认知，并帮助他辨别什么是合理认知，什么是不合理认知。然后帮助患者明确目前的情绪问题是由现在持有的不合理认知导致的，自己应对自己的情绪和行为负责。通过一些必要、合适的认知调节技术（如与不合理认知进行辩论等），治疗者会帮助患者认清不合理认知的不合理性或荒谬性，进而使他逐步放弃这些信念。这是认知调节过程中最重要的一步。最后帮助患者学习合理认知方式和观念，并使之内化，以避免成为不合理认知的牺牲品。

认知疗法可以有效地治疗焦虑障碍、社交恐怖、偏头痛、慢性疼痛等许多心理疾病。其中疗效最好的是用于治疗抑郁症、厌食症、性功能障碍和酒精中毒等。它也用于正常人以建立更合理的思维方式，提高情绪合理度，开发人的潜能和促进个人的心灵发展等。

认知疗法的过程

认知疗法一般分为四个治疗过程：

1. 建立求助的动机

于此过程中，要认识适应不良的认知—情感—行为类型。病人和心理医生对其问题达成认知解释上意见的统一。对不良表现给予解释并且估计矫正所能达到的预期结果。比如，可让病人自我监测思维、情感和行为，治疗医师给予指导、说明和认知、示范等。

2. 适应不良性认知的矫正

此过程中，要使病人发展新的认知和行为来替代适应不良的认知和行为。比如，治疗医师指导病人广泛应用新的认知和行为。

3. 在处理日常生活问题的过程中培养观念的竞争

用新的认知对抗原有的认知。于此过程中，要让病人练习将新的认知模式用到社会情境之中，取代原有的认知模式。比如，可使病人先用想象方式来练习处理问题或模拟一定的情境或在一定条件下让病人以实际经历进行训练。

4. 改变有关自我的认知

此过程中，作为新认知和训练的结果，要求病人重新评价自我效能以及自我在处理认识和情境中的作用。比如，在练习过程中，让病人自我监察行为和认知。

常见的认知疗法

虽然认知疗法的发展历史较短,但发展速度很快,目前常见的认知疗法包括以下几种:

1. 理性情绪疗法

理性情绪疗法是(RET)认知疗法中的一个分支,是由艾利斯于20世纪70年代提出的。由于病理性构念或歪曲的认知,造成了不良的情绪反应,艾利斯把经常造成人们痛苦的非逻辑思维总结为以下10点:①一个人要有价值就必须有能力,并且在可能的条件下有成就。②某某人绝对是很坏的,所以必须受到严厉惩罚。③逃避生活中的困难和推卸自己的责任,可能要比正视它们容易。④任何事情的发展都应当和自己的期待一样,任何问题都应得到合理解决。⑤人的不幸绝对是外界造成的,人无法控制自己的悲伤、忧虑和不安。⑥一个人过去的历史对现在的行为起决定的作用,一件事情过去曾影响自己,所以现在也必然影响自己的行为。⑦自己是无能的,必须找一个比自己强的靠山才能生活。自己是不能掌握感情的,必须有别人安慰自己。⑧其他人的不安和动荡也必然引起自己的不安。⑨和自己接触的人都必须喜欢和赞成自己。⑩生活中大量的事件对自己不利,必须终日花大量时间考虑对策。

如果一个人以这样的信条与标准认识事情,他怎么能不惶惶不可终日呢?

艾利斯根据RET提出ABC人格理论及治疗程序如下:A指周围存在的某种现实,作用于个体的外界刺激事件,称激活事件;C是个体在A的作用下产生的行为表现或情绪反应,称为结果C。然而C并不是A的直接结果,其中有中介因素B,即个体的认知信念过程。不同的B(信念)导致不同的C(情绪反应)。这样也就改变了B。这里的B可分为两种,即合理信念和不合理信念。合理信念指真实反映了客观情景及事件的信念及认知,它导致个体产生比较自然但不是过分的情绪反应,同时能帮助个体正常体验A引起的情绪反应,进而采取合理化的行为,达到目标。而不合理的认知直接引导产生消极的、灾难性的、病态的情绪体验，并且阻碍病人采取积极有效的行动去实现自己的目的和满足自己的需要。

RET治疗中还要注意通过治疗者的权威性反问和质疑，使人达到领悟，消灭不合理信念，这就是本疗法的第四步质疑D。

在由不合理的信念向合理化的信念转换过程中，应有相应的行为和情绪改变的支持，即让病人在合理信念基础之上，进行新的情绪体验，同时进行合理的行为，以促使B的改变。信念、情绪和行为的改变中无先后之分，三者是一个互动的系统，任何一方改变都会影响其他两方面和整个系统。经过D步后，病人达到E，即见效阶段，也就是纠正了不合理认知，产生了合理性的认知、情绪和行为，并且在将来遇到类似事件的刺激时，也有了免疫力，而不会再产生自我损害情绪和行为。

RET疗法在实施中要注意以下步骤：使病人了解自己有哪些不合理信念，通过认知逐步放弃；让病人自己认识到，自己对自己的情绪、行为负有责任，为此要积极参与心理治疗中来；要帮助病人改变一些顽固性的非理性观念。

2. 自我指导训练

这是20世纪70年代由迈肯包姆提出的。方法是教授病人进行自我说服或现场示范指导，主要用于儿童多动症、冲动儿童和精神分裂症病人等。

3. 应对技巧训练

这是戈弗雷特在20世纪70年代提出的，主要是让病人通过在想象过程中不断递增恐怖事件，以学会调节焦虑和处置焦虑。其中保持心身的放松基本同系统脱敏类似，但不同之处是它有积极应对想象的成分，主要用于对焦虑障碍的病人治疗。

4. 隐匿示范

这是由考铁拉在20世纪70年代提出的，基本原理是想象演练靶行为，让病人预先了解事件和结果，训练其情感反应，以产生对应激情境的适应能力。对恐怖症患者有效。

5. 解决问题技术

这是由德苏内拉等人倡导的。基本设想是有情绪异常的人往往缺乏解决问题的能力，较难选择对情境的行为反应。因此，他们常常适应不良，不能准确地预测自己行为的后果。基本方法是学习如何确定问题，然后将一个生活问题分解为若干能够处理的小问题，思考可能的解决答案，并选出最佳的解决办法。主要用于治疗情绪障碍儿童、有破坏行为的儿童及精神病人。

6. 贝克认知转变法

这是在20世纪70年代创立的，主要是用来改变病人的态度和信念，从而改变适应不良认知的方法。

精神分析疗法

精神分析疗法又称心理分析，是奥地利著名心理学家西格蒙德·弗洛伊德所创造的一种特殊心理治疗技术。由于当时科学心理学刚诞生不久，因此精神分析疗法可以说是开现代心理治疗之先河，它对此后发展起来的许多心理治疗的方法都有一定的影响。弗洛伊德对心理学的主要贡献为潜意识、释梦、本能、防御反应机制、人格层次等理论的确立。精神分析疗法也是弗洛伊德的学术理论在临床上的主要贡献。

精神分析理论认为，很多疾病，特别是神经症、心身疾病都与患者经历中的矛盾冲突、情感、挫折在潜意识里的反映有关，或由其转化而来。病人的症状是无意识层次传递出来的信息，精神分析法是要把压抑在潜意识里的矛盾症结，用内省的方法挖掘出来，带回到意识领域来，用现实主义原则予以彻底解决，并帮助病人对症状和被压抑的冲突之间的关系产生领悟，故称"顿悟疗法"。

在治疗过程中，医生的工作就是要向患者阐释他所叙述的心理问题的潜意识含义。帮助患者克服抗拒，使被压抑的心理问题不断暴露出来。阐释应该逐步深入，根据每次会谈的内容，以既往资料为依据，用患者能理解的言语告诉其心理症结的所在。通过阐释帮助患者重新认识自己，认识自己与他人的关系，从而达到解除患者心理障碍的目的。

精神分析治疗不是单一的治疗方法，而是一组治疗方法的统称。其中包括：催眠疗法、精神发泄疗法、自由联想疗法、释梦疗法、日常生活分析疗法等，都属于精神分析治疗范畴。这一组疗法体系的共同性是，每一具体疗法都把治疗目标对准调整人的潜意识、性欲、动机和人格等心理动力方面，也就是注重心理动机的调整，重建自己的人格，达到治疗目的。

精神分析学说的心理治疗方法主要有以下几个方面：

1. 自由联想

自由联想是精神分析疗法的主体。在治疗中放弃了对病人进行定向引导的做法，对病人不限定回忆范围，告诉病人畅所欲言，自由表达，想到什么就说什么，完全是病人意识的自然流动和涌出。

具体做法是：在了解病人基本情况后，让病人躺在舒服的沙发上，医生坐在病人后边，对病人保持中立状态，不发表自己的意见，不去教导病人，启发病人无拘无束尽情倾诉想说的话。如遇停顿，医生可鼓励病人，目的是让其逐渐泄露压抑在内心深处的隐私和情绪。病人在放松的回忆表达中，潜意识的大门开始松动并逐渐打开。有时病人说到带有情绪色彩的事件时，可能停止不语或转移话题，设法避开对这个问题的联想，在这种"阻抗"出现时，正表明病人的症结所在。医生此时要抓住关键所在，引导病人进入潜意识的"结"中，耐心解释，使其释放其中的情绪负荷，达到一定的领悟。医生的解释要合情，能使病人本人心悦诚服，产生茅塞顿开之感。至于别人如何评价这种解释或这种解释究竟是否是那么回事，则是无关紧要的。

2. 释梦

释梦即对梦中的情境作出具有象征意义的解释，它是精神分析疗法中挖掘患者心理症结的重要手段。弗洛伊德在《梦的解析》一书中写道："梦乃是做梦者潜意识冲突或欲望的象征；做梦的人为了避免被人觉察，所以用象征性的方式以避免焦虑的产生。""分析者对患者梦的内容加以分析,以期发现追求象征的真谛。"精神分析学说认为,梦并非无目的、无意义的行为,而是潜意识中冲突或欲望的象征。实际上是代表个人的愿望及所追求愿望的不满足,这种欲望在觉醒状态下受到人们自我的压抑。通过对梦的分析可以有助于捕捉到压抑情绪的症结。通常在患者叙述梦的内容后,要鼓励患者就梦的情境加以自由联想,医生根据梦的内容所产生的联想进行分析,直到弄清这场梦的欲望和冲突的真意。由于梦境仅是潜意识冲突与自我监察力量对抗的一种妥协形式,并不直接反映现实情况,这就需要根据经验对梦境作出解释,以便发掘梦的真正含义。

3. 移情

移情是一种根据经验或以往类似情境知觉和理解当前情境的现象。精神分析理论认为,患者在早期家庭生活中有些和父母之间的情感事件,可能在早期出现过"恋母情结""恋父情结"。移情作用是指患者把他童年期与父母的情绪依恋转移到治疗者身上,治疗者在患者心目中成为其父母的代替者。现在因为分析者与患者接触时间较久,所以患者对医生渐渐产生一定的情感反应,有的还把以往对别人的感情转移到分析者身上,此种现象称为转移作用或移情作用。移情分正移情和负移情。在正移情中,患者将友爱、亲热、依恋、温存等转移到治疗医生身上,希望从他身上得到爱和情感满足;在负移情中,患者把讨厌、仇恨、愤怒和排斥转移到治疗者身上,并对治疗医生控诉他自己早期所遭受到不公正待遇。在精神分析实践中,让患者重新体验早年时期与父母等人的情绪关系,可以消除过去留下的心理矛盾冲突,通过移情解释,可以使患者认识到他与治疗者的关系实际上是他先前早年的情绪障碍的反应,从而达到治疗目的。

由于潜意识的影响无所不在,治疗者也可能对患者产生情感依赖、依恋甚至朦胧的情爱和性爱的念头,治疗者自己往往意识不到这些反应,因它们很可能通过合理化等防御机制的伪装后而被治疗者的意识所接受。

用移情法进行心理治疗时有一个具体的技术手段,就是治疗者如何移入和移出的问题。移入过程是利用患者的某种情愫难以抒发的契机,把这份感情拉向治疗者自身的过程。而移出则是把自己身上的患者的这份感情重新推开的过程。治疗医生要正确对待自己,如果只能"移入"而不能移出,不仅会给自己造成许多麻烦,也会使患者多蒙上一层感情的阴影。

精神分析疗法的方法多种多样,是需要经过专门训练的心理医生来实施的。

4. 阻抗

阻抗是指求诊者有意识或无意识地回避某些敏感话题,有意无意地使治疗重心偏移,阻止那些使自我过分痛苦或引起焦虑的愿望、情绪和记忆进入意识的力量。治疗者需经过长期的努力,通过对阻抗产生原因的分析,帮助求诊者真正认清和承认阻抗,这样治疗便向前迈了一大步。

5. 解释

解释的目的是让患者正视他所回避的东西或尚未意识到的东西,使无意识中的内容变成有意识的。解释要在患者有接受的思想准备时进行。对患者的自由联想和梦所暴露出来的心理症结加以分析之后,要用患者所说的话为依据,使用患者能理解的语言给予解释。解释的程度应随医患间会谈的进展和对患者心理的不断了解逐步加深。使患者通过治疗,在意识中逐渐培养起为人处世的正确态度和成熟的心理反映。

森田疗法

森田疗法是日本学者森田正马根据对神经症的研究,创立的一种具有独特见解的心理治疗方法。

森田认为,神经症的特征是内向性、强烈的自我意识、过度地追求完美。具有这种特征的人,当他遇到生活环境的改变,甚至很轻微的精神创伤时,也会倾向于使自己产生自卑感而产生疑病素质。而疑病素质的人竭力追求尽善尽美,而越是追求,越感到焦虑、敏感,最终形成精神交互作用,产生神经症。森田疗法正是根据神经症产生的规律来引导患者正确认识自我，要求患者对症状有一个正确的认识。首先承认现实，不必强求改变，做到顺其自然。心理学规律表明，注意越集中，情感越加强，听其自然，不予理睬，反而逐渐消退。当然在进行森田疗法治疗时，必须使患者认识情感活动的规律，在"顺其自然"的同时，还要让患者忍受一定痛苦，即面对现实，只有通过自己的内力，努力去做应该做的事，才能真正从痛苦中解脱出来。

森田认为，治疗神经症的要点在于陶冶疑病素质和破坏精神交互作用。主张"听其自然""不以为意"。所谓"听其自然"，就是患者老老实实地接受症状的存在及与之相伴随的苦恼和焦虑，并认识到对它抵制、反抗或用任何手段回避、压制都是徒劳的。患者要靠原来就存在的求生愿望进行建设性的活动，即一面接受症状的现状不予抵抗，一面进行正常工作和学习活动。总的说来，是要患者不把症状当作自己身心内的异物，对它不加排斥和压制，这样就解决了主客观矛盾，破坏了精神交互作用和过强的精神对抗，症状也因而减轻以致消失。

森田学说认为对神经症发病具有决定性作用的是疑病倾向，而对症状发展具有决定性作用的是精神交互作用。所谓精神交互作用就是对于某种感觉，如果集中注意它，这种感觉就变得敏感，如此更加使注意固定在这种感觉上，感觉与注意进一步交互作用，如滚雪球似的使这种感觉越来越过敏。由于精神交互作用形成症状之后，患者经常被封闭在主观感觉之中，愈觉苦恼。再由于自我暗示，就会导致注意力的进一步集中。因此，精神交互作用是神经症迁延难愈的主要原因之一。这正是森田疗法的着眼点，恰恰在这一点上，森田采取了与众不同的治疗方法。

森田疗法适用的神经症

森田指出：对神经症的治疗，只能顺其自然。也就是说，治疗就是要把当前固着于自己身心的精神能量，改变方向使之朝向外部。事实证明，森田疗法治疗神经症确实可取得较好的疗效。森田疗法适用于下列3种类型的神经症：

（1）普通神经症。这是疑病倾向强的神经症，是心理矛盾不太深的类型。

（2）发作性神经症。表现有焦虑的同时，有心悸、气急、目眩等躯体症状的神经症，相当于焦虑症。

（3）强迫观念症。多数情况属于恐惧症的类型，以及表现为强迫观念和强迫行为的强迫性神经症。

森田疗法的实施过程

根据实施方式的不同，可以将森田疗法分为住院治疗和门诊治疗。无论是住院或门诊治疗，都应注意选择那些除表现为神经质症状之外，还有某种程度的反省心、自身也在积极做着努力的症状，有从症状中解脱出来的强烈愿望的病人，如仅有某些症状，没有强烈的求治动机，是不宜施行森田疗法的。

1. 住院治疗

在确定诊断适应证以后，要向病人讲明病的性质，并将有关神经质心理学说介绍给他们，告诉他们没有严重疾病，以消除他们不必要的担心和顾虑。

住院治疗过程分为4个时期：

I期：绝对卧床期。一般为4~7天。病人独居一室，除了吃饭、如厕外，其余时间不得下床活动、禁止会客、谈话、吸烟、读书、写字等。在此期间病人必然产生各种想法，尤其是对病的各种烦恼和苦闷，因而可能使病痛暂时加剧和难以忍受，对治疗表示怀疑，少数病人甚至要求中止治疗而出院。当病人把所有烦恼的事情都想过之后，就没有什么可以再想的了，就会感到无聊。所以，第一期又称无聊期。此后，病人自然要求下床做些什么，便进入了第二期。

II期：轻工作期。这一期为4~7天。仍然禁止患者读书、交际，每天卧床时间要保持7~8小时，白天可以到户外活动，可以采取患者自我选择及施治者指导相结合的方法，从事一些轻度的劳动，如在室外可以做些诸如扫院子、擦玻璃等简单劳动，在室内可进行书法、绘画、糊纸袋等活动。一般从第三天开始，可以逐渐放宽对患者工作量的限制，并要求患者开始写日记，但不许写关于病的问题，只写一天干了些什么，有什么体会，施治者每天检查日记并加评语，引导病人避开对病的注意，关心外界活动。

III期：重工作期。一般为4~7天。继续禁止患者会客、娱乐，开始参加较重的体力劳动，如除草、帮厨、清理环境卫生、做农活、木工活、工艺劳动等。在这一阶段，病人可以读书，主要是关于神经症学说的书，还可以读历史、传记、科普读物等，每晚要求患者记治疗日记。患者在医院里和其他病人一起劳动，但不能互相交谈自己的病。此阶段的目的在于通过努力工作，使患者体验完成工作后的喜悦心情，培养忍耐力。在这之中要学会对症状置之不理，进一步将精神活动能量转向外部世界。

IV期：生活锻炼期。又称回归社会准备期，此期一般为1~2周。此期，为患者出院做准备，要指导患者回归原社会环境，恢复原社会角色。此期根据患者的具体情况，允许他白天回归到原来的社会单位，或在医院参与某些管理工作等较复杂的社会活动。无论参加何种活动，都要求每晚仍回病房，并坚持记日记。其目的是使患者在工作、人际交往及社会实践中进一步体验顺应自然的原则，为回归社会做好准备。

以上各期的情况，是对一般治疗情况的描述，对每个具体患者而言，还要根据其情况来决定治疗的进程。治疗周期因此而长短不一，时间短者可约3周即可，长者则可能需要60~70天，平均周期一般为40~50天。

患者钱某，女，纺织厂工人，因疑病症而来就诊。

患者在日记中自述："我从小性格内向，胆小怕事，3年前，我的一位最要好的朋友告诉我，她生病了，牙龈常出血，不久便患血癌去世了。从此我特别注意我的牙，慢慢对牙出血产生了恐惧心理。一次我刷牙不小心碰破了牙龈，我对此十分恐惧，因此，我每天刷牙前都恐慌不安，越想越怕，越怕越容易碰破出血，我担心自己也患了血癌，精神上处于极度紧张与恐惧状态，真是痛苦不堪。"

绝对卧床期："……我对健康太注重了。每天醒来第一件事就是看看牙出血了没有，越注意，越感到牙易出血，也越担心有病，这就是心身交互作用，还有自我暗示：我今天千万别把牙刷出血……所以我的病来自自身。医生告诉我这个毛病可以克服，我就按照医生讲的去做，不去理会病，不去注意牙，结果反而精神不那么紧张了。"

轻工作期及重工作期："我今天做的书法作业大家都说好，我太高兴了，我居然也能写出一手漂亮的字。我只想着写字，对牙出血抱着无所谓的态度，反倒觉得牙既不疼也不出血了……我干活很累，根本没顾得上注意牙的问题。"

患者经过一个月的住院治疗，康复出院后经过追踪访查，其疑病症未复发。

2. 门诊治疗

门诊治疗仍需遵循森田疗法的基本原则。门诊治疗主要是通过医生与患者一对一的交谈方式进行，一般一周一次或两次。在门诊治疗中，医生要注意与患者建立良好的治疗关系，掌握患者的生活史，尽可能理解患者的现实情况，与患者不以症状作为讨论的主要内容，鼓励患者面对现实生活，并承担自己生活中应承担的责任。但医生不要过多地采用说服方式，而要多用提问的方式启发患者对问题的理解，帮助患者理解顺其自然的道理，最终使患者对精神的自然流动及其演变有真正的体会，从而达到消除病症的目的。

森田疗法自创立以来深受广大心理学和医学工作者的欢迎。它主要适用于强迫症、恐怖症、神经症、疑病症等病人。治疗进程可根据患者的具体情况来决定，一般病症需3~5周左右，重症者可长一些为60~70天，平均周期一般为40~50天。森田疗法虽然对神经症等有很好的疗效，但在治疗时也应注意：无论是住院或门诊治疗，都应选择那些既有体表神经质症状，又有某种程度的反省心，自身也有强烈的求治愿望的患者，否则不宜采用森田疗法。

音乐疗法

音乐对人的心理和生理有一定的影响。我国古代《礼记》一书中"乐记篇"说:"乐者音之所由生也,其本人心之感于物也""其乐心感者其声单以缓,其喜心感者其声发以散"。这些都说明我国古代已注意到音乐与心理活动的关系。

近年来国外对动物播放音乐的试验证明,音乐可以使乳牛的出乳量大为增加。近代把音乐治疗看成是一种活动疗法,有人认为音乐可使病人易于宣泄自己意识不到的心理内容,音乐可以解除各种心理社会因素所引起的心理反应,降低兴奋水平,使人体恢复正常的功能。很多实验证明,音乐欣赏可降低心理社会刺激所引起的高唤醒水平。有文献报道,音乐疗法对一些精神病、心身疾病是有效的,有时会显示出神奇的治疗功能。但音乐疗法中必须注意乐曲的选择,需要重视节奏、音调、旋律等的配合,对听音乐者来说,这些因素构成一首乐曲的完形知觉。这些因素中,节律是在音乐发展史上最早出现的,古代的打击乐有强烈的节奏感,因而有激奋作用。优美的旋律,如潺潺流水、风和日丽、鸟语花香的境地,可以使人出现心旷神怡的欣赏反应。节奏感和旋律优美的曲子,对心理状态与躯体的反应是不完全相同的。

在日常生活中我们也能体会到,雄壮的富有节奏的军乐可鼓舞士气,欢快的乐曲可以使孤僻沉静的儿童开朗活泼。快餐店利用播放较快节奏的音乐,使顾客加快进餐速度,从而提高座位周转率;百货商场则播放抒情、节奏缓慢的乐曲,使顾客多逗留一些时间,以更好刺激其购买欲。国外报告,听肖邦的《小狗圆舞曲》(降D大调)有助于司机安全驾驶。音乐与植物生长的研究,报道很多。对于人来讲并不是所有的音乐都有益。研究发现,从事摇滚乐、爵士乐演奏的人员,心律不齐、脑电波异常者占93%以上。

现代实验已经证明,曲调能使人产生不同的情绪感受。

C调：纯洁、果敢、沉毅、虔诚。

D调：热烈。

E调：安定。

F调：温和、丰富、热情、和悦、阴沉、悲哀、神秘。

G调：真挚、平静、谐趣、忧愁或喜悦。

A调：自信、希望、温情、伤感。

B调：勇敢、骄傲、悲哀、恬静。

古希腊著名哲学家毕达哥拉斯是历史上最早提出"音乐治疗"概念的人。他破除了迷信观念，科学地指出音乐对于人体心理活动的影响。音乐用于治疗疾病起源于古希腊另一位哲学家亚里士多德，他正确地评价了音乐的医疗价值，认为情绪失去控制的患者，"听了旋律后就会心醉神迷，于是恢复到原来正常状态，好像他们受了医术或洗肠治疗过似的"。他认为音乐的作用在于激发人体的感情，而且音乐的效果与酒、滋补品及某些发泄措施是一样的。

1846年，法国医生克梅特发表的题为《音乐对于健康和生活的影响》的论文，详尽地论述了音乐对于心身健康的有益作用，以及对于疾病的防治效果，他是一位将音乐用于医学的先驱。

据报道，悦耳的音乐，对神经系统是良性刺激。由于音乐的速度、旋律、音调、音色的不同，就能对患者表现出兴奋、抑制、降压以及镇痛的功效。

波兰有位专家把408名严重头痛和神经痛的患者分成两组进行试验，一组患者所在的病房经常地播放交响乐，另一组患者不播放音乐作为对照。结果在6个月后，听音乐一组的患者消耗镇痛剂和镇静剂的量较对照组患者少得多。英国皇家维多利亚医院用古典音乐治疗癌症患者的疼痛，取得了非常显著的疗效。英国剑桥口腔医院曾用音乐代替麻醉拔牙200多例，患者不感到疼痛。还有一些口腔科医生用音乐去掩盖磨牙时发出的声音，可松弛患者的紧张情绪。医生们发现，当一个人听到自己喜欢的音乐时，呼吸变得深长，原来十分紧张的神经肌肉也因而放松。音乐对心理不正常的人也有帮助，如一名过度内向的孩子，不与他人交往，而只对音乐有特殊反应。还有人用音乐治疗抑郁症和躁狂症取得了良效。催眠曲和摇篮曲可帮助神经衰弱及失眠症患者安然入睡。有人发现初产妇分娩时精神紧张，让她听特殊的乐曲可消除不安和恐惧感，有利于无痛分娩。

音乐疗法是通过音乐刺激人的大脑皮质，影响情绪，从而收到疗效的一种心理治疗方法。音乐可以使人血压正常、肌肉松弛、脉搏放慢，从而使人感到精神愉快，精力充沛，消除紧张、压抑、忧虑和烦恼的情绪。这已经成为人们的生活常识了。

现代生理学家们发现，人体的各种节奏，例如心跳时的脑电波等，有一个很大特点，那就是它们趋向于和音乐的节奏同步同调。如果播放缓慢、庄重与平静的古典音乐，那么，人们的身体节奏就更能够和这种音乐相适应、相平衡。生理心理学家使用各种现代化的生理仪器，对心理失常的人进行了观测。结果发现，当他们听舒缓、庄重的音乐的时候，他们的心跳平均至少每分钟减慢5次，血压也有所下降。这是因为音乐可以改变脑电波的活动。许多人们喜爱的曲子中的许多部分，能诱导出一种使人陷入冥想状态的脑电波，它能使身体活动放慢，全身放松。为什么婴儿能在妈妈哼的催眠曲声中甜蜜安详地睡着？为什么当人们干重体力劳动活时，往往用歌声或者音乐广播来减轻紧张沉重的感觉？就是因为音乐可以直接地影响人们的大脑。

西方学者研究古典协奏曲的一些缓慢乐章，发现它具有一种奇妙的效力节奏。这种缓慢乐章每分钟60拍，通常都有一把低音大提琴，像人的脉搏一样在跳动。当人们听这种放松的音乐时候，身体就会趋向于按照它的节奏活动，心脏跳动的次数也会放慢到每分钟60次，而每分钟60次则是缓冲大脑的理想系数。于是，人体就会放松，头脑得到安谧。

心理学实验证明：某些特殊性质的音乐，会给人们以特殊性质的"声波信息"，它可以消除因艰苦的大脑功能所带来的紧张，它使得人们的脑子的冥想状态趋向于单一化、集中化与秩序化，从而排除了一切杂念的干扰。有些西方古曲音乐就起这种作用。有些宗教做祷告时，响起大风琴的缓慢低沉鸣奏曲，或伴有和谐、肃穆的赞美曲时，往往会使人整个心灵"无忧无虑"地沉浸在宁静、超脱、升华的感受状态里，也就是这个道理。

不同的音乐可以起到不同的疗效作用。向心理疾病的患者播放旋律优美、抑扬感人的古曲音乐和交响乐效果最佳。因为这种音乐可以促使患者精神宁静、心情舒畅，增加安全感。这是因为悦耳的低分贝的音乐，能使听者抵抗心理上的干扰，不急不缓地和心跳速度（正常人的心跳速度，平均每分钟70~80次）相适应。如果音乐的速度每分钟超过70~80拍，就会使人感到精神紧张；相反，低于心跳速度，则会使人产生难受的感觉。

有人试验，贝多芬的《田园交响曲》使人心情平静，而西方现在流行的爵士乐、摇滚乐、迪斯科乐曲，可以使人近于发疯，柴可夫斯基的《悲怆交响曲》会增加人们悲哀、绝望的情绪。

因此，我们应该有选择地欣赏音乐。当人感到烦闷的时候，可以听柔和的音乐，它会使你心情宁静下来；感到忧郁时，听听比较雄壮的音乐，促使你兴奋起来。人们在悼念死者时所播放的低沉缓慢的哀乐，与结婚庆典时所播放的轻松欢快的音乐，两者有着明显的差别，道理就在于不同的音调可以唤起人们不同的情绪。

第二章
保持心理健康，享受快乐人生

我们习惯于把思想和感情称为"心"，把规则和条理称为"理"，心理就是情绪、思想和感觉的综合，而心理的健康就是从思想到感觉上的全方位的健康，所以，要健康，首先从"心"开始，只有身心合一，才能真正享受快乐的人生。

第一节 认识你自己

认识自我其实是一道难题，苏格拉底曾提过"认识你自己"的观点，他认为人之所以能够认识自己，在于其理性。思想家老子也说过，"知人者智，自知者明"，可见，认识自己是多么的重要。

正确认识自我

认识自我是一道难题。

古希腊哲学家苏格拉底曾提出一个著名的命题："认识你自己。"他认为，人之所以能够认识自己，在于其理性，认识自己的目的在于认识最高真理，达到灵魂上的至善。在我国，老子说过"知人者智，自知者明"。可以说，从古至今，人们对于自我的认识始终处于一个无尽的探索之中。古语云"人贵有自知之明"，特别是随着社会经济的迅猛发展和就业形势的急剧变化，现代人在社会中越来越难以找到合适的、理想的工作机会，严峻的就业形势告诉我们，如果不了解自己，我们可能会成为生活、事业的迷失者。

现实中，很多人都希望找到自己喜欢的工作，拥有一个快乐的生活，有一个美好的发展前程，因此，我们迫切需要作好自我分析，只有了解自我，才会走好自己的人生之路。当你弄明白自己所要的前景以及自己的相关条件时，你就会努力实现自己的愿望，你就能达到你所期望的，正所谓"心有多远，你的世界就有多大"。社会心理学家研究发现，善于给自己的生活做出计划的人往往比较勤奋、进取，擅长理性思考，对生命成长的每一个阶段都能谨慎把握，一般都能主宰自己的命运，成功也就自然和他们有缘。但是，所有的一切都因为你而开始，这足以说明探索自我有多重要了。

有这么一位外地闯北京的女孩，大专文凭，但闯劲十足，短短一年竟换了四个工作。看着原来的同学在外面闯荡，见的世面多，交际广，挣的钱多，说死说活不在老家还不错的单位干了，辞职，折腾着来到北京，但由于文化水平相对不高，只能干简单的文员接待。她对自己在北京很有信心，言语中时而流露出"不行，我炒老板鱿鱼"，一副充满自豪、满不在乎的样子。开始工作热情挺高，干得不错，但没有多久就觉得文员接待工作挣钱不多，受人歧视，没有奔头。加上她常觉得公司领导水平不高，对待自己缺乏重视，总是寻思其他出路。后来几家公司聘请她，仍旧去做文员接待，跳了槽，换了环境，但工作依然无聊，很快又丧失了信心，直到此时她才真正认识到自己能力被无限夸大，认识到"知识就是力量"，还有自己对于职业的理解是多么偏颇。频繁的工作转换，往往更多的是不仅没有锻炼自我，反而使自己的境遇越来越差，她不禁疑惑：我错在哪里了呢？

相信自己，并且喜欢自己

学会爱自己，让自己的身体长得更强壮，让灵魂陶冶得更高尚，这样才能更好地关爱别人，也才能更好地去接受别人的关爱。

有一位顶尖级的杂技高手，一次，他参加了一个极具挑战的演出，这次演出的主题是在两座山之间的悬崖上架一条钢丝，而他的表演节目是从钢丝的这边走到另一边。

演出就要开始了，山上聚满了观众，当中有记者、主办单位、赞助商和看热闹的人。这时，只见杂技高手走到悬在山上的钢丝的一头，然后用眼睛注视着前方的目标，并伸开双臂，一步、二步、三步，慢慢的杂技高手终于顺利地走了过去，这时，整座山响起了热烈的掌声和欢呼声。

"我要再表演一次，这次我要绑住我的双手走到另一边，你们相信我可以做到吗？"杂技高手对所有的人说。

我们知道走钢丝靠的是双手的平衡，而他竟然要把双手绑上。但是，因为大家都想知道结果，所以都说："我们相信你的，你是最棒的！"杂技高手真的用绳子绑住了双手，然后用同样的方式一步、两步终于又走了过去，"太棒了，太不可思议了！"所有的人都报以热烈的掌声。但没想到的是杂技高手又对所有的人说："我再表演一次，这次我同样绑住双手然后把眼睛蒙上，你们相信我可以走过去吗？"所有的人又都说："我们相信你！你是最棒的！你一定可以做到的！"

杂技高手从身上拿出一块黑布蒙住了眼睛，用脚慢慢地摸索到钢丝，然后一步一步地往前走，所有的人都屏住呼吸为他捏一把汗。终于，他走过去了！掌声雷动！"你真棒！你是最棒的！你是世界第一！"所有的人都在呐喊着。

表演好像还没有结束，只见杂技高手从人群中找到一个孩子，然后对所有的人说："这是我的儿子，我要把他放到我的肩膀上，我同样还是绑住双手蒙住眼睛走到钢丝的另一边，你们相信我吗？"

所有的人都说："我们相信你！你是最棒的！你一定可以走过去的！"

"真的相信我吗？"杂技高手问道。

"相信你！真的相信你！"所有的人都说。

"我再问一次，你们真的相信我吗？"

"相信！绝对相信你！你是最棒的！"所有的人大声回答。

"那好，既然你们都相信我，那我把我的儿子放下来，换上你们的孩子，有愿意的吗？"杂技高手说。

这时，整座山上鸦雀无声，再也没有人敢说相信了。

在没有涉及自己的利益时，我们相信并愿意别人表现，一旦到了紧要时刻，我们最相信的还是自己，因为我们不愿意把命运交到别人手里。

你就是你自己的上帝，你的命运掌握在你自己手中。很多时候并不是别人把你打败了，而是你自己已经先打败了自己。

请记住：求人莫如求己。

某人在屋檐下躲雨，看见观音正撑伞走过。这人说："观音菩萨，普渡一下众生吧，带我一段如何？"

观音说："我在雨里，你在檐下，而檐下无雨，你不需要我渡。"这人立刻跳出檐下，站在雨中："现在我也在雨中了，该渡我了吧？"观音说："你在雨中，我也在雨中，我不被淋，因为有伞；你被雨淋，因为无伞。所以不是我渡自己，而是伞渡我。你要想渡，不必找我，请自找伞去！"说完便走了。

第二天，这人遇到了难事，便去寺庙里求观音。走进庙里，才发现观音的像前也有一个人在拜，那个人长得和观音一模一样，丝毫不差。

这人问："你是观音吗？"

那人答道："我正是观音。"

这人又问："那你为何还拜自己？"

观音笑道："我也遇到了难事，但我知道，求人不如求己。"

一个人的成功，不是靠老天爷的脸色、神的恩典，在奇妙的时刻施展。在这之前，我们只有依赖自己的双手，先替自己开创一条路来，我们才会看见那份无形流转的力量。

当你摒弃自身的弱点，以正确的眼光和心态面对自己的时候，那么相信你一定能摆正自己在职场中的位置，甚至在社会中的位置，摆正了位置的你一定会在生活的各个层面信心百倍，游刃有余。之后，你就开始喜欢自己了，并且真正懂得靠自己的双手开创一片自己的天地，这时，你千万不要诧异，因为你正在经历做好自己的三部曲，接着走下去，人生会更加辉煌。

唤醒心灵的巨人

自我激励是人生一笔弥足珍贵的财富，在人生的前行中能产生无穷的动力。一旦你拥有了自我激励的动力，你就在生命中插上了美丽的翅膀。它将带着你展翅翱翔，创造属于你自己的人生辉煌。

中古时期，苏格兰国王罗伯特·布鲁斯曾前后10多年领导他的人民抵抗英国的侵略。但因为实力相差悬殊，6次都以失败告终。

一个雨天，战败后的他悲伤、疲乏地躺在一个农家的草棚里，几乎没有信心再战斗下去了。

正在这时候，他看到草棚的角落里有一只蜘蛛在艰难地织网，它准备将丝从一端拉向另一端，6次都没有成功。然而这只蜘蛛并没有灰心，又拉了第7次，这次它终于成功了。

布鲁斯受到了极大的启发，"我要再试一次！我一定要取得胜利！"

他以此激励自己，重新拾起自信心，以更高涨的热情领导他的人民进行战斗。这次，他终于成功地将侵略者赶出了苏格兰。

苏格兰国王能从一只小小的蜘蛛身上看到再度奋起的勇气，并以同样的方式激励自己，在再试一次中实现了自己的理想。

从某种意义上说，自我激励就是自我期待。人们激励自己的目的，就是为达到所期待的目标。

希望究竟是什么呢？是引爆生命潜能的导火索，是激发生命激情的催化剂。只要心存信念，总有奇迹发生，希望虽然渺茫，但它永存人世。

美国作家欧·亨利在他的小说《最后一片叶子》里讲了个故事：病房里，一个生命垂危的病人从房间里看见窗外的一棵树，叶子在秋风中一片片地掉落下来。病人望着眼前的萧萧落叶，身体也随之每况愈下，一天不如一天。她说:"当树叶全部掉光时,我也就要死了。"一位老画家得知后,用彩笔画了一片叶脉青翠的树叶挂在树枝上。

最后一片叶子始终没落下来。只因为生命中的这片绿,病人竟奇迹般地活了下来。

所以,人生可以没有很多东西,却唯独不能没有希望。希望在人类生活中具有重要的价值。有希望之处,生命就充满激励,就生生不息!

每天给自己一个激励,就是给自己一个目标,给自己一点信心。每天给自己一个希望,我们将活得生机勃勃,激昂澎湃,哪里还有时间去叹息去悲哀,将生命浪费在一些无聊的小事上。

生命是有限的,但希望是无限的,只要我们不忘每天给自己一个希望,我们就一定能够拥有一个丰富多彩的人生。

第二节 健康从"心"开始

社会越现代化,人们的心理障碍和感情冲突越会升级。经济的发展比较容易,观念的更新却伴随着不安。稍有不慎,人心就会出现障碍,所以,人们要想自己的灵魂得以安宁和平衡,首先要关注自己的心理健康。

只有让健康从"心"开始,才能每天都有好心情。

简简单单才是真

曾有一首歌唱道:"总是到了最后才明白,平平淡淡、简简单单才是真……"的确,生活需要简单,简单能够带来和谐。

简单是一种心灵的净化,它是统合,是安定,是整顿,是率直,是单纯,它通常表现在诸如单纯的饮食、更有纪律的日常作息这种单纯的生活方式上。换言之,简单化就是在喧嚣的世俗里增加一份宁静。

有时我们会渴望拥有简单的生活。然而又有多少人知道,真正的幸福是发自内心的,选择一种简单的生活就是挣脱心灵的桎梏、回归真我。简单而艺术的生活恐怕是大多数现代人所向往的一种至高境界。

托尔斯泰笔下的安娜·卡列尼娜以一袭简洁的黑长裙在华贵的晚宴上亮相，惊艳无比，令周遭的妖娆"粉黛"颜色尽失。

在经历了极度的奢靡后，简约主义的设计风格又开始盛行。线条简单，色泽朴素，人们力图以最少的材料达到最大的功能需要。

当我们的生活方式趋于简单化时，我们将更能真诚地对待自己，我们也将更乐于参与各种活动。除了能实现自我的理想之外，更能超越自己，对他人有所贡献。

在追求简单的过程中，我们必须了解自己的需要，明白自己的贡献。只有确立这一目标，我们在面临挑战时才能充满勇气。

在这段旅程中，你也终将发现，简简单单才是你心灵最深处的需求。

不知道你有没有这样的感觉，整天忙忙碌碌，什么事情都还没干好，时间却在不知不觉间溜走了。

对大多数人来说，工作和上下班占据了整天的时间。现代生活又充满了各种诱惑，那么多信息要筛选，那么多产品在吸引着你。"我们试图占有一切，而这往往把我们弄得精疲力竭。"因此，简单生活对于大多数人来说，难能可贵。

尘世生活中为许多人所追求的舒适的物质享受、社会地位、显赫的名声等，是一种"世味"；今日的青年人追求的"时髦""新潮""时尚""流行"，也是一种"世味"，其中的内涵说穿了，也不离物质享受和对"上等人"社会地位的尊崇。用心于此，人就会像被鞭子抽打的陀螺，忙碌起来——或拼命打工，或投机钻营，应酬、奔波、操心……你就会发现自己很难再有轻松地躺在家中床上读书的时间，也很难再有与三五朋友坐在一起"侃大山"的闲暇，你会忙得忽略了自己的孩子的生日，你会忙得没有时间陪父母叙叙家常……

菲律宾《商报》登过一篇署名陈美玲的文章，作者感慨她的一位病逝的朋友一生为物所役，终日忙于工作、应酬，竟连孩子念几年级都不知道，留下了最大的遗憾。作者写道，这位朋友为了积累更多的财富，享受更高品质的生活，他终于将健康与亲情都赔了进去。那栋尚在交付贷款的上千万元的豪宅，曾经是他最得意的成就之一，然而豪宅的气派尚未感受到，他却离开了人间。作者问："这样汲汲营营追求身外物的人生，到底生命感知何在，意义何在？"

这位朋友无疑也是属"世味浓"的一族，如果他能把"世味"看淡一些，像陈美玲那样"住在恰到好处的房子里，没有一身沉重的经济负担，周休二日不值班的时候，还可以一家大小外出旅游，赏花品草"……这岂不是惬意的生活？

陈美玲写道："'生活简单，没有负担'，这是一句电视广告词，但用在人的一生当中却再贴切不过了。与其困在财富、地位与成就的迷惘里，还不如过着简单的生活，舒展身心，享受用金钱也买不到的满足来得快乐。"

不奢求华屋美厦，不垂涎山珍海味，不追时髦，不扮贵人相，过一种简单自然的生活，一种外在的财富也许不如人，但内心享受充实富有的生活。这是自然的生活，有劳有逸，有工作着的乐趣，也有与家人共享天伦的温馨、自由活动的闲暇。

西方的许多人，现在倡导过一种"简单的生活"。他们试着离开汽车、电子产品、时尚物品，看能不能活得快乐。这被称作"草根运动"。他们强调简化自己的生活，并非完全抛弃物欲，而是要把人的专一于身外浮华物上的注意力移出适当比例，放在人自身上、精神上、心灵情感上。过一种平衡和谐从容的生活，一个真正有感知的人的生活，实质是提升生活品质。

简单的生活，快乐的源头，为我们省去了多少汲汲于外物的烦恼，又为我们开阔了多少身心解放的快乐空间。

"简单生活"并不是要你放弃追求，放弃劳作，而是说要抓住生活、工作中的本质及重心，以四两拨千斤的方式，去掉世俗浮华的琐务。卡尔逊说：“简单生活不是自甘贫贱。你可以开一部昂贵的车子，但仍然可以使生活简化。一个基本的概念在于你想要改进你的生活品质而已。关键是诚实地面对自己，想想生命中对自己真正重要的是什么？”

享受每一个年龄

人生有些东西是无法通过巧取得到的，它们是岁月的馈赠，一如女人的阅历与眼界，一如气质与度量。更重要的是她们一般都重视自我的成长与教育，因此对于这些女人来说，年龄绝对是一种升值。二十六七岁时，如果有人问年龄，被问者会神秘地微笑，然后以"男人不问财富，女人不问年龄"的外交托辞来婉转逃避这个问题。

其实我们大可不必闪烁其词地回避这个问题，我们完全可以越过这个隐约的心理沟壑，坦然而自信地告诉人们：年龄根本不是问题，也许会有人飞快地瞟一眼你的细细的鱼尾纹，用那种不信任的眼神提醒你："年龄是女人的天敌"，但是千万不要在意，因为有一个关于成熟的秘诀，那就是——女人要享受年龄。有的女孩子本身很优秀，却整日眉头紧锁，哀叹岁月不饶人，你怎么可以忍受一个30多岁的女人说自己老了？如果是你的朋友，你应该紧紧握着她的手，冲着眉头轻锁的她微笑，并且告诉她：好好享受你的年龄吧，这才是人生盛宴的开始呢。

莎莉是个30岁出头的女职员，但是她一直为自己的年龄而郁郁寡欢，直至有一次，她讲起了这样一个故事，她说她的自信源于一次晚会上的记忆：

有一次在教堂举办的圣诞晚会上遇见一位美国传教士的夫人叫Hagen（海根夫人），当时在晚宴上有许多肌肤胜雪的女子穿梭于舞会上，令人眼花缭乱。我和女友正在对这些巧笑倩兮的女子评头论足。而一身淡紫色长裙的海根夫人在带领大家祈祷时突然出现了，一眼望去，她从容淡定的脸上有一双明亮而温暖的眼眸，金黄色的短发微微地卷曲，年近50岁的她化着细致淡妆，一对琥珀色的耳环，典雅、讲究，却毫不张扬。我记不得自己当时的心情更多的是吃惊、欣喜还是赞叹了，没有想到一个女人到了50岁，可以活得如此从容、美丽而优雅、平和。从那时起，我突然开始注意起比我年龄大的女人，发现这种女人的美含蓄却耐人寻味，我发现，其实，女人的美丽与年龄无关。因为她们身上的许多品质是年龄无法征服的，是与岁月携手同行的。

记得在电影《20 30 40》中张艾嘉、刘若英、李心洁，三个风格互异、不同年龄的女人，用心和真实面对自己的态度，拍出一幅幅现代女人诙谐幽默又感人肺腑的画面。在她们的眼中，爱与生活，从来不是一个点，随着时间延续，而成为漫漫不绝的长线，牵系着女人和她们周遭的人们，一路走过来。这一路的风光低潮故事起落，从来不是只有乐，或只有泪水，而是苦中有笑，笑中亦带泪的……

她们认为：女人，要活得精彩，也要爱得精彩。究竟怎样才称得上"精彩"？不同的年纪和人生，有不同的定义。但是有一点却是相同的，就是无论哪个年龄段的女人都一样的闪耀灵动，都能活出自己的"精彩"。

20岁的女人为了新冒出的痘痘神伤，为了肥嘟嘟的手臂抱怨叫嚷；20岁关注化妆，钟情色彩缤纷的眼影。尽管说年轻不需要装饰，可现在正是20岁最好奇最具奔放的时光。有自信，有主张，一点点绚彩，就可以美得很张扬。只为美丽，不为遮瑕，青春焕发，无可阻挡。

在剧中刚满20岁的卢晓说："我的人生才刚刚开始，我才20岁。很多时候——在我晚上熬夜的时候，在跑步的时候，在走路的时候，在早上起得很早坐公车的时候，在出门旅行的时候，我能感到青春在自己身上显示出来的浓浓的记号。我惊讶于自己的年轻所带来的能量，我更能深切地感受到它所带来的冲击！我惊讶于自己与周围人的不同，我乐于告诉别人我的不同，我每时每刻无不听到20岁在对我说，要好好过每一天哦！于是，我在惊讶与享受之间，过着我的20岁。"

事实上，年龄对很多女人来说都是一个很大的心理关卡，特别是与二字头年龄说"再见"的女性，因为在传统的观念中，女人30已经是"豆腐渣"了，所以大多在30岁以外的女人都不愿透露自己的年龄。

在电影里，即将踏入30岁门槛的周孜认为："如果女性的存在理由是年轻，那么其后半生岂不成了残生？我认为30岁并非青春的终点，而是人生的起点！"

其实，40岁的女人就如一首经典的老歌，岁月的红尘锁不住她们的魅力，虽然美貌会随着年华老去，然而那举手投足间的风华却是令人弥久不忘，这是岁月年轮沉淀在她们脸上的生活。40岁的女人更多了一份成熟和自信，她们那种对生活的淡泊和从容体现出来的魅力，令人赏心悦目，心驰神往。西方人说过女人40一枝花，的确，40岁是女人最有魅力的时候，她们笑对人生，虽历经风雨岁月，但对人生的执着写在脸上便有了自信，这份自信足以笑傲少女的青春。40岁的女人更有了些沧桑，老人和孩子令她们担起生活的重担，只是这重担使得她们更加坚强，40岁的女人有一种令人心醉的神韵。

是的，人生有些东西是无法取巧的，因为它是岁月的馈赠。如果你是一个内心丰富、坚定、有修炼的女人，就不要害怕青春不再，岁月催人老，让我们拿出最大胆的宣言吧："我要美丽到100岁！"那么，现在岂不是我们品味人生百种滋味的开端吗？所以我们要说，从现在开始，好好享受你的年龄。

学会选择，懂得放弃

人的内心就是这样，总是希望有所得，以为拥有的东西越多，自己就会越快乐。所以，这人之常情就迫使我们沿着追寻获得的路走下去。可是，有一天，我们忽然惊觉：我们忧郁、无聊、困惑、无奈……我们失去了一切的快乐，其实，我们之所以不快乐，是我们渴望拥有的东西太多了，欲望的负累让我们执迷在某个事物上了。

懂得放弃才有快乐，背着包袱走路总是很辛苦。中国历史上，"魏晋风度"常受到称颂，他们不同于佛、道、儒，在入世的生活里，又有一分出世的心情，说到底，是一种不把心思凝结在一个死结上的心态。

我们在生活中，时刻都在取与舍中选择，我们又总是渴望着取，渴望着占有，常常忽略了舍，忽略了占有的反面：放弃。懂得了放弃的真意，也就理解了"失之东隅，收之桑榆"的妙谛。多一点中和的思想，静观万物，体会与世界一样博大的诗意，我们自然会懂得适时地有所放弃，这正是我们获得内心平衡，获得快乐的好方法。

每个人都有着不同的发展道路，面临着人生无数次的抉择。当机会接踵而来时，只有那些树立远大人生目标的人，才能做出正确的取舍，把握自己的命运。

树立了远大目标，面对人生的重大选择就有了明确的衡量准绳。孟子曰："舍生取义"，这是他的选择标准，也是他人生的追求目标。

著名诗人李白曾有过"仰天大笑出门去，我辈岂是蓬蒿人"的名句，潇洒傲岸之中，透出自己建功立业的豪情壮志。凭借生花妙笔，他很快名扬天下，荣登翰林学士这一古代文人梦寐以求的事业巅峰。

但是一段时间之后，他发现自己不过是替皇上点缀升平的御用文人。这时的李白就面临一个选择，是继续安享荣华富贵，还是走向江湖穷困潦倒呢？以自己的追求目标作衡量标准，李白毅然选择了"安能摧眉折腰事权贵，使我不得开心颜"，弃官而去。

共和国的开国元勋周恩来总理，从小就树立了"为中华之崛起而读书"的远大目标。之后的岁月中，他本可以无数次选择安逸舒适的生活，享受高官厚禄。这些机会对于当时的国人而言，无疑是功成名就的最好选择。但是，有了为祖国献身的远大目标，周恩来毅然放弃了这些所谓的机会，而是选择了血与火、粗茶和淡饭，九死一生，铸就了共和国的崛起和辉煌。

一些看似无谓的选择其实是奠定我们一生重大抉择的基础，古人云："不积跬步，无以至千里；不积小流，无以成江海"，无论多么远大的理想，伟大的事业，都必须从小处做起，从平凡处做起，所以对于看似琐碎的选择，也要慎重对待，考虑选择的结果是否有益于自己树立的远大目标。

很多人觉得学习之余暂时放松一下不会影响什么，确实，劳逸结合对学习来说是十分必要的。但是，学习任务没有完成而去玩游戏，明天就要考试今天却去郊游而不复习，这样的选择多了，就会陷入享乐的诱惑不能自拔，进取心就会逐步丧失。最近新闻经常报道，一些中小学生痴迷打电子游戏，从旷课发展至逃学，甚至夜不归宿，有的还陷入犯罪的深渊。他们当初面临选择学习还是玩游戏时，也认为自己只是暂时放松一下，但几次之后，便已失去了自己树立的远大目标，身陷迷途。就高考而言，大学系统教育是我们实现自己人生目标的必要辅助手段，用游戏时间或郊游等休闲时间投入学习，是为了实现上大学的近期目标，放弃自己的一些爱好是值得的，暂时的代价也就有了付出的充分理由。

有这样一则故事：

一只老鹰被人锁着。它见到一只小鸟唱着歌儿从它身旁掠过，想到自己却……于是它用尽全身的力量，挣脱了锁链，可它也挣折了自己的翅膀。它用折断的翅膀飞翔着，没飞几步，它那血淋淋的身躯还是不得不栽落在地上。

老鹰向往小鸟的自由，挣脱了锁链，却牺牲了自己的翅膀。自由的代价原来是牺牲自己的翅膀，也牺牲了自由。

古时有位高人在给慕名前来学习的人第一次讲道理时，他先拿了一满杯黑颜色的水，然后再往这杯子里倒清水。杯里的水不断外溢，而杯中水仍有黑颜色混在其中。这时，那高人对求学者说："要想得到一杯清水，必先倒掉脏水，洗净杯子，学习也是如此。"

有追求必有所放弃，学习也是如此。要在学业上取得更大的进步，就需要不断抛弃陈旧的观念，更新知识，不断调整改变思维方式。法国生理学家贝尔纳说："构成我们学习上最大障碍的是已知的东西，而不是未知的东西。"爱因斯坦也说过："我不久学会了识别那些导致深邃知识的东西，而把其他许多只是充塞耳目、会转移主要目标的东西撇下不管。"论证时可结合自己的学习体会。

放弃，对每一个人来说，都有一个痛苦的过程，因为放弃意味着永远不再拥有，但是，不会放弃，想拥有一切，最终你将一无所有，这是生命的无奈之处。如果你不放弃眼前的热烈，就无法享受花前月下的温馨……生活给予我们每个人都是一座丰富的宝库，但你必须学会放弃，选择适合你自己应该拥有的，否则，生命将难以承受！

一个决定可以改变一个人的命运，这个决定是对是错，恐怕要用一生做赌注。其实，有未必真得，无未必真失，有无随缘、得失在心，人生的遭遇不可用"得失"二字定论。爱过又痛过，才算了解爱，虽然这爱，性味苦涩、无花无果，只在心里生长，只任岁月将它磨蚀……好在有时间这帖药，它根治不了你的伤，或许能慢慢止住你的痛。

第三节 做自己的心理医生

做情绪的主人

我们常常听到这样的祝福："祝你心想事成""万事如意"。但实际情况却常常相反："心想难以事成""不如意事十有八九"。喜怒哀乐本是人之常情，但是如果不加以调节，让不良情绪长期左右自己，就会有损于健康，甚至使人失去生活的信心。现代心理医学研究表明：人的心理活动和人体的生理功能之间存在着内在联系。良好的情绪可以使生理处于最佳状态，反之则会降低或破坏某种功能，引发各种疾病。俗话说："吃饭欢乐，胜似吃药。"说的就是良好的情绪能促进食欲，有利于消化。心不爽，则气不顺；气不顺，则病易生。难怪有人把情绪称为"生命的指挥棒""健康的寒暑表"。许多医学专家认为，良好的情绪本身就是良药，人体85%的疾病可以自我控制，只要心情愉快，神经松弛，余下的15%也不全靠医生，病人的情绪和精神状态是个不可忽视的重要因素。因而，我们每个人都应做自己情绪的主人，培养自己愉快的心情，调节好自己的情绪，提高适应环境的能力，保持乐观向上的精神状态。

几乎每个人都懂得要做情绪的主人这个道理，但在实际生活中，我们常听到这样的埋怨："控制情绪实在是太难了。"言下之意就是："我是无法控制情绪的。"千万别小看这些自我否定的话，这是一种严重的不良暗示，它真的可以毁灭你的意志，使你丧失战胜自我的决心。还有的人习惯于抱怨生活："没有人比我更倒霉了，生活对我太不公平了。"抱怨中他得到了片刻的安慰和解脱："这个问题怪生活而不怪我。"结果却因小失大，让自己无形中忽略了主宰生活的职责。所以要改变一下对身处逆境的态度，用开放性的语气对自己坚定地说："我一定能够走出情绪的低谷，现在就让我来试一试！"这样你的自主性就会被启动，沿着它走下去就是一番崭新的天地，你就会成为自己情绪的主人。

美国得克萨斯州立大学的史密斯教授，曾经针对受测者情绪的变化及其个人生理心理状态做了一个实验。他在实验报告中指出：一般人在焦虑、愤怒、恐惧的状态下，会有一种来自脑下腺的激素——肾上腺皮质激素分泌出来刺激肾上腺，因而影响受测者的生理状态。在这种情况下，受测者极易产生心跳加速、口干、胃部胀痛等生理现象。这种情形如果持续下去，就容易引起心脏病、高血压或胃溃疡等后遗症。

天有不测风云，人有旦夕祸福。生活中我们难免会遇到一些挫折、困苦等不愉快的事，而一味地生气、焦虑、怨恨，不但不会使事情好转，反而会严重地伤害我们的身心健康。

人不会永远都有好情绪，任何人遇到挫折，情绪都会受到一定影响。这时，你一定要做情绪的主人，控制好自己的情绪。面对无法改变的不幸或无能为力的事，就抬起头来，对天大喊："这没有什么了不起，它不可能打败我。"或者耸耸肩，默默地告诉自己："忘掉它吧，一切都会过去的，一切都会好起来的！"

在生活中,我们要做情绪的主人,及时发泄自己的坏情绪。很多人不知道宣泄的好处,只会郁闷,那对由心情闹出来的病痛,没有丝毫帮助。很多人都为了以往发生的事,到目前都不快乐。他们不快乐的原因,是因为在过去没有做某一件事,或做错了某一件事;也有因为以往曾拥有过东西,现在失去了,所以很不快乐。他们有的曾经在一次恋爱中被伤害过,直到以后仍旧不愿接受爱情;他们以往遇到不愉快的事,就认定这些不愉快的事还会卷土重来。

你若是能够认识——你并不是坏情绪的受害者,而是你情绪的主人,那你便会觉得很快乐,很快乐。

其实调整控制情绪并没有你想象的那么难,只要掌握一些正确的方法,就可以很好地驾驭自己。在众多调整情绪的方法中,你可以先学一下"情绪转移法",即暂时避开不良刺激,把注意力、精力和兴趣投入到另一项活动中去,以减轻不良情绪对自己的冲击。一个高考落榜的朋友,看到同学接到录取通知书时深感失落,但她没有让自己沉浸在这种不良情绪中,而是幽默地告别好友:"我要去避难了。"然后就出门旅游去了。风景如画的大自然深深地吸引了她,辽阔的海洋荡去了她心中的郁积,情绪平稳了,心胸开阔了,她又以良好的心态走进生活,面对现实。

生活中可以转移情绪的活动很多,你最好根据自己的兴趣爱好以及外界事物对你的吸引力来选择,如各种文体活动、向亲朋好友倾诉、阅读书籍、练习琴棋书画,等等。总之将情绪转移到这些事情上来,尽量避免不良情绪的强烈撞击,减少心理创伤,也有利于情绪的及时稳定。

情绪的转移关键是要主动及时,不要让自己在消极情绪中沉溺太久,立刻行动起来,你会发现自己完全可以战胜情绪,也唯有你自己可以担此重任。

法国作家大仲马曾说:"人生是一串用无数小烦恼组成的念珠,乐观的人是笑着数完这串念珠的。"一个人如果能乐观地对待不如意的事,自然会烦恼自消,愁肠自解。调节好自己的情绪,使好心情与自己结伴而行,是完全可以做到的。因为情绪是主观对客观的一种感受和体验，是可以自己支配的。调节好自己的情绪，可以使自己进入洒脱通达的境界，就掌握了生命的主动权，就能感受和体会到生命和生活中的无穷乐趣。做到这一点，生命之花一定会大放异彩的。

放下烦恼，拥有快乐

人生一世，烦恼几乎伴随着生命的始终，而名利欲望过重则是导致烦恼的重要原因。例如，少年对人生问题百思不得其解，青年人对人生方向的确立与选择而困惑，老年人对人生目标的力不从心，还有不可尽数的人生细节、生活琐事，都可能成为导致烦恼的根源。

我们应该懂得，烦恼来自我们的主观世界，来自我们自身，来自我们自己的人生欲望。人生短促，容不得我们有多少时间与烦恼纠缠，不能让烦恼伴随着自己去迎接明天的太阳。

要克服烦恼，就要淡泊名利，使自己快乐，以轻松的心态迎接新生活。

李安是一家工厂的工程师，在大学时，他是出了名的"烦恼大王"。他的烦恼实在是太多了，因为烦恼常常生病，以至于校医院的护士一看到他去医院，就会主动跑上前替他注射一针。

他的烦恼多得很，对什么事情都是一个"烦"字。不少时候，连他自己都不知道究竟在烦什么。他担心因成绩不好而被学校开除，因为他的物理学和其他两门科目考试不及格，他认为平均成绩应保持在80分以上，如果达不到这个水平，他就感到很烦；他还担心自己的健康，因为他患有急性消化不良、失眠等症状；他担心他的财务状况，因为他不能经常买礼物送给女朋友，或是带她去跳舞，因而担心他的女朋友会嫁给另外一位同学……

他就是这样日日夜夜地为很多自己认为无法解决的问题而烦恼。面对这种绝望，他不得不求助于学校的心理医生郝教授。

郝教授对心理方面的问题有很深的研究，他与李安进行了一次谈话。

郝教授说："你应该坐下来面对现实。如果你把用来烦恼的一半时间和精力用来解决你所面临的问题，那么，我想你就不会再有烦恼了。你以前可能就学会了烦恼这个不良习惯，其他的都没有学会。"

李安后来说："这次谈话对我的健康及幸福的帮助，远比我在大学四年所学的还要多。"

郝教授给李安订立了三种方法，这三种方法是：

第一，正确地认识并弄清楚烦恼的究竟是些什么问题。

第二，认真地找出烦恼的原因。

第三，立刻参加一些建设性的活动，切实地解决一些使你烦恼的问题。

经过这次谈话，李安按照这三种方法拟订积极的计划。

比如说，他不再因为物理学不及格而产生烦恼，而是反问自己为什么会不及格，原因何在。结果表明，不是因为他的智商低、天资愚笨。他之所以没有通过物理学考试，是因为他对这门功课缺乏足够的兴趣。而他不感兴趣，是因为他认为这门课程对他将来从事工业工程师职业没有多大的帮助。找到了原因，他就开始改变态度。他警告自己说："如果学校要求我通过物理学考试才能取得学位，那么，我有什么理由怀疑他们的智慧呢？"

态度改变了，他就埋头学习物理学，不再浪费时间去寻思物理学如何困难，结果他一次就考过关了。休息的时间，他就到外面去打工，所挣得的钱完全能够解决在舞会中的花销、给女朋友买小礼品等困难。至于爱情难题，也纯属无中生有，那个女孩不久就成了他的夫人。

生活中，我们常常因为欲望太多而感受人生之累，慨叹人生之短促。名誉、官位、财产、身体等欲望成为人们烦恼的主要来源。其实，我们应该以淡泊的心境看待人生，即使自己的既定目标没有实现，也不要太"伤感"，因为"谋事在人，成事在天"，只要付出了努力，曾经拼搏过，奋斗过，就会拥有充实、幸福的经历。淡泊给予你苍白的外表，却让你拥有了一个充实、坦然、意蕴深厚的人生，它将绚丽多彩的欲望拒于心灵的天空之外,让自己的灵魂在平静的家园中安然入睡,受伤的心会得到意外的修补。甘于淡泊,以超然的心态把握人生,就超脱了世俗凡境,品尝大自然的瑰丽奇景和多彩的人生美景。

其实,生活中不可能有那么多的烦恼,即使有一些不愉快的事情,只要你好好地寻找烦恼的原因,找到之后,马上解决。或者你的烦恼根本就是杞人忧天,无中生有。生活中没有什么烦恼能够让一个充满生机的人趴下。

放下烦恼,你就会拥有快乐的人生!

宽容—原谅他人,解放自己

法国文学大师维克多·雨果曾说过:"世界上最宽阔的是海洋,比海洋宽阔的是天空,比天空更宽阔的是人的胸怀。"雨果的话不无现实启示作用。

穿梭于茫茫人海中,面对一个小小的过失,常常是一个淡淡的微笑,一句轻轻的歉语,就能带来包涵谅解,这是宽容;在人的一生中,常常因一件小事、一句不注意的话,使人不理解或不被信任,但不要苛求任何人,以律人之心律己,以恕己之心恕人,这也是宽容。所谓"己所不欲,勿施于人"也寓理于此。

有这么一个故事:

有两位庄户人家,一家的牛吃草过界,糟蹋了另一家的庄稼,两人便吵了起来,各不相让,最后打了起来,双双被送进了县衙。

县太爷那会儿心情不好,也不问青红皂白,惊堂木一拍,喝令两人,将县衙门外捕快们练功用的石碌碡合力扛回村去,再回来告状。

两人面面相觑,可是要对付两三百斤重的石碌碡,还真得要齐心协力。

尽管如此,只搬到大路上,两人已精疲力竭。

坐在路边的树阴下,一阵微风吹来,两人如醍醐灌顶,幡然醒悟。遂租来一辆马车,将那石碌碡送回县衙,悄然息讼,携手而归。

有人认为宽容是软弱的象征，其实不然，有软弱之嫌的宽容根本称不上真正的宽容。宽容是人生难得的佳境——一种需要操练、需要修行才能达到的境界。

心理学家指出：适度的宽容，对于改善人际关系和身心健康都是有益的。这种宽容，指的是对于子女或别人在生活、工作、学习中的过失、过错采取适当的"羞辱政策"，有效地防止事态扩大而加剧矛盾，避免产生严重后果。大量事实证明，不会宽容别人，亦会殃及自身。过于苛求别人或苛求自己的人，必定处于紧张的心理状态之中。由于内心的矛盾冲突或情绪危机难于解脱，极易导致机体内分泌功能失调，诸如使肾上腺素、去甲肾上腺素过量分泌，引起体内一系列恶性生理化学改变，造成血压升高，心跳加快，消化液分泌减少，胃肠功能紊乱，等等，并可伴有头昏脑涨、失眠多梦、乏力倦怠、食欲不振、心烦意乱等症状。紧张心理的刺激会影响内分泌功能，而内分泌功能的改变又会反过来增加人的紧张心理，形成恶性循环，损害身心健康。有的过激者甚至失去理智而酿成祸端，造成严重后果。而一旦宽恕别人之后，心理上便会经过一次巨大的转变和净化，使人际关系出现新的转机，诸多忧愁烦闷可得以避免或消除。

学会宽容，首先要对自己宽容。只有对自己宽容的人，才有可能对别人也宽容。人的烦恼一半源于自己，即所谓画地为牢，作茧自缚。美国情景喜剧《成长的烦恼》讲的虽然都是烦恼之事，但是他们对儿女、邻居的宽容，最终都把烦恼化为了捧腹的笑声。

宽容的过程是"互补"的过程。别人有此过失，若能予以正视，并以适当的方法给予批评和帮助，便可避免大错。自己有了过失，亦不必灰心丧气，一蹶不振，同样也应该宽容和接纳自己，并努力从中吸取教训，引以为戒，取人之长，补己之短，重新扬起工作和生活的风帆。

宽容是忘却，是忍耐，是洞察。常用宽容的眼光看世界，生活就会充满阳光，充满快乐。学会宽容不仅有益于身心健康，而且对赢得友谊，保持家庭和睦、婚姻美满，乃至事业的成功都是必要的。因此，在日常生活中，无论对子女、对配偶、对老人、对学生、对领导、对同事、对顾客、对病人……都要有一颗宽容的爱心。宽容，它往往折射出为人处世的经验、待人的艺术、良好的涵养。学会宽容，需要自己吸收多方面的"营养"，需要自己时常把视线集中在完善自身的精神结构和心理素质上。否则，一个缺乏现代文明阳光照射的"畸形儿"，会被人们嗤之以鼻，不屑一顾。

当然，宽容也不是无原则的宽大无边，而是建立在自信、助人和有益于社会基础上的适度宽大，必须遵循法制和道德规范。对于绝大多数可以教育好的人，宜采取宽恕和约束相结合的方法，而对那些蛮横无理且屡教不改的人，则不应手软。从这一意义上说"大事讲原则，小事讲风格"，乃是应取的态度。

宽容别人，绝不是软弱，绝不是面对现实的无可奈何。在短暂的生命里程中，学会宽容，意味着你的思想更加快乐。宽容，可谓人生中的一种哲学。

学会放弃

人的一生，需要我们放弃的东西很多。"鱼，我所欲也；熊掌，亦我所欲也，二者不可得兼，舍鱼而取熊掌也。"当我们面临选择时，我们必须学会放弃。放弃，并不意味着失败。像下围棋一样，小的利益虽然放弃，得到的却是更大的利益。但如果想兼得"鱼和熊掌"，恐怕连鱼也得不到了。

在著名的滑铁卢大战中，由于大雨，道路泥泞，使炮兵移动不便。但拿破仑不甘心放弃最拿手的炮兵，而如果推迟时间，对方增援部队有可能先于自己的援军赶到，那样后果将不堪设想。然而，在踌躇之间，几个小时过去了，对方援军赶到。结果，战场形势迅速扭转，拿破仑遭到了惨痛的失败。拿破仑的失败足以证明：在人生紧要处，在决定前途和命运的关键时刻，我们不能犹豫不决，徘徊彷徨，而必须明于决断，敢于放弃。

同样，在人生的战场上，我们必须善于放弃。因为你不可能什么都得到，所以你应该学会放弃。生活有时会逼迫你，不得不交出权力，不得不放走机遇，甚至不得不抛下爱情。但是，放弃并不意味着失去，因为只有放弃才会有另一种获得。

要想采一束清新的山花，就得放弃城市的舒适；要想做一名登山健儿，就得放弃娇嫩白净的肤色；要想穿越沙漠，就得放弃咖啡和可乐；要想获得成功，就得放弃安逸的生活。梅、菊放弃安逸和舒适，才能得到笑傲霜雪的艳丽；大地放弃绚丽斑斓的黄昏，才会迎来旭日东升的曙光；春天放弃芳香四溢的花朵，才能走进累累硕果的金秋；船舶放弃安全的港湾，才能在深海中收获满舱鱼虾。

就算"鱼"与"熊掌"同等重要，在必须只取一件时，必然要放弃一件。

不要怕选择错误，因为错误常常是正确的先导，它会教我们逐渐学会放弃。

其实，在生活中，我们必须学会放弃，学会可以为了一棵树而放弃整个森林，这也许便是另一种珍惜。未来是不可知的，而对眼前的这一切，我还来得及把握，我还可以在无限中珍惜这些有限的事物！

放弃，是一种睿智，是一种豁达，它不盲目，不狭隘。放弃，对心境是一种宽松，对心灵是一种滋润，它驱散了乌云，它清扫了心房。有了它，人生才能有爽朗坦然的心境；有了它，生活才会阳光灿烂。

在物欲横流的今天，既需要你做出选择，而更多的则是放弃。与其说是抉择得当，不如说是放弃得好。人生苦短，要想获得越多，就得放弃越多。那些什么都不放弃的人，是不可能有多少获得的。其结果必然是对自身生命的最大的放弃，让自己的一生永远处在碌碌无为之中。

你之所以举步维艰，是你背负太重，你之所以背负太重，是你还不会放弃，功名利禄常常微笑着置人于死地。放弃了烦恼，你便与快乐结缘；放弃了利益，你便步入超然的境地。

今天的放弃，是为了明天的得到。学会放弃吧，放弃失恋带来的痛楚，放弃屈辱留下的仇恨,放弃心中所有难言的负荷,放弃浪费精力的争吵,放弃没完没了的解释,放弃对权力的角逐,放弃对金钱的贪欲,放弃对虚名的争夺……凡是次要的、枝节的、多余的、该放弃的都应放弃。

漫漫人生路,只有学会放弃,才能轻装前进,才能不断有所收获。一个人倘若将一生的所得都背负在身,那么纵使他有一副钢筋铁骨,也会被压倒在地。放弃是为了更好地调整自我,准备良好的心态向目标靠近。

保持良好的心态

一个人如果有良好的心态,乐观地面对人生,乐观地接受挑战和应付麻烦事,那他就成功了一半。成功卓越者活得充实、自在、潇洒,失败平庸者过得空虚、艰难、猥琐。成功卓越者少,失败平庸者多。这是为什么?仔细观察、比较一下成功者与失败者的心态,我们将发现"心态"会导致人生惊人的不同。

两个欧洲人到非洲去推销皮鞋。由于天气炎热,非洲人向来都是打赤脚。第一个推销员看到非洲人都打赤脚,立刻失望起来:"这些人都打赤脚。怎么会要我的鞋呢?"于是放弃努力,失败沮丧而回。另一个推销员看到非洲人都打赤脚,惊喜万分:"这些人都没有鞋穿,这里的市场大得很呢。"于是想方设法,引导非洲人购买皮鞋,最后发大财而回。

这就是一念之差导致的天壤之别。同样是非洲市场,同样面对打赤脚的非洲人,由于一念之差,一个人灰心失望,不战而败,因为他怀着消极的心态;而另一个人满怀信心,大获全胜,关键在于他拥有了良好的心态,勇于和敢于去开拓。

同样是一件事,从不同的角度看,就会得出不同甚至相反的结论,这都是人的思维在起作用。所以我们一定要学会积极正面地去思考问题,如此在任何困难之下,都能保持良好的心态。下面这个故事很能说明这个问题。

有这样一则寓言:

英国有一个天生乐观的人，从不拜神，令神不开心，因为神的权威受到挑战。为了惩罚他，神便把他关在很热的房间，7天后，神去看望这位乐观的人，见他仍然非常开心。神大惑不解，便问："身处如此闷热的房间7天，难道你一点也不难过吗？"乐观的人说："待在这间房子里，我便想起在公园里晒太阳，当然十分开心啦（英国一年难得有好天气，一旦晴天，人们都喜欢去公园晒太阳）！"神很不开心，便把这位乐观的人关在一间寒冷的房间里。7天过去了，神看到这位快乐的人依然很开心，便问他："这次你为什么会开心呢？"这位乐观的人回答说："待在这寒冷的房间，便让我联想起圣诞节快到了，又要放假了，还会收到很多圣诞礼物，能不开心吗？"神生气了，便把他关在一间阴暗又潮湿的房间。7天又过去了，这个人仍然很高兴，这时神有点困惑不解，便说："这次你能说出一个让我信服的理由，我便不再为难你。"这个人说，"我是一个足球迷，但我喜欢的足球队很少会赢。但有一次赢了，当时就是这样的天气。所以每遇到这样的天气，我都会高兴，因为这会让我想起我喜欢的足球队赢了。"神无话可说，让这位乐观的人自由了。

这个故事告诉我们，无论在什么样的情况之下，只要拥有一个良好的心态，我们就能从容地面对一切逆境。

生活中，失败平庸者多，主要是心态有问题。遇到困难，平庸者总是挑选容易的倒退之路，总是想着"我不行了，我还是退缩吧"，结果陷入失败的深渊。成功者遇到困难，仍然拥有积极的心态，用"我要""我能""一定有办法"等积极的意念鼓励自己，于是便能想尽办法，不断前进，直到成功。爱迪生在几千个失败的实验面前，也绝不退缩，终于成功地发明了照亮世界的电灯。

从无数成功人士的奋斗历程中我们可以得出：成功是由那些抱有积极心态的人所取得的，并由那些以积极的心态努力不懈的人所保持。拥有积极的心态，即使遭遇困难，也可以获得帮助，事事顺心。

生命本身是短暂的，但是为什么有的人过得丰富多彩，充满朝气和进取精神，有的人却生活得枯燥无味，没有一点风光和活力？生活也许是一支笛、一面锣，吹之有声，敲之有音，全看你是不是积极去吹去敲，去创造自己生活的节奏和旋律。有人说，我不会吹、不会敲怎么办，积极的人会告诉你，消极等待只能浪费生命。是的，活在世上，何必等待？何必懒惰？等待等于自杀，懒汉也并不能延长生命的一分一秒。

拥有良好心态的人身上永远洋溢着自信，他们会用自己的行动告诉你：要有信心，信心是你无限魅力的来源，要相信你自己，世界上最重要的人就是你自己，你的成功、健康、幸福、财富依靠你如何应用你看不见的法宝，那就是积极心态。

世上无难事，只怕有心人。拿破仑·希尔曾经说过，把你的心放在你所想要的东西上，使你的心远离你所不想要的东西。对于那些有积极心态的人来说，每一种逆境都含有等量或更大利益的种子。有时，那些似乎是逆境的东西，其实隐藏着良机。

人的一生并不可能一帆风顺，法拉第曾经说过："拼命去争取成功，但不要期望一定会成功。"在看待事物时，应考虑生活中既有好的一面，也有坏的一面，但强调好的一面，就会产生良好的愿望与结果。一个拥有良好心态的人并不否认消极因素的存在，他只是学会了不让自己沉溺其中。他常能心存光明远景，即使身陷困境，也能以愉悦和创造性的态度走出困境，迎向光明。

每一个人的心其实像一块磁铁，当你身心愉悦、喜欢自己、对这个世界充满善意，美好的东西就自然地被你所吸引。相反的，当你悲观、郁闷，觉得什么都不对劲，负面的一切也就相继来报到了。因为你是一块磁铁，吸引的都是你相信的东西，所以"快乐的你"就吸引让你快乐的人、事、境，"烦忧的你"则吸引让你烦忧的人、事、境。

幸运与厄运，在于你如何使用内在的磁力。

缓解压力，舒适生存

压力是指当我们去适应由周围环境引起的刺激时，我们的身体或者精神上的生理反应。这种反应包括身体成分和精神成分，还可以导致其他的积极的或者消极的反应。

人活着就会感受到压力。没有人是可以"免疫"的，不管你喜欢与否，压力是生活的一部分，会每天伴随着我们。压力也是一种正常现象，每个人都会经历，譬如，头发剪坏了、争吵、迟到等，都是压力的导火线。

一般而言，98%的压力来自芝麻小事，只有2%的压力来自生活中的大问题。然而，这2%的压力却产生了98%的"负面性压力"。面对压力，有人会暴饮暴食、酗酒、吸毒、变成工作狂……但有人却会把压力视为机会，借着压力将自己锻炼得更成熟稳健。

压力可以是问题也可能是机会。若是你不懂得如何处理压力，它便对你有害；反之，压力可以帮助你了解自己，使你更加成熟。埃森医学心理学研究所的调查结果表明：61%的德国人感到在工作中不能胜任；有30%的人因为觉得不能处理好工作和家庭的关系而有压力；20%的人抱怨同上级关系紧张；16%的人说在路途中精神紧张。

医学心理学研究发现，当人体处于应激状态时，血压升高，血液中的游离脂肪酸含量增加，可通过肝脏转化为甘油三酯，沉积在动脉壁上，形成动脉粥样硬化斑；另外，由于交感神经兴奋性增强，使血压也升高，会加速动脉硬化和诱发心血管疾病。长期处于心理应激状态还会使人体免疫力降低，引发多种疾病，诸如，紧张性头痛、多汗症、脱发症、神经性呕吐、神经性厌食、过敏性结肠炎、消化性溃疡、糖尿病、女性月经失调、男性阳痿早泄，等等。同时，对免疫性疾病、恶性肿瘤的发生发展也起着推波助澜的作用。

压力过大，不论是对个人还是对社会，都会造成很大的伤害。对于个人来说，压力过大，就会出现血压增高、肠胃失调、溃疡、易意外受伤、身体疲劳、心脏疾病、呼吸问题、汗流量增加、皮肤功能失调、头痛、肌肉紧张等生理变化，而各类癌症、情绪抑郁，甚至自杀等现象都和压力有着很大的关系。一般认为，压力对个人工作的负面影响主要表现为：工作效率降低，对工作缺乏兴趣，与上下级或同事关系不良，工作失误增加，等等。而压力给个人生活带来的主要影响表现在两方面，即生理失调和心理困扰。严重者出现生理疾病和心理障碍，甚至出现生命危险。

既然压力过重对个人和社会都会造成极大的危害，那么我们该如何缓解生活、工作中的压力呢？

1. 用积极的态度面对压力

在充满竞争的都市里，每个人都会或多或少地遇到各种压力。压力可以是阻力，也可以变为动力，就看你自己如何去面对。社会是在不断进步的，人在其中不进则退，当遇到压力时，明智的办法是采取积极的态度来面对。实在承受不了的时候，也不要让自己陷入其中，可以通过看书、画画、听音乐等，让心情慢慢放松下来，再重新去面对。这时，你会发现压力其实也没有那么大。

有些人总喜欢把别人的压力放在自己身上。比如，看到别人升职、发财，就总会纳闷，为什么会这样呢？为什么升职、发财时不是自己呢？其实只要自己尽了力，做好自己的工作就可以了，有些东西是急不来也急不来的。与其让自己无谓地烦恼，不如想一些开心的事，多学一些知识，让生活更加多彩。

2. 减压先要解开心结

人不是小虫子，但人在社会生活中的所作所为又像极了小虫子，只不过背上的东西变成了"名、利、权"。人总是贪求太多，把重负一件一件放在自己身上，舍不得扔掉。假如能学会取舍，学会轻装上阵，学会善待自己，凡事不跟自己较劲，甚至学会倾诉、发泄、释放自己，人还会被生活压趴下吗？

3. 寻求一个温和而有趣的良好爱好

一个良好的爱好可以转换心理压力，能平静和舒适地舒解自己。寻求一个适合自己的爱好是处于过度压力所必需的缓解剂。良好的爱好，如慢跑、有氧运动、骑脚踏车、欣赏音乐或阅读等，它必须是你喜欢做的而且是你能做好、令你舒适、有规律且无竞争性的。

4. 随它去

静下心来辨别一下你能控制和不能控制的事情，然后把两类事情分开，归为两类，并列出清单。新的一天开始的时候，首先给自己约定：不管是工作中的还是生活中的事情，只要是自己不能控制的就由它去，不要过多地考虑，给自己增添无谓的压力。

5. 建立良好的人际关系

学会与他人交往，没有什么比与他人交往更能有效地治疗和预防压力的了。小孩子都知道而我们也不该忘记，我们都需要爱和欢笑。要知道何处是你的支持网，在何处可以得到聆听、关爱和帮助。如果你找不到支持网，那么你真该去结交些朋友了。

6. 接受无法改变的事实

如果你体弱多病，那么你参加拳击比赛的机会就很小了，要能接受这一现实。如果你不到30岁就想成为一位睿智者，那就操之过急了。时间与价值在改变，我们就应该接受这些改变。你是否已经接受这些无法改变的事实，还是对它感到愤怒、烦忧或是因为它而产生"压力"呢？

7. 带来新鲜空气，带走污浊空气

适时休息一下，呼吸一下新鲜空气。一天中多进行几次短暂的休息，做做深呼吸，呼吸一下新鲜空气，可以使你放松大脑，防止压力情绪的形成。千万不要放任压力情绪的发展，不能使这种情绪在一天结束时升级成能压倒你的压力，时不时地做做深呼吸缓释一下压力。

珍惜拥有

某个夏天,一个村庄遭受了洪水袭击,村民们都被大水卷走了,只有一个人幸免于难——他被挂在了树上。他觉得自己很幸运,是上天不让他过早死去,因此他并没有绝望,相信上苍还会来解救他。他等呀等,没有等到搜救他的船,只等到了一根漂浮的木头。他想:上苍一定会送一艘小船给我,让我到达安全的彼岸,绝不会让我抱着木头漂在水里……木头漂走了。时间一点点过去,小船没有来,连木头也没有了。终于他体力不支,最后被洪水冲走了。

故事中的这个人,本来有机会摆脱命运,可他的贪婪给他套上了枷锁,最后他不仅失去了一根木头,而且把自己的生命也丢掉了。正如世界上缺少的不是美,而是发现美的眼睛;不是缺少机会,而是缺少把握;也不是缺少幸福,而是缺少感受幸福的心。

黄美廉自小就患上了脑性麻痹。疾病夺去了她肢体的平衡感,也夺走了她发声讲话的能力。从小她就生活在诸多不便及众多异样的眼光中,她的成长充满了不幸和辛酸。

然而她并没有被这些外在的痛苦所击垮,而是昂然面对,自强不息,终于获得了加州大学的艺术博士学位。她用她的手当画笔,用色彩告诉人们"寰宇之力与美",灿烂地"活出生命的色彩"。

在一次演讲课上,有一个学生问她:"黄老师,你从小就长成这个样子,请问你怎么看你自己?你没有怨恨吗?"

"我怎么看自己?"黄美廉用粉笔在黑板上重重地写下了这几个字。

她回头看了一下同学,笑了一下,又接着在黑板上写起来:

1. 我好可爱!

2. 我的腿很长很美!

3. 爸爸妈妈这么爱我!

4. 上帝这么爱我!

5. 我会画画！我会写稿！

6. 我有只可爱的猫。

7. 还有……

忽然，教室里鸦雀无声。她回过头来看着大家，再回过头去，在黑板上写下了她的结论："我只看我所有的，不看我所没有的。"

掌声从学生中响起，黄美廉倾斜着身子站在讲台上，满足的笑容从她的嘴角荡漾开来，有一种永远也不被击败的傲然，写在她的脸上。

人生不如意十之八九，面对挫折是自怨自艾，还是去把握自己？懂得珍惜自己所拥有的，人会活得更快乐，面对新的诱惑才能泰然处之。

曾经有一个愁眉苦脸的男孩来到爷爷面前，伤感地说："我是一个又丑又没有人爱的孩子，活着可真没意思！"爷爷送给他一块石头，说："明天早上，你拿这块石头到集市上去卖，但不是'真卖'。无论别人出多少钱，都不能卖。"

第二天，男孩蹲在街头的一个角落，面前摆着那块石头的价钱，果然有人向他打听那块石头，而且价钱愈出愈高。回来后，男孩兴奋地向爷爷报告，爷爷笑了笑，要他明天拿着石头再到黄金市场上卖。在黄金市场，竟有人喊出比昨天高10倍的价钱要买那块石头。后来男孩把石头拿到宝石市场上去展示。结果，石头的身价较昨天又涨了10倍，由于男孩怎么也不卖，这块普通的石头竟被人传为"稀世珍宝"。为什么会这样呢？

爷爷说："一块不起眼的石头，之所以被人说成稀世珍宝，是由于你的珍惜提升了它的价值。生命的价值就像这块石头一样，在不同的环境下就会有不同的意义。不管是谁，只要看重自己，自尊自爱，生命就有了意义，就有了价值。"从此，男孩的脸上常常充满灿烂的笑容。是啊，我们希望得到别人的爱，我们更要学会爱自己。

只有珍惜自己所拥有的一切，善于发现生活中值得感谢的地方，我们才能生活得更快乐。

一只狮子捉到了一只猴子，要把它吃掉。

"求求你饶了我,千万不要吃我。"猴子哀求道。

"不吃你可以,但你拿什么来报答我呢?"狮子问。

"我可以给你带来一大群猴子,不仅够你,甚至够你全家吃上好几天的。此外,我还会送你一个有用的忠告。"

狮子听了很高兴,马上松开了爪子,猴子一跃而起跳上了树。

"你就在这一直等着那一群猴子吧,我才不会出卖自己人呢!但是送给你的忠告现在就可以告诉你:现在拥有的远比别人许诺的重要。"

有一位飞行员的飞机坠毁,他跳伞逃生,在一个救生筏上漂流了整整3周后,被一艘经过的船救起。

平安归来后,有人问他:"从这次经历中你明白了什么?"他回答道:"我明白了假如在逃生时有水、有食物,就不该抱怨。"

人除了水和食物,还想要有名车、豪宅、地位和佳人……但对于生存而言,有一杯水、一碗饭、一方空气、一束阳光足矣。

人心总是不满足,得到了小鱼还想要大鱼。身在福中不知福,拥有的却不懂得珍惜,等最终失去的时候才追悔莫及。有多少人失业了才痛惜自己没有在过去的单位好好工作,有多少儿女当父母离开人世后才悔恨自己当初没有来得及好好孝敬他们,有多少恋人在分手之后才回忆起当初热恋时的美好。一切不可能重新来过,如果不把握今天就有可能错过一生的幸福。

希望我们每个人都能珍惜眼前所有的一切,快乐地生活。

别带烦恼回家

曾听过这样一则故事:

一个农场主,雇了一个水管工来安装农舍的水管。水管工的运气很糟,头一天,先是因为车子的轮胎爆裂,耽误了一个小时,再就是电钻坏了,最后呢,开来的那辆载重一吨的老爷车趴了窝。他收工后,雇主开车把他送回家去。到了家门前,水管工邀请雇主进去坐坐。在门口,满脸晦气的水管工没有马上进去，沉默了一阵子，再伸出双手，抚摸门旁一棵小树的枝丫。待到门打开，水管工笑逐颜开，和两个孩子紧紧拥抱，再给迎上来的妻子一个响亮的吻。在家里，水管工喜气洋洋地招待这位新朋友。雇主离开时，水管工陪他向车子走去。雇主按捺不住好奇心，问："刚才你在门口的动作，有什么用意吗？"水管工爽快地回答："有，这是我的'烦恼树'。我到外头工作，磕磕碰碰，总是有的。可是烦恼不能带进门，这里头有太太和孩子嘛。我就把它们挂在树上，让老天爷管着，明天出门再拿走。奇怪的是，第二天我到树前去，'烦恼'大半都不见了。"

当今社会，生活节奏很快，生活中的变化总是不可避免地给人们带来种种烦恼。烦恼如果得不到及时排解，淤积于心，往往影响健康。长期下去，可引起胃溃疡、高血压、偏头痛和神经衰弱等疾病，甚至会成为癌症的"催化剂"。最致命的是，烦恼也传染，如果把烦恼带回家，可能家人的心情也会被搞坏，使家庭气氛一下子紧张起来。

天下的好与坏，幸与不幸，快乐和痛苦，常常是一体的两面，一念之间的转换，就呈现截然不同的世界。而所谓的幸福，大部分取决于一个人的思想，能不能审视、醒悟而有所改变，也全在于自我意识。

人性中有十分依赖、不负责任的弱点，常常我们自己办不到的事，却寄望别人达成，尤其是最亲近的人。表现在一个家里，便形成每个人都希望别人尊重我、体贴我、照顾我、了解我、对我好、给我方便、为家带来欢乐，却很少思考到，"我"给这个家带来了什么。"家"是一个硬件，"人"是发挥功用的软件。如果每个人都携烦恼与不快进来，一定是愁云惨雾。

当然，这并不是告诉大家"报喜不报忧"，互相分享也互相分担，是家的功用之一，但分担的意义是通过沟通以达到目的，而不是成天绷着脸，将心中怨气毫无道理地扔给其他人，或是老觉得别人对不起自己。

沟通，对家人而言是绝对必要的，有话坐下来好好地讲，这样别人才能知道你的想法，也帮你自己整理思绪、稳定情绪。切忌什么事都埋在心底，却暗自期望别人了解，而当别人不明白时，又萌生失望和伤感，而将怨气由其他方面宣泄出来，弄得别人一头雾水，自己一肚子气。

家，应该是最舒服、安全、稳定、快乐的地方，但是，这些内在境界绝不可能凭空就有，而是需要家里每个成员一起努力共同经营才会形成。

记得，回家时，请先对自己说："扔掉烦恼，带快乐回来。"别把外面的烦恼带回家，因为家庭好比是一个"情感"银行，你"存"进了快乐，你获得的是更多的快乐；你"存"进了烦恼，回报你的将是更多的烦恼。

学会遗忘

生活中，我们经常会遇到不顺心的事，时常有烦恼，要做到时时顺心，就要做到放得下，不愉快的事就让它过去，不要放在心上。

人不但要学会记忆，而且要学会遗忘。一个人如果把什么都记得清清楚楚，大脑里充满了各种各样的记忆，那实在是很恼人的事，而且有害于身心健康。在现实生活中，我们常会看到这样的现象：有些人脑子特别好使，把什么鸡毛蒜皮、恩恩怨怨的事都记得一清二楚，对什么事都斤斤计较，耿耿于怀，结果不但事业无成，而且病怏怏的；一些人则该记的记，该忘的忘，精力充沛、胸怀坦荡、事业有成、身心健康。由此可见，遗忘不仅是一种风度，而且是一种重要的养生方法。

上天赐给我们很多宝贵的礼物，其中之一即是"遗忘"。只是现实中我们过度强调"记忆"的好处，反而忽略了"遗忘"的功能与必要性。

失恋了，总不能一直溺陷在忧郁与消沉的情境里，必须尽快遗忘；股票失利，损失了不少金钱，当然心情苦闷提不起精神，此时，也只有尝试着遗忘；期待已久的职位升迁，人事令发布后竟然不是你！情绪之低潮可想而知。解决之道无它——只有勉强自己遗忘。可见，"遗忘"在生活中有多么重要！

遗忘，对痛苦是解脱，对疲惫是宽慰，对自我是一种升华。在人生的旅途中，如果把什么成败得失、功名利禄、恩恩怨怨、是是非非等都牢记心中，让那些伤心事、烦恼事、无聊事永远萦绕于脑际，在心中烙下永不褪色的印记，那就等于背上了沉重的包袱、无形的枷锁，就会活得很苦很累，以致精神萎靡、心力交瘁，生命之舟就会无所依存，就会在茫茫的大海中迷航，甚至有倾覆的危险。如果我们善于遗忘，把不该记忆的东西统统忘掉，那就会给我们带来心境的愉快和精神的放松。正像陶铸同志所说："往事如烟俱忘却，心底无私天地宽。"

现代医学认为，遗忘可以减轻大脑的负担，降低细胞的消耗。在正常的情况下，人的脑细胞每天大约死亡十万个。但是如果受到外界的强烈刺激，大脑每天死亡的细胞就要增加几十倍。长此下去，大脑是难以承受的。因此，对身体来说，遗忘是绝对必要和有益的。正因为有了遗忘，才保证了必要的记忆和大脑的健康。有失才能有得，吐故方能纳新。只有忘掉一些旧东西，观念和知识才能不断更新。只有善于遗忘的人，生命之树才能常青。难怪有人说，"只有遗忘点什么，才能记住点什么""善于遗忘的人才是一个健康的轻松的人。"

生活中我们要学会遗忘。忘却烦恼，你可以轻松面对未来的再次考验；忘却忧愁，你可以尽情享受生活赋予你的种种乐趣；忘却痛苦，你可以摆脱纠缠，让整个身心沉浸在悠闲无虑的宁静中，体味人生多姿多彩的缤纷。

忘却他人对你的伤害，忘却朋友对你的背叛，忘却你曾有过的被欺骗的愤怒，被羞辱的耻辱，你会发现你已变的豁达宽容，你已能掌握住自己的生活，你也更加能干而有力量——你是一个全新的你！

一个人学会了遗忘，就是一个健康的人、成熟的人，就能放下过去那日益沉重的包袱，轻装上阵，精力充沛地面对现在，信心百倍地去迎接未来，就能开拓新境界，创造生命的亮丽的风景线。